微孔陶瓷根灌技术研究与应用

吴普特　蔡耀辉　张　林　朱德兰　著

科学出版社

北　京

内 容 简 介

本书针对地下滴灌技术运行成本高，受根系入侵和负压吸泥易造成系统堵塞等问题，受到古代陶罐灌溉启发，提出利用微孔陶瓷材料制备灌水器的科学构想。全书着重阐述微孔陶瓷灌水器材料配方与制备工艺，研究了肥料、泥沙单独作用及耦合作用对微孔陶瓷灌水器堵塞的影响，揭示了微孔陶瓷灌水器在土壤中的出流机理，开发了具有节能、环保和自适应灌溉特点的微孔陶瓷根灌技术，提出了技术应用参数确定方法，通过盆栽试验与大田试验对其应用效果进行了验证与评价，为该技术的应用与推广提供了一定的参考。

本书可供农业水土工程等相关专业的科研人员和工程技术人员参考，也可作为高校相关专业师生的参考书。

图书在版编目（CIP）数据

微孔陶瓷根灌技术研究与应用 / 吴普特等著. —北京：科学出版社，2021.3

ISBN 978-7-03-067330-5

Ⅰ. ①微… Ⅱ. ①吴… Ⅲ. ①作物-根系-灌溉系统-研究 Ⅳ. ①S274.2

中国版本图书馆 CIP 数据核字（2021）第 000240 号

责任编辑：祝 洁 / 责任校对：杨 赛
责任印制：张 伟 / 封面设计：陈 敬

科学出版社 出版
北京东黄城根北街 16 号
邮政编码：100717
http://www.sciencep.com

北京中石油彩色印刷有限责任公司 印刷
科学出版社发行 各地新华书店经销

*

2021 年 3 月第 一 版 开本：720×1000 B5
2021 年 3 月第一次印刷 印张：13 1/4
字数：265 000

定价：110.00 元

前言

地下滴灌是当今世界最为先进的节水灌溉技术之一，其主要优点在于将灌溉水流直接输送到作物根区，降低了地表土壤蒸发；保持作物根区土壤疏松通透，节水增产效果明显。但能耗高、易堵塞等问题制约该技术大面积应用推广。

为解决上述难题，受古代陶罐灌溉启发，作者团队提出“利用陶瓷微孔取代传统塑料灌水器迷宫流道，利用微孔陶瓷材料制备滴灌灌水器”的科学构想。自 2012 年开始，在国家自然科学基金项目(51879225)、“十三五”国家重点研发计划项目(2017YFC0403605)、“十二五”国家科技支撑计划项目(2015BAD22B01-2)和唐仲英基金会项目等课题的支持下，团队研发出旁通式、管间式和贴片式三种微孔陶瓷灌水器，开发了具有节能、环保和自适应灌溉特点的微孔陶瓷根灌技术。

本书较为系统地总结了团队近 10 年来在微孔陶瓷根灌技术方面的研究成果，重点阐述了微孔陶瓷根灌技术的研发设想，微孔陶瓷材料与灌水器制备方法，微孔陶瓷灌水器的抗堵性能与出流机理；明确了无压和微压条件下陶瓷灌水器出流量与土水势的耦合关系，证实了微孔陶瓷灌水器可根据土壤水分状况自动调节出流量，具有自适应灌溉的特点；同时较为系统地总结了微孔陶瓷根灌土壤水分运动规律，结合微孔陶瓷灌水器入渗特性，提出微孔陶瓷灌水器田间应用参数确定方法，确定了适宜于经济林果和蔬菜的应用技术参数；构建在作物根区附近进行微压、连续、自适应灌溉的微孔陶瓷根灌技术系统，并通过盆栽与大田试验，对其应用效果进行了验证与评价，为该技术的应用与推广提供了一定的参考。

全书共 7 章，由吴普特组织撰写并统稿，各章撰写分工如下：第 1 章，吴普特、朱德兰和蔡耀辉；第 2 章，蔡耀辉、吴普特、赵笑、周伟和姚春萍；第 3 章和第 5 章，吴普特、朱德兰、张林、董爱红和陈玺；第 4 章和第 6 章，蔡耀辉和吴普特；第 7 章，吴普特、张林、蔡耀辉、刘莹和韩梦雪。

节水灌溉新技术研发是一项复杂的系统工程，微孔陶瓷根灌技术仅是一项初步的研究成果，其中诸多问题还有待进一步深入探究。在本书撰写过程中，力求做到点面结合、有的放矢，以方便读者阅读。

由于作者水平有限，书中不足之处在所难免，恳请读者批评指正。

目　录

第1章 绪　　论

1.1 研究目的与意义

喷微灌等节水灌溉技术在我国得到了大面积的推广和应用(李久生等，2016；袁寿其，2015；吴普特等，2005)。但这些节水灌溉技术也存在一些问题，一方面，这些灌溉技术的工作压力水头一般高于 5m，灌溉系统构建时必须解决提水加压设备的问题，同时系统工作过程中也要消耗大量的电力资源，无疑增加了农户灌溉的经济成本(张林，2009；范兴科等，2008；牛文全，2006；吴普特等，2002)；另一方面，在广大需要灌溉的区域，田间输配电设施的短缺也制约了这些灌溉技术的推广和应用(朱俊峰等，2018；罗红英等，2011)。因此，研发可在无压或微压状态下工作的灌水技术和装置对于解决能源和动力问题是必要的。目前，常用的地下滴灌或渗灌灌水器材质均为塑料，在土壤中难以降解，如果回收问题处理不好，则会造成破坏土壤结构，性质改变，引起白色污染等问题(Ingman et al.，2015；Hussain et al.，2005)。因此，研发环境友好型、耐久性优异的灌水器材对于维持土壤环境健康发展至关重要。

陶瓷应用于节水灌溉由来已久，早在两千多年前，我国就有关于陶罐灌溉的记载(万国鼎，1980；石声汉，1956)。至今，这种灌溉方式在伊朗、印度、约旦等干旱和半干旱地区仍被广泛应用(Vasudevan et al.，2014；Singh et al.，2009；Abu-Zreig et al.，2004；Stein，1997)，其应用形式已演变为渗灌(Ozores-Hampton et al.，2015；王淑红等，2005；谷川寅彦等，1992)、地下灌溉(孙三民等，2016；Ashrafi et al.，2002；Taylor，1979)、负压灌溉(Zhao et al.，2019；丛萍等，2015；Moniruzzaman et al.，2011；邹朝望等，2007；雷廷武等，2005；Kato et al.，1982)和零压灌溉(赵伟霞，2009；陈新明，2007)等。这些灌溉形式多以陶罐、瓦管和陶土头等作为终端渗水装置，灌溉水通过渗水装置内部相互连通的微孔渗出，直接向作物根系附近的土壤供水，因此这种灌溉方式下水分利用效率非常高。表 1-1 为各种灌溉方式下水分利用效率。

表 1-1 各种灌溉方式下水分利用效率(Bainbridge，2001)

灌溉方式	地面灌溉	喷灌	滴灌	有压渗灌	无压渗灌	陶罐灌溉
水分利用效率/(kg/m^3)	0.7	0.9	1～2.5	1.9+	2.5+	2.5～7

注：“+”表示略大于。

采用陶瓷作为渗水介质进行灌溉，不仅可以解决灌溉过程中的能耗问题，而且能节水、增产，有效避免白色污染，适宜于大面积的推广和应用。但是使用陶瓷作为渗水介质制作灌水器也存在如下问题：

(1) 为了实现性能优良、造价低廉的目标，陶瓷灌水器应当采用何种原料和制备方式拥有较好的力学性能和水力学性能?

(2) 为了实现节能的目标，当工作压力水头低于 1m，甚至达到负压的条件时，陶瓷灌水器在土壤中如何出流？土壤水分如何运移？灌溉水能否为作物提供一个稳定的水分环境?

(3) 为了提高灌溉水利用效率，陶瓷灌水器在田间实际使用过程中灌溉参数，如埋深、工作压力水头、设计流量等应当如何取值?

(4) 以陶瓷灌水器为核心部件进行地下灌溉能否达到节水、增产的目的?

为解决以上问题，同时基于现代节水灌溉技术发展对环保、节能和适宜作物需水量的要求(李云开等，2018；吴普特等，2012；许迪等，2002)，本书从当前地下灌溉存在的能耗高、污染严重、灌水器易堵塞等问题出发，以开发节水、节能、环保的微孔陶瓷灌水器为目标，系统地介绍微孔陶瓷灌水器的材料配方与制备工艺；揭示灌水器在土壤中的出流机理；确定灌水器田间布置关键技术参数的取值；最后，综合分析评价微孔陶瓷根灌技术的节水、增产、提质效果。因此，本书从理论和实践上有以下两方面意义：

(1) 基于材料学和农业水土工程学学科交叉的角度，研究微孔陶瓷灌水器的原料配方、出流机理，在理论上对灌溉水力学理论有一定的补充，在技术上对地下灌溉灌水器的产品类别有一定的丰富。

(2) 面向实际应用，针对干旱、半干旱地区，尤其是动力缺乏地区，利用零星水源(如水窖、集雨面等)进行微压、无压地下灌溉，具有更好的普适性和推广性，也具有广泛的应用前景和良好的经济性。

1.2 研究现状及存在问题

1.2.1 地下灌溉研究进展

微孔陶瓷灌水器是地下灌溉灌水器的一种。塑料地下灌水器的研究对微孔陶瓷灌水器的设计和研究有诸多借鉴意义。

1. 地下灌水器/管/带产品设计进展

20 世纪 60 年代后，塑料工业和制造业有了长足的发展，使得地下滴灌管、渗灌管和微润带等产品得以发展，进而构建了形式多样的地下灌溉系统(杨培岭等，2000)。

1) 地下滴灌灌水器

地下滴灌是指将滴灌带或滴灌管埋置于地下，直接向作物根部供水供肥的灌溉技术，该技术可有效避免表层蒸发，具有较强的节水能力(黄兴法等，2002；Ayars et al.，1999；程先军等，1999；Camp，1998)。2003 年到 2013 年，美国地下滴灌的面积增加了 89.3%，且主要集中于中部平原地区(Lamm et al.，2017；Lamm，2016)。我国在 20 世纪 80 年代引入地下滴灌技术，在果树等作物灌溉中得到了一定的应用(张国祥，1995)。

但是地下滴灌灌水器埋置于地下，在土壤和管道的双重作用下，极易发生负压吸泥、根系入侵等堵塞问题，而且难以发现，检修不便(王荣莲等，2005；Choi et al.，2004；Camp，1998)。针对这些问题，近年来，国内外专家学者围绕对抗根系入侵、防负压吸泥地下滴灌灌水器进行了较多研究。de Jesus Souza 等(2014)开发了一种具有硅胶膜片、双孔聚乙烯管道和嵌套塑料防负压装置的地下滴灌灌水器，经过大田试验发现，这种灌水器可有效防止根系入侵产生的堵塞现象。Valenzuela-Soto 等(2010)测试了一种由塑料汽水瓶和稻壳组成的灌水器保护系统，用于地下滴灌灌溉无花果，当灌水器受到该系统的保护时，没有根部入侵问题发生。然而，在九个月的研究中，稻壳被证明并未起到良好的作用。同时该技术在进行大面积推广应用时，可能会极大地降低劳动生产率。王栋(2007)设计了一种出水口带舌片的地下滴灌灌水器，在甘肃、新疆进行了一定的推广应用，应用作物包括果树、蔬菜和大田作物。调查表明，这种灌水器具有良好的灌水均匀度且抗堵塞能力较好。冯俊杰等(2008)研发了一种土壤负压自适应式地下滴灌灌水器，灌水器由外壳、弹性膜囊和渗流件组成，通过弹性膜囊感知土壤水分变化调节流量，继而通过多孔渗流件出水，以实现土壤按需主动、连续取水，从而达到灌水量适时、适量的目的。冯俊杰等(2013)在此基础上开发了一种新型的自适应地下滴灌灌水器，该灌水器包括进水体、消能体、控制体和负压体等部分，其中负压体由有机玻璃和陶土头组成，可以实时、自动调节滴水流量，实现自动连续灌溉。

尽管地下滴灌具有地表滴灌无可比拟的优势，但仍存在几个难以解决的问题，限制了其实际推广应用。

首先，地下滴灌的堵塞问题难以根本解决(李云开等，2018；Puig-Bargues et al.，2010；Li et al.，2009；仵峰等，2004)。一方面是滴灌灌水器本身结构设计引起的堵塞，为了获得较好的水力性能，灌水器常采用迷宫流道结构，迷宫流道中高、宽、深等尺寸一般小于 1.5mm，即使在首部采用多级过滤，残留的泥沙颗粒或杂质仍会进入流道，使得灌水器发生物理、化学和生物堵塞(Zhang et al.，2019；Li et al.，2012；刘璐等，2012；Liu et al.，2009；Rodriguez-Sinobas et al., 2009)。有研究表明，即使采用良好水质加高精度过滤双重保险，滴灌系统仍有33%的概率发生物理堵塞(Han et al., 2018；Pandey et al., 2010)。另一方面是地下特殊使用环境引起的堵塞，主要有两大诱因：一是负压吸泥，灌溉停止后管道中水量减少导致负压生成，管道负压能够将靠近灌水器出口处土壤中的细小颗粒吸入灌水器流道中造成堵塞(Zhang et al., 2019)；二是根系入侵，植物根系的向水性生长特性，可能使细毛根侵入灌水器出口引起堵塞(Clark et al., 2017；Cresswell et al., 2017；Schifris et al., 2015；于颖多等，2008；王荣莲等，2005)。与地表滴灌不同的是，由于地下滴灌的毛管和灌水器均埋于地下一定深度，灌水器堵塞的发现和维修十分困难，这对地下滴灌系统的安全运行构成了潜在威胁(Jacques et al., 2018; Montazar et al., 2017; Seidel et al., 2015；Ayars et al., 1999)。堵塞是造成地下滴灌系统寿命缩短、灌溉质量下降的直接原因，已成为制约地下滴灌技术大面积推广应用的一个关键问题(Lamm et al., 2006)。

其次，地下滴灌系统的高能耗问题也在很大程度上限制了其技术应用(Gil et al., 2008；Safi et al., 2007；Trooien et al., 2000；Hills et al., 1989)。为了增强地下滴灌对地形的适应能力，灌水器工作压力水头一般为10m，加上干、支、毛管网的水头损失，系统首部工作压力水头一般高达30～40m，系统能耗高，必须耗费大量电力来维持系统的运行(刘杨等，2018；Ren et al., 2017；李刚等，2010；白丹等，2009；王晓愚等，2008)。而在我国，大部分农田配套的电力设施不到位，难以寻找合适的动力来源，使得灌溉系统难以建设和运行，从而在一定程度上制约了地下滴灌技术的推广和应用(韩启彪等，2015)。

最后，塑料材质的地下滴灌产品制造工艺复杂(王栋，2015；王立朋等，2012；Nakayama et al., 2012)，亲水性、与土壤的相容性差，报废后须进行无害化处理，无疑都增加了使用成本。

综上所述，虽然研究人员对地下滴灌产品进行了大量卓有成效的研究，也开发了品类丰富的产品，但是堵塞严重、能耗高、制造工艺复杂等问题严重影响了其效益，导致生产、维护等费用大大提高。因此，近年来地下滴灌技术的推广应用受到了不小的阻碍，同时对比其他新兴的灌溉技术，地下滴灌技术发展明显受挫(陈敏茹，2016)。

2) 渗灌管

渗灌是指使用地下埋置的供水干管和支管将灌溉用水输入地下的鼠洞(直径为10cm以下的孔洞)或地下渗水管中，然后利用土壤的毛管力促使水分运移的灌溉方法(汪志农，2000)。本书仅讨论地下渗灌管。

按照目前高效节水灌溉的定义，滴灌技术起源于渗灌。1860年，德国第一次将排水瓦管作为灌溉管道进行地下灌溉试验。第二次世界大战之后，塑料工业大力发展，塑料管道在灌溉中得到了大面积的应用。1980 年前后，市面上出现了一种橡胶渗灌管，这种渗灌管采用废旧轮胎、聚烯烃等作为原料，价格低廉，布设简单，因此迅速在世界范围内推广开来。Turner(1977)以粒度小于 30 目的废旧轮胎颗粒和黏结剂作为原料，通过塑化(温度为 150～210℃)、挤出、冷却定型等工序开发了一种橡胶渗灌管。渗灌管微孔的形成机理在于原料中附着的水分在加工过程中逐渐挥发、耗散，因此形成了大小不一的渗水微孔。该渗灌管在 34～69m 的工作压力水头下，流量为 1.79～2.98L/h。可以看出，这种渗灌管在较大的工作压力水头下其渗水流量并非很大，这主要是渗水孔数目较少造成的。基于此，Hettinga(1990)提出，在挤出过程向渗灌管中通入空气，当渗灌管挤出冷却时，气体就可以逸出，形成通透的连通孔隙，从而增加渗灌管的流量。Franz 等(1994)提出了一种具有较高孔隙均匀度渗灌管的生产工艺，以黏土、硅藻土等作为添加剂，在挤压成型过程中，通过调节添加剂含量和其吸附水量来调节渗灌管的孔径大小及分布。

1989 年，北京水科学技术研究院成功研制了聚乙烯渗灌管，之后河南等地也相继研发出了不同材料配比的橡胶渗灌管(王淑红等，2005)。刘作新等(2006)和梁海军等(2006)以废旧轮胎橡胶、废旧塑料、添加剂为原料，经过塑化挤出机成型，开发了一种内径为 10～25mm，壁厚为 1.0～2.5mm 的黑色渗灌管。在渗水初期，橡塑渗灌管的渗水速率会迅速降低，但是随着灌水时间的增加，这种情况会有所缓解，这主要是渗灌管中的塑料颗粒吸水饱和导致孔径变小所造成的。当工作压力水头为 0～7m 时，渗灌管的压力-流量曲线为幂函数，且指数大于 1，说明渗灌管的流量对于压力水头的变化极其敏感。张增志等(2014)研究发现当聚丙烯酰胺/蒙脱土悬浮液的配比为 1：250 时，渗灌导水材料的成膜性较优，涂层分布较均匀，可以设计成渗水性能优良的渗灌灌水器。李向明等(2017)以砂、水泥、硅溶胶为原料，优化了传统水泥胶砂的制备工艺，通过加入硅溶胶提高其初始脱模强度，制备了具有较高孔隙率的微孔混凝土灌水器，研究发现灌水器流量随灌水器结构尺寸的增加而增加。同时其团队研究发现进行水肥灌溉时，加入不同的化肥对灌水器的流量影响较大。易溶于水的肥料(尿素)不会对灌水器流量造成影响，而含有难溶物质的肥料(如磷酸二氢铵和硫酸钾)会堵塞灌水器的微孔，进而导致灌水器流量快速下降，造成堵塞(付金焕等，2018)。

但是也可以看出，渗灌灌水器或渗灌管利用微孔进行渗流灌溉，因此其抗堵性能和灌水均匀度有待提高。同时，由于渗灌管道抗压强度低，如何在大田使用时保证管道内不会因为受挤压而产生断水现象也是需要解决的问题。因此，近年来渗灌技术的推广应用受到了较大的阻碍。

3) 微润管/带

微润灌就是在渗灌技术受到阻碍的条件下应运而生的。微润灌是近年来新兴的一种连续地下微灌技术，也可以称为半透膜灌溉技术，利用半透膜作为渗水介质进行灌溉(许健，2016；张俊，2013)。微润灌采用厚度为 0.06mm 的特制半透膜作为渗水装置，其表面均匀分布着数量巨大的微孔(杨庆理，2010，2008)。灌溉过程中微润管直接与土壤接触，半透膜的出流速度极为缓慢，水分缓慢进入作物根系附近的土壤中。由于微润管内的水流一直保持在较低的流速下，因此具有强大的抗堵能力(朱燕翔等，2015)。微润管可根据作物 24h 的吸水过程和土壤蒸发情况调节其出流量，为作物提供适宜的水分环境，促使作物增产增收(薛万来，2014)。

于国丰等(2007)研发了一种微润吸力式灌水器，由导水芯、缓冲腔、接口管等组成。导水芯是该灌水器的核心部件，直接和土壤接触，灌溉水通过导水芯内部微小的孔径向土壤中补水，具有良好的抗堵和节能效果。杨庆理(2015)开发了一种基于微润管的树木灌溉系统，其主要部件为塑料微润管。塑料微润管的管壁上具有数量众多肉眼不可见的微孔，这些微孔由化学溶解法生成，孔径为 0.01～0.9μm，微孔的数量约为 1×10^5 个/cm^2。

但是根据 Kanda 等(2018)的研究，使用微润管进行灌溉的过程中，悬浮颗粒较含有溶解性化学物质的水源对微润管的堵塞程度影响较大，由于堵塞，微润管的流量会随时间线性下降。朱燕翔等(2015)通过在有压、连续灌溉的方式下研究不同质量分数的泥沙对微润管堵塞性能的影响后发现：含沙量越大，微润管的堵塞程度越高，两者呈正相关关系。微润管受泥沙物理堵塞的敏感粒径为 0.061～0.100mm，增加微润管的工作压力水头，可以降低其堵塞程度。由于可能出现严重的物理堵塞问题，限制了微润灌技术的进一步推广应用。

2. 地下灌溉条件下土壤水分运移研究进展

地下灌溉与地表灌溉土壤水分运移有显著不同。就地下滴灌而言，相较于地表滴灌，其出流点相当于地下点源；而就渗灌、微润灌而言，其出流点则为地下线源(Kacimov et al.，2016)。因此，在不同的出流情况下，其土壤水分运移必然有诸多差异。

1) 地下滴灌

地下滴灌条件下，灌水器埋置于地下，其出水口直接与土壤接触，由于出流量均大于土壤饱和导水率，会在灌水器出口处形成一个正压区(刘玉春等，2010；李久生等，2009；仵峰等，2008)。而正压值的大小不仅与灌水器的设计流量有关，也与土壤质地、饱和区的范围大小有关(Gil et al.，2010，2008；

仵峰等，2003)。根据 Philip(1968)的研究，土壤正压 φ 可以计算得出：

$$\varphi=\left(\frac{2-\alpha\cdot r_0}{8\pi\cdot K_s\cdot r_0}\right)\cdot q-\frac{1}{\alpha_G} \tag{1-1}$$

式中，α_G 为计算土壤非饱和导水率公式的积分值；r_0 为正压区半径；K_s 为土壤饱和导水率；α 为系数，约等于土壤进气值的倒数；q 为灌水器的设计流量。

Shani 等(1996)发现与空气中的灌水器流量相比，在入渗能力较低的土壤中，土壤水势为正，灌水器在土壤中的流量小于空气中的流量。土壤入渗能力越低，灌水器的流量越小。通过测量未堵塞的灌水器发现，由于土壤水的正压作用，灌水器流量减少了 10%～50%。如果灌水器流量过大，深层渗漏会导致水分流失和作物根部的可用水减少。而后仵峰等(2003)通过测试内镶式、补偿式和微管三种不同类型地下灌水器在壤土中的流量变化，发现灌水器流量降低幅度达到 50%～75%。许迪等(2002)通过数值计算的方法模拟灌水器出流量对土壤水分布的影响时发现：灌水器周围是否产生正压与灌水器的设计流量和距离灌水器的距离直接相关。仵峰等(2003)研究认为，地下滴灌条件下，灌水器初始流量等于其在空气中的设计流量，而后灌水器流量波动下降，最后趋于稳定。仵峰等(2008)进一步研究表明，影响灌水器流量的主要因素是灌水器周围的土壤水能态，土壤正压是灌水器流量减小的主要因素。李久生等(2009)通过研究不同土壤中地下滴灌灌水器出流特性发现，灌水开始后，出口正压的迅速增大致使灌水器流量迅速减少，而后逐渐趋于稳定。灌水器在土壤中的流量与空气中的自由出流流量相比有所减小；灌水器自由出流流量越小，减小幅度越大。

基于上述问题，国内外学者围绕地下滴灌土壤水分运移问题做了大量研究，但是针对地下滴灌田间管网系统水力要素的研究还较少。王晓愚等(2008)开发了一种由称重传感器、压力变送器和数据采集系统软件等构成地下滴灌管网室内试验测试系统，可以自动监测各灌水器的流量和支毛管的沿程压力水头。李刚等(2010)研究发现，由于土壤的作用，地下滴灌的毛管压力与灌水器流量偏差率比地表滴灌的要小，但是土壤对滴灌灌水质量指标的影响不显著。而 Warrick 等(1996)和 Lazarovitch 等(2005)在考虑土壤特性的空间变异性基础上，通过数值模拟的方法研究了地下滴灌条件下灌水器流量偏差率，发现地下滴灌灌水均匀度比地表滴灌差。Cote 等(2003)通过模拟不同土质条件下地下滴灌灌水器的出流特性发现，在中低渗透性的土壤中，地下滴灌可以较好地湿润灌水器周围的区域，增加作物的水分利用效率。而 Gil 等(2008)通过试验和模拟相结合的办法，基于土壤入渗率和土壤正压两方面考虑，认为地表滴灌毛管流量偏差率要高于地下滴灌，因此地下滴灌的灌水效果比地表滴灌好。

经过近年来的研究，国内外学者对地下滴灌土壤水分运移、田间灌水均匀度等做了大量、细致的工作。也可以看出，由于正压作用，地下滴灌灌水器流量会呈现先减小后趋于稳定的状态，而稳定时的流量和饱和区半径有关，但是目前对饱和区半径定量化分析的研究较少。同时地下滴灌管网布设，水力计算的相关研究还不完善，有待加强。

2) 渗灌和微润灌

相较于地下滴灌，渗灌和微润灌条件下出水面则相当于线源灌溉。

渗灌过程中，渗灌管周围的湿润体会出现由圆形向椭圆形转变的过程，而且在渗灌管周围一定范围内存在饱和积水区，因此在垂直方向上可以应用Green-Ampt 模型进行描述。张思聪等(1985)对渗灌条件下非饱和土壤水水平和垂直二维流进行了研究，建立了相应的非饱和土壤水流数学模型，进而采用有限差分法进行求解。在此基础上利用该模型对渗灌条件下不同的初始含水率、土壤质地、密度和不同管径的渗灌管等条件下灌水过程进行了模拟。诸葛玉平等(2003，2002，2001)针对有无地膜覆盖条件下渗灌管埋深下的土壤水分运移进行了试验研究，发现埋设深度对渗灌管土壤水分运移有较大影响。张书函等(2002)建立了基于第三类边界条件的微孔渗灌管土壤水分运动二维数学模型，研究发现，渗灌管工作压力水头、土壤初始含水率和渗灌管的设计流量均对其在土壤中的水分运移情况有显著影响。

基于对土壤水分运移的研究，部分学者也对渗灌管的布设提出了一些建议。马孝义等(2000)研究了定工作压力水头条件下不同埋深、防堵套长度简易渗灌的流量和土壤水分入渗规律，建议陕西省渭北旱塬现有的果树简易渗灌管道的埋深为 0.4m。李援农等(1999)认为，渗灌管的埋设深度应当根据作物的种类进行确定，一般 5～60cm 为宜。张书函等(2002)研究发现，每米设计流量为 8.3L/h，埋深为 35cm 的渗灌管在间距为 40cm、60cm、80cm 时，渗灌管周围的土壤水分有较大差异，间距为 60cm 较佳，作物的水分利用效率可以达到最高。同时针对玉米的地下灌溉，滴灌带的埋深应当为 30cm，并且滴灌带布置在两行玉米之间。

微润带作为近年来一种新兴的地下灌水设备，其入渗特性也得到了一定的研究(张珂萌等，2017)。张明智等(2017)、牛文全等(2017)、薛万来(2014)、张俊(2013)研究表明，工作压力水头是决定微润灌流量的重要因素，微润带土壤中入渗量大于空气中，土壤累计入渗量与工作压力水头正相关。牛文全等(2017)通过采用“96 组”全组合试验的方式发现，工作压力水头对微润管流量影响最大，而土壤容重次之，土壤初始含水率对微润管出流量影响最小，基于此三方面建立了微润管出流预报模型。范严伟等(2018)利用 HYDRUS-2D 模型模拟发现，土壤质地、工作压力水头和埋深均对微润灌的湿润体有较大影响，土壤质地越重，湿润体体积越小。湿润锋运移距离及湿润体体积均随土壤初始含水率、工作压力水头的增大而增大。

总而言之，目前相关研究均是基于试验或数值模拟的方法来探讨地下滴灌、渗灌和微润灌在不同工况下土壤水分运移规律，并未从机理上探究地下灌溉条件下灌水器或管道流量与空气中出现差异的原因，即使有所研究，给出的解析解中也有需要通过经验确定的参数。研究土壤水分运移规律的另外一个目的就是为地下灌溉系统的布设提供参考，但是从现有的文献看来，将两者有机结合的研究较少。因此，有必要从试验和模拟相结合的角度出发，探讨不同地下灌溉模式下，土壤水分运移的规律，为其设计运行提供参考。

3. 地下灌溉应用效果研究进展

1) 地下滴灌

地下滴灌具有节水、增产、提高作物品质等诸多优点(Azzeddine et al.，2019；Mo et al.，2017；Chenafi et al.，2016；Li et al.，2016；Attia et al.，2015；Enciso et al.，2005；Fangmeier et al.，1989；Bucks et al.，1981)。20世纪80年代以来，对地下滴灌技术的应用研究多集中在美国中西部干旱、半干旱地区的加利福尼亚州和堪萨斯州等地区的国家农业研究机构和大学研究组织，研究内容主要集中在系统设计参数优化、灌溉制度、施肥效应、水分利用效率、环境效应、劣质水利用、堵塞及防治方法、系统均匀度、局限性及与其他灌溉系统相比的应用效益等方面(Caldwell et al.，1994；Adamsen，1992；Rubeiz et al.，1991，1989)。相比其他灌溉方式，地下滴灌可以有效提高作物产量和水分利用效率，达到节水、增产的目的(Nalliah et al.，2009)。Phene等(1976)研究发现，采用地下滴灌可以使西红柿产量提高12%～20%。1995年，美国加利福尼亚州约9900hm^{2}的种植面积采用了地下滴灌技术。Henggeler (1995)研究表明，采用地下滴灌技术可使棉花增产20%以上，而且利用地下滴灌灌溉苜蓿可使水分利用效率较漫灌提高20%以上，较喷灌提高7%左右。Ayars等(1999)研究表明，在高地下水位地区种植作物时，使用高频灌溉降低了深层渗漏，可以提高浅层地下水的水分利用效率。Lamm等(2015)总结了前人的工作，同时基于32年地下滴灌的研究发现，地下滴灌较喷灌可以使玉米增产19%，较地表滴灌增产2%。

2) 渗灌

研究表明，渗灌对作物的增产效果也较为显著。牛西午等(2003)研究发现，在需水关键期，通过渗灌管补水300m^3/hm^2，水平湿润锋运移距离可以达到80cm，垂直湿润锋运移距离可以达到130cm，渗灌较对照组苹果产量可以提高45.7%～99.1%，同时提高苹果的品质。诸葛玉平等(2003)研究发现，采用渗灌技术可有效防止土壤退化，灌水下限土壤含水率越低，灌溉定额越大，根层越容易累积盐分，减少土壤酸化。韦彦等(2010)研究发现，渗灌可以减少水分深层渗漏量和表面蒸发量，同时增加植株蒸腾量，因此可以促使更多的水分被植株吸收利用。渗灌相较于沟灌可以节水 32.0%，增产 15.3%，水分利用效率提高 68.7%。

3) 微润灌

微润灌可以模拟植物 24h 不间断的吸水过程，以连续灌溉方式不停地向作物的根系提供适量水分，使灌溉过程与植物的吸水生理过程在时间上同步，促使作物增产增收。史丽艳(2013)通过比较不同灌水方式下盆栽玉米的生长情况发现，灌水方式对玉米生理生态指标有较大影响，苗期滴灌条件下玉米生长较快，拔节前期微润灌条件下玉米生长最为迅速，滴灌次之，直接浇灌玉米生长最慢；滴灌条件下叶绿素含量最高，拔节期需水旺季时，微润灌叶绿素含量最低。三种灌水方式对玉米光合速率的影响为：微润灌>滴灌>直接浇灌。薛万来(2014)对日光玻璃温室内不同灌溉方式对番茄生长及水分利用效率的影响研究表明，滴灌处理条件下，土壤水分时间变异性要大于微润灌，因此微润灌可以为作物提供一个稳定的土壤水分环境，有利于其生长；而且就产量和水分利用效率这两个指标来看，滴灌要明显弱于微润灌。张子卓等(2015)的研究表明，微润带埋深对不同土层深度的洗盐效果具有显著影响。微润带埋深 15cm 时，土层平均脱盐率和土壤平均含水率均最高，可为番茄生长创造一个良好的水盐环境，有利于番茄生长发育。

综上所述，地下滴灌、渗灌和微润灌是近年来逐步发展并有一定应用前景的地下灌溉技术，但是也存在诸如塑料难降解、灌水器结构复杂、灌水均匀度有待提高等问题，因此尝试采用不同材料制造灌水装置成为另外一条切实可行的途径。

1.2.2　陶罐灌溉研究进展

在干旱和半干旱地区，陶罐灌溉的研究从未停滞。陶罐灌溉起源较早，并在我国古代社会得到了一定应用(曹志洪等，2007)。2000 多年前，我国最早的农书——《氾胜之书》中记载了“以三斗瓦瓮埋著科中央，令瓮口上与地平。盛水瓮中，令满。种瓜瓮四面各一子。以瓦盖瓮口。水或减，辄增，常令水满”等关于陶罐在灌溉领域的应用。古代的河南济源农民将透水瓦片扣合形成“透水道”埋设于地下进行灌溉，一直延续至今，称为“合瓦地”。后来，陶罐灌溉技术相继在南亚、中东和拉美等一些干旱、半干旱地区得到应用，而且其相应的技术参数、应用效果等也有了一定的研究。Bainbridge(2002)总结前人的工作，认为陶罐灌溉技术较其他类型的灌溉技术可节水 10%，同时可显著提高作物产量。

目前，我国对于陶罐灌溉和瓦片灌溉的研究还较少。李晓宏(2003)使用无瓷釉的粗陶罐埋置于砂性土壤中，在罐口覆盖塑料膜后盛水进行灌溉，研究发现，使用陶罐进行灌溉可以有效减少深层渗漏和表层蒸发，进而提高作物产量。张涛(2010)利用黏土、增孔剂和氧化铝粉等作为原料，采用挤压成型工艺，在1100～1300℃下烧结制成粗陶微孔地埋渗灌装置，通过在枣树林中与渠灌相对比，使用该技术可以较渠灌节水68%，增产29.7%。田寿乐等(2012)研究发现，陶罐灌溉方式可以延长果园土壤保湿时间，最高长达32d，较对照延长13d。陶罐灌溉能对深层土壤根系进行灌溉，促使深层根系生长，同时大幅度提高板栗果实产量，陶罐灌溉较对照提高18.8%。

2005年后，我国学者开始利用陶土头(陶瓷灌水装置)进行负压灌溉或者负水头灌溉。其含义就是以陶土头为灌溉器，工作压力水头一般为负值，即陶土头的高程高于水源高程，这样陶土头就可以依靠土壤的吸力进行出流灌溉，因此这种灌溉方式具有节能、不需要提水加压设备的特点(邹朝望，2007；雷廷武等，2005)。而后诸多学者就负压灌溉条件下的水分运移特性进行了大量研究(丁亚会等，2017；李生平等，2017；肖娟等，2013)。

1. 陶罐灌溉材料制备工艺

陶罐灌溉、利用陶土头进行负压灌溉等方式，其本质核心在于利用陶瓷中诸多的微孔进行渗流出水灌溉(Simonis et al.，2011；Salamon et al.，2010；Khanna et al.，2005)。因此，陶瓷质量的优劣直接关系到陶瓷灌水装置的效率、寿命、稳定性等(Sheik'h et al.，1983)。

灌溉用陶瓷一直以黏土或砂土为主要原料，采用烧结成型的方法制成(Pham et al.，2018；Belmonte et al.，2017；Aouba et al.，2016；Hajjaji et al.，2011；Nandi et al.，2008)。Bainbridge(2001)研究发现，渗水陶罐的烧结温度以1083℃为佳，烧结温度过高会使陶罐的开口孔隙率降低，影响陶罐的渗水速率。Monteiro等(2005)通过添加石油废料制备出抗弯强度为3.4～12.1MPa、开口孔隙率为23.2%～26.6%的黏土基微孔陶瓷，但是其线收缩率高达5.6%～9.5%。Usman等(2011)研究认为，提高烧结温度会加剧陶罐内部物质的玻璃化，使陶罐的开口孔隙率降低。Yakub等(2012)使用锯末作为造孔剂来制备具有高孔隙率的黏土基多孔陶瓷，但其弯曲强度仅为9.11MPa，而这在灌溉装置安装和使用中难以满足强度要求。Naik等(2013)在研究三种不同材料制备的陶罐时发现，添加木屑可有效增加陶罐的渗水速率，但添加树脂对陶罐渗水速率的影响较小。Korah等(2016)使用小麦秸秆作为造孔剂，发现由于有机添加剂在烧结过程中转化为二氧化碳和水，黏土罐的孔隙率和导热率得到改善。Li等(2016)采用糊精作为造孔剂和性能改良剂来制备具有较高孔隙率和抗弯强度的微孔陶瓷灌溉装置，发现随着糊精掺量的增加，微孔陶瓷的孔隙率和抗弯强度均有了一定程度的提高，在 1085～1095℃下采用 15%～20%添加剂烧结的微孔陶瓷具有 34.2%～38.1%的高开口孔隙率，10.8～14.8MPa 的弯曲强度，2.4%～6.2%的低体积收缩率，因此可以作为制造陶罐适宜的烧结温度和添加剂掺量。

陶罐主要依靠手工制作，难以实现机械化，由此导致制造偏差大，出水效果也相对较差；灌溉时陶罐之间难以相互连接形成大面积的灌溉系统，自动化程度低；已建成的灌溉系统由于可实现性差或者造价高昂，难以满足大面积推广的需要。综上，微孔陶瓷灌水器的原料和制备工艺会直接影响其渗水速率，进而影响灌溉效果。

近年来，随着航空、航天、能源等领域的快速发展，各种高性能微孔陶瓷的研究报道大量涌现，研究的热点主要集中于微孔 Si_3N_4、Al_2O_3 等高性能陶瓷(Li et al.，2013；Wu et al.，2006)。这类材料虽具有较高力学性能和孔隙率，但较高的制造成本、复杂的制备工艺限制了其在节水灌溉上的应用(Wu et al.，2006)。为满足农业推广的低成本要求，微孔陶瓷灌水器的制备应采用廉价易得的原料和简单快捷的成型工艺。因此，微孔陶瓷灌水器应当多采用廉价易得的黏土和砂等天然材料作为原料，采用简单快捷的成型工艺以降低制造成本。

2. 陶罐灌溉和负压灌溉等

灌水器的作用是将水合理、均匀地输送到作物根区附近。陶罐灌溉和负压灌溉均属于地下灌溉，因此研究其在土壤中的出流量、湿润锋运移距离等对于明确其灌溉机理、确定其灌溉参数具有重要的作用(Zhang et al.，2009；雷廷武等，2005；孙宏义等，2000)。

Alemi(1981)和 Mondal 等(1992)初步研究了不同陶罐结构、灌溉时间等因素条件下陶罐附近土壤含水率、土壤盐分的变化情况，发现采用陶罐灌溉的方式不仅简单有效，土壤中的盐分也会运移到湿润体的边缘，因此可以为作物创造一个水分恒定，盐度较低的良好环境，促进其生长。Chigura(1994)研究发现，陶罐的渗水速率与陶罐内部的工作压力水头、外部土壤的负压、陶罐的渗透系数和壁厚等因素有关。陶罐灌溉具有明显的自调节功能，可以根据作物的需水量智能调节渗水速率，因而是一种节水、节能的灌溉系统。Gupta 等(2009)研究发现，土壤质地对多孔黏土管的流量影响较为显著，土壤饱和导水率越大，多孔黏土管的流量较空气中额定流量增长幅度越大；同时在低工作压力水头下，土壤毛细管力对多孔黏土管的流量影响较大，但在高工作压力水头下影响可以忽略不计。

Kato 等(1982)研究了恒定工作压力水头下，不同渗透系数多孔陶瓷管的土壤水分运动情况，研究结果显示湿润锋运移距离与多孔管长度之间呈正相关关系。谷川寅彦等(1992)通过对比两种不同渗透系数的素烧管渗流特性发现，其可以在 0～1m 的微压范围内为作物连续供水，并称其为低压连续渗灌系统，研究得出该系统不仅可为作物充分供水，而且可以为作物提供一个适宜的土壤水分环境，促进作物生长。Siyal 等(2009a)研发了一种以黏土为主要原料的渗水管，具有异型的结构便于形成连续的管道，进而实现输水、灌水的功能。继而该团队证明，利用 HYDRUS-2D/3D 可以对多孔黏土管在壤土，砂土等不同土壤类型、不同水分状况下土壤的湿润情况做出预测，研究结果表明，采用 HYDRUS 模拟的土壤含水率与观测数据吻合良好，湿润锋运移距离随埋深的增加而增加。此外，他们也发现陶罐尺寸对湿润锋运移距离、土壤含水率分布有显著影响，小尺寸陶罐的湿润体体积接近大陶罐的一半；但如果有较大的渗透系数，将产生较大的湿润体。研究结果也表明，多孔黏土管也可以在咸水灌溉情况下使用，适用范围较广。

江培福(2006)研究了陶土头工作压力水头为−0.5m 情况下，黏壤土和砂壤土中土壤水分运移规律，发现累计入渗量、水平和垂直湿润锋运移距离随时间呈幂函数关系变化，在灌溉时间相同时，黏壤土中各项指标均较砂壤土大。肖娟等(2013)研究了负压条件下，灌溉水钠吸附比和盐分浓度对土壤水分运移及水盐分布的影响，发现水平湿润锋运移距离、垂直湿润锋运移距离以及累计入渗量均随着灌溉水盐分浓度的增加和钠吸附比的减小而增加。当灌溉水盐分浓度一定时，湿润体内平均含水率随钠吸附比的增加而减小。Khan 等(2015)研究发现，多孔管结构尺寸直接影响湿润体形状，但是总体而言湿润体的形状大致为椭球型，同时这种灌溉方式下灌溉水利用系数为 0.94～0.97。Wang 等(2017，2016)采用 HYDRUS-2D 研究多孔陶瓷管在负压条件下的水分运移情况发现，试验和模拟的结果较为接近。工作压力水头越大，湿润锋运移距离就越大，因此可以采用这种先进的方法代替其他传统灌溉方式。

3. 陶罐灌溉和负压灌溉等对作物生长影响

作物的生长、产量指标是衡量一项灌溉技术成败的最主要因素。基于此，近年来，国内外专家学者围绕陶罐灌溉、负压灌溉做了大量富有成效的工作(Soomroa et al.，2018；Bhatt et al.，2017；Bainbridge，2002，2001；Reddy et al.，1980)。

Mondal 等(1992)通过对比地面灌溉和陶罐灌溉条件下西瓜产量和水分利用效率发现，保证产量一致的条件下，陶罐灌溉较地面灌溉的水分利用效率提高 90%。另外，陶罐灌溉可以减少田间杂草。Balakumaran 等(1982)对黄瓜进行研究发现，使用陶罐灌溉的水分利用效率是地面灌溉的 3.84 倍。Batchelor 等(1996)于 1985 年至 1995 年期间在津巴布韦东南部和斯里兰卡北部进行灌溉试验发现，使用黏土管的地下灌溉对提高作物产量、质量和水分利用效率具有显著的效果，而且产品廉价、简单且易于使用。Siyal 等(2009b)将陶罐埋置于40cm 深的土壤中灌溉香菜，灌溉水采用 0.4dS/m 和 2.1dS/m 的微咸水，安装这个系统的费用为 50000 卢比/公顷，研究发现，使用陶罐灌溉种植香菜可以节省90%的灌溉水。Pachpute(2010)发现，使用陶罐灌溉在内的一体化灌溉措施使作物的总产量增加了 203%，获得的水分利用效率为 12.06kg/m^3。Bhatt 等(2017)研究发现，在印度使用微咸水灌溉是比较常见的做法，使用陶罐灌溉的方式可以减少微咸水灌溉的危害，其投入产出比高达 136.82%，但是这种灌溉方式属于劳动密集型产业，只适合小农户使用，对于大型的农业灌溉系统，这种方式可能会增加系统投资，同时降低劳动生产率。因此可知，使用陶罐灌溉可有效增加作物产量，也可在水质条件较差的条件下使用，但是这种灌溉方式难以形成大面积的灌溉系统，需要频繁的为陶罐补水，劳动生产率较低。

近年来，国内有关学者对陶罐灌溉进行了改进，使陶罐体型缩小，同时将其工作压力水头降至 0m 以下，并对这种方式下的灌溉效果进行了一定的研究。刘明池(2001)研究发现，使用微孔陶瓷负压加温系统栽植番茄的过程中，进行加温处理可以使土壤温度增加 1.2～2.7℃，使得植株长势、果实可溶性糖、滴定酸等有显著增加。王相玲(2015)研究发现，在适宜的工作压力水头下，采用负压供水，可以促使油菜根系生长，提高叶片蒸腾速率和光合速率。

综上所述，陶罐灌溉历史悠久，在诸多恶劣的条件下应用，可以显著提高作物的产量和水分利用效率，但是这种灌溉方式存在显著的缺点：

一是制造工艺落后，灌溉用陶罐仍旧通过手工制作，因此其制造偏差难以控制，孔隙率较低导致出流量小，灌水效率低下。

二是陶罐灌溉系统难以组建，陶罐之间均是独立的个体，灌溉过程中水位下降必须及时补充灌溉水，增加了农民的劳动强度，也使得土壤水分的变化较为频繁(Ansari et al.，2015；Siyal et al.，2011)。

三是目前有关陶罐灌溉的理论不完善，陶罐灌溉条件下土壤水分运移规律研究还不够深入，因此此前研究人员得出的节水增产的机理仍不明确。

1.2.3 灌水器堵塞研究现状

灌水器堵塞一直是制约地下滴灌推广应用的致命问题，虽然利用各种物理化学方法进行综合处理，但灌水器依然会出现不同程度的堵塞。灌溉水质类型不同，造成灌水器堵塞的成因也存在差异。根据引起堵塞的物质性质不同，Nakayama 等(1991)将导致灌水器堵塞的成因分为物理、化学和生物三类，并划分了导致灌水器堵塞难易程度的标准。

水质对灌水器堵塞有着重要影响，水质越好，进入灌水器中的颗粒物越少，灌水器越不容易发生堵塞，因此水质处理是防止灌水器堵塞的基础(李光永，

2001)。Gilbert 等(1981)研究了利用河水灌溉时，灌水器流道结构及水质等因素对滴灌系统堵塞的影响，认为泥沙颗粒与生物物质结合是导致灌水器堵塞的主要原因。仵峰等(2004)实地调查了运行 8 年的地下滴灌系统的堵塞情况，得出进入地下滴灌系统的微粒在灌水器流道壁附着发育是引起系统堵塞的主要原因。童忠尧等(1998)认为，过滤后灌溉水体中残存的固体微粒以及灌溉过程中形成的固体微粒是诱发灌水器堵塞的主要原因，它们会在灌水器流道中存留生长，最终导致灌水器发生堵塞。

利用浑水滴灌时，浑水中泥沙颗粒粒径、级配、含沙量等物理因素是引起灌水器堵塞的重要原因(刘璐等，2012)。葛令行等(2010)研究表明，泥沙粒径是影响泥沙颗粒沉积的最主要因素，粒径越大，泥沙颗粒的沉积危险系数越大，灌水器越易堵塞。刘璐等(2012)研究表明，对于粒径小于 0.1mm 的泥沙颗粒，含沙量是造成灌水器堵塞的主要原因，当泥沙浓度大于 1.25g/L 时，影响尤为显著。粒径对灌水器堵塞的影响较为复杂，并不是简单的递增或递减趋势，发生堵塞的敏感粒径为 0.03～0.04mm。不同粒径泥沙颗粒对灌水器堵塞的影响程度不同，泥沙颗粒粒径小于 0.03mm 时，泥沙颗粒之间具有较强的絮凝团聚作用，容易形成絮团，在流道内产生淤积，造成灌水器堵塞。吴泽广等(2014)发现泥沙粒径是造成灌水器堵塞的主要因素，当泥沙浓度小于 1.0g/L 时，泥沙粒径越大越容易造成灌水器堵塞，泥沙浓度大于 1.0g/L 时，泥沙粒径对灌水器堵塞的影响降低。泥沙粒径在 0.05～0.1mm 时最易在毛管内沉积，泥沙粒径小于 0.03mm 的泥沙最易排出灌水器。任改萍(2016)研究表明，当泥沙浓度低于 2g/L 时，对灌水器堵塞没有显著影响；当泥沙浓度为 2.0g/L 时，泥沙粒径是引起大流道迷宫灌水器堵塞的主要原因；泥沙粒径为 0.10～0.15mm 时，是引起灌水器堵塞的敏感粒径范围，主要表现为突然完全堵塞；泥沙颗粒粒径为 0.058～0.075mm 时，最不易发生堵塞。极易堵粒径结合会加剧灌水器堵塞程度，易堵粒径混合能减轻对灌水器的堵塞程度。刘璐等(2012)研究表明，泥沙粒径小于 0.1mm 时，工作压力水头对灌水器堵塞的影响非常显著，其次为泥沙粒径；泥沙粒径、含沙量、工作压力水头相互作用是引起灌水器堵塞的主要影响因素。研究还表明，灌溉水中泥沙粒径与浓度对灌水器流量的影响不显著，灌溉水中泥沙颗粒粒径越大、浓度越高时，灌水器流道内的泥沙浓度会越高。朱燕翔等(2015)研究表明，浑水中泥沙浓度越大微润管堵塞越严重，泥沙粒径 0.061～0.100mm 对微润管堵塞影响最大。徐文礼等(2008)针对泥沙粒径为 0.250～0.224mm 与 0.224～0.180mm 的两种浑水，研究了泥沙粒径对迷宫灌水器的物理堵塞影响情况，结果表明，泥沙颗粒粒径是引起迷宫流道灌水器堵塞的主要原因，泥沙颗粒粒径越大，灌水器发生堵塞的可能性越大；泥沙对迷宫灌水器的堵塞是一个既突然又逐渐发展的过程；对于粒径小于灌水器流道尺寸近 1/5

的泥沙颗粒，当灌水器流量不变时，其输沙能力与浑水含沙量成正比关系，灌水器输沙能力随其流量的增大而增大。综上可知，不同水质条件下，泥沙是造成滴灌灌水器堵塞的影响原因，泥沙颗粒粒径和含沙量是主要影响因素。但是目前关于浑水含沙量、泥沙颗粒粒径对微孔陶瓷灌水器堵塞的影响研究较少。

水肥一体化灌溉技术是将灌溉水和肥料相结合，是目前最有效的施肥方式(黄兴法等，2002)。虽然水肥一体化灌溉技术使滴灌具有节水、节肥、省工、增产的优势，但由此引发的灌水器堵塞问题一直是制约滴灌技术发展的重要问题之一。国内外学者开展了关于肥料浓度和灌溉方式等因素对灌水器堵塞的试验研究工作。灌溉水中大量的矿物微粒、肥料离子和细小的固体悬浮颗粒大大提高了灌水器堵塞风险，而灌水器堵塞又直接决定了滴灌系统的使用寿命及经济效益。已有研究表明，水体中高浓度的 Ca^{2+}、Mg^{2+}、HCO_3^-、SO_4^{2-} 等离子，是造成灌水器流道淤积的重要因素(Hills et al.，1989)。余杨等(2018)研究表明，当施肥浓度小于 0.6g/L 时，施肥浓度对灌水器堵塞有显著加速作用；施肥浓度大于 0.6g/L 时，施肥浓度对灌水器堵塞的影响较小。刘璐等(2017)研究表明，肥料类型是决定灌水器堵塞类型的重要因素。施加尿素后，颗粒物质与灌水器壁面黏附所引发的沉积堵塞状况有所改变；施加可溶性磷肥后，磷离子吸附肥料杂质所引起团聚沉淀堵塞；施加硫酸钾时，由于 Ca^{2+}、Mg^{2+}的沉淀诱发灌水器流道壁面糙度升高，使过流断面减小造成灌水器堵塞。灌溉水中施加肥料后，灌溉水中的电解质增加，加速泥沙颗粒布朗运动使得其不等速沉降，增加了流道内由于水流紊动引起泥沙颗粒的碰撞概率，形成稳定的絮凝团聚结构；灌溉水中加肥形成的碳酸盐或硫酸盐沉淀吸附在毛管壁面增加了壁面的粗糙程度，改变了泥沙颗粒与灌水器流道壁面的碰撞，泥沙颗粒与粗糙的流道壁面接触，水流流速减缓使得泥沙颗粒更易发生沉降。

刘燕芳等(2014)研究表明，灌水器平均流量与灌水量和施肥量成反比关系。官雅辉等(2018)研究发现，浑水中施肥可以增强灌水器输沙能力，不同肥料类型和浓度对灌水器输沙能力的影响不同。尿素浓度对灌水器输沙能力在一定程度上有提升作用，但随着硫酸钾和复合肥浓度的增大，灌水器输沙能力减小。李康勇等(2015)研究表明，施肥会加速迷宫灌水器堵塞，施肥浓度越大堵塞速率越明显，浑水中施加肥料后，增强了泥沙颗粒之间的吸附絮凝作用，易形成团聚体，使得堵塞物表面结构复杂程度增加，沉积物之间间隙减小。研究还发现，随水流进入流道的肥料颗粒及杂质使流道过水断面缩小，降低了流道过流能力，杂质也可能堵塞流道入口，阻止水流进入造成灌水器流量下降。灌溉水中施肥引起灌水器堵塞主要为物理堵塞，未观察到化学反应生成的沉淀堵塞物。刘璐等(2016)研究表明，施肥加速灌水器堵塞，受泥沙颗粒级配和灌水温度共同作用的影响，冬季灌溉水中大颗粒泥沙含量越多，施肥浓度对堵塞的影响越敏感；夏季灌溉水中小颗粒泥沙含量越多，施肥浓度对堵塞的影响越敏感。

上述研究表明，利用水肥一体化技术时，浑水中施肥后，不同肥料类型和施肥浓度对灌水器堵塞影响程度不同，有的肥料与浑水中泥沙颗粒结合会降低灌水器堵塞程度，有的肥料会加剧灌水器堵塞。而有关微孔陶瓷灌水器在水肥一体化灌溉条件下抗堵塞性能的研究比较薄弱，堵塞对于微孔陶瓷灌水器水力性能及系统灌溉质量的影响还有待于深入研究。随着微孔陶瓷渗灌的诸多优点逐渐被认可，一些学者对微孔陶瓷根灌的灌溉效果进行了研究(蒲文辉等，2016；Siyal et al.，2009b)。有研究表明，微孔陶瓷灌水器渗透系数和形状尺寸是影响其渗水速率的主要因素(Hajjaji et al.，2011；Abu-Zreig et al.，2004)，其中渗透系数取决于微孔陶瓷的孔径和开口孔隙率(Xu et al.，2008)。付金焕等(2018)研究了不同灌溉条件下微孔混凝土灌水器流量变化规律，研究结果表明，不同肥料类型对灌水器流量的影响不同。尿素中不含难溶性物质，对灌水器流量没有影响；磷酸二氢铵和硫酸钾中含有难溶性物质，会堵塞灌水器微孔导致灌水器流量下降。堵塞直接导致灌溉系统灌水均匀度下降，严重影响陶瓷灌溉系统运行效果和安全性，甚至导致灌溉系统寿命显著下降或报废。

1.2.4　现有研究中存在的问题

通过前述分析可知，有关陶瓷灌水装置(灌水器)的研究具有悠久的历史，也取得了一定的成果，如近年发展起来的负压灌溉、负水头灌溉等。有关地下灌溉灌水器布设方面也有了一定的研究，还有以下几个方面有待进一步深入探讨。

1) 地下滴灌能耗高

地下滴灌等方式的工作压力水头均在10m左右，工作过程中，需要水泵等加压设备提供能量进行灌溉，以保证其出流和均匀度等。在诸多需要灌溉的地区，由于田间电力设备缺乏，导致难以为灌溉系统提供动力，因而难以发展灌溉农业。同时，近年来发展起来的微润灌等地下灌溉技术，其工作压力水头也需要在2m左右，因此发展微压条件下工作的灌水技术势在必行。

2) 塑料滴灌产品难以降解回收，白色污染严重

目前，常规的地下滴灌产品均为塑料制品，使用过后难以降解，加之农用废弃物处置不当，使其被随意丢弃成为固体废物，对生态环境造成严重的破坏。因此，发展可降解或者无机材料的灌水器材成为灌溉行业的必由之路。

3) 地下滴灌根系入侵与负压吸泥造成堵塞

由于地下滴灌灌水器自身的结构设计(几何尺寸小于1mm的迷宫流道出

流)和地下特殊的使用环境(负压吸泥和根系入侵)，易导致灌水器堵塞，严重时会造成整个灌溉系统报废。负压吸泥和根系入侵造成的堵塞已经成为地下滴灌发展过程中一个亟待解决的问题。因此，从灌水器结构设计出发，研究新型灌水器是解决地下特殊堵塞问题的一条可行措施。

1.3 本书主要内容

受古代陶罐灌溉启发，借鉴地下滴灌优点，本书将微孔陶瓷运用到节水灌溉产品研发当中，综合研究微孔陶瓷灌水器的材料配方、制备工艺、出流机理、应用参数及应用效果，开发出节能环保的微孔陶瓷灌水器，进而构建可以进行微压、小流量、自适应灌溉的陶瓷根灌系统。

1) 微孔陶瓷灌水器制备与性能研究

从无机非金属材料学原理出发，以黏土、河砂等廉价材料为原料，采用模压烧结法制备微孔陶瓷灌水器。设计不同结构形式的微孔陶瓷灌水器(旁通式、管间式和贴片式)，对微孔陶瓷灌水器材料性能、水力性能进行测试分析，获取其抗弯强度、压力-流量关系曲线、制造偏差等关键参数。基于材料性能和水力性能指标筛选性能优良的微孔陶瓷灌水器。初步建立微孔陶瓷孔隙率、孔径与渗透系数之间的关系，为后期微孔陶瓷灌水器的应用提供参考。

2) 微孔陶瓷灌水器抗堵塞性能研究

探索浑水中泥沙黏粒含量、肥料类型单独作用和肥沙耦合作用对微孔陶瓷灌水器堵塞的影响，阐明了微孔陶瓷灌水器在水肥一体化灌溉技术中化学堵塞与物理堵塞之间的关联机制。进而确定出微孔陶瓷灌水器适宜的工作环境，提出有效的抗堵措施和适宜的施肥参数。

3) 微孔陶瓷灌水器出流机理研究

基于土壤水分溶质动力学理论，研究微孔陶瓷灌水器在无压、微压条件下土壤中的水分运移规律，分析灌水器出流量随时间的动态变化规律，监测灌水器周围土壤含水率的时空动态变化，研究陶瓷灌水器出流量对土壤含水率的动态响应机制，建立陶瓷灌水器出流量与土壤含水率耦合数学模型，探明其在土壤中自适应灌溉机理。

4) 微孔陶瓷根灌土壤水分运动规律研究

以微孔陶瓷灌水器为研究对象，采用室内模拟进行无压灌溉，研究了土壤初始含水率、埋深和蒸发对微孔陶瓷根灌入渗特性的影响，分析累计入渗量、湿润锋运移距离和湿润体内土壤含水率随时间的变化规律，以期为微孔陶瓷灌水器结构设计和参数确定提供一定的科学依据。

5) 微孔陶瓷根灌应用关键技术参数适宜取值确定

以微孔陶瓷灌水器为对象，通过室内试验和数值模拟相结合的方法，分析灌水器工作压力水头、设计流量、埋深和土壤参数对微孔陶瓷灌水器流量、湿润锋运移距离和土壤水分分布的影响。结合不同作物根系分布，基于作物需水要求和深层渗漏风险的考虑，确定出不同土壤质地中灌水器的应用技术参数(埋深、工作压力水头、设计流量)。

6) 微孔陶瓷根灌田间应用效果研究

以优选的微孔陶瓷灌水器为核心，以确定的灌水器田间应用参数为基准，构建陶瓷根灌系统在陕西省室内盆栽菠菜、青海省柴达木盆地枸杞、宁夏回族自治区黄土高原枸杞中进行应用。研究微孔陶瓷根灌对作物耗水量、生理生态特征及产量的影响，对比地下滴灌相同条件下作物耗水量、生理生态特征和产量等指标，综合评价微孔陶瓷根灌的应用效果。

参 考 文 献

白丹, 王晓愚, 宋立勋, 等, 2009. 地下滴灌毛管水力要素试验[J]. 农业工程学报, 25(11): 19-22.

曹志洪, 杨林章, 林先贵, 等, 2007. 绰墩遗址新石器时期水稻田、古水稻土剖面、植硅体和炭化稻形态特征的研究[J]. 土壤学报, 44(5): 838-847.

陈敏茹, 2016. 多孔渗水混凝土材料的制备与性能研究[D]. 杨凌: 西北农林科技大学.

陈新明, 2007. 根区局部控水无压地下灌溉技术的灌水机理及田间实践研究[D]. 杨凌: 西北农林科技大学.

程先军, 许迪, 1999. 地下滴灌技术发展及应用现状综述[J]. 节水灌溉, (4): 13-15.

丛萍, 龙怀玉, 岳现录, 等, 2015. 聚乙烯醇缩甲醛负压渗水材料的制备及可行性分析[J]. 高分子材料科学与工程, 31(10): 133-139.

丁亚会, 龙怀玉, 王鹏, 等, 2017. 黑钙土不同土层在两种材质负压渗水器下的吸渗特性[J]. 土壤, 49(4): 803-811.

范兴科, 吴普特, 牛文全, 等, 2008. 低压滴灌条件下提高系统灌水均匀度的途径探讨[J]. 灌溉排水学报, 27(1): 18-20.

范严伟, 赵彤, 白贵林, 等, 2018. 水平微润灌湿润体 HYDRUS-2D 模拟及其影响因素分析[J]. 农业工程学报, 34(4): 115-124.

冯俊杰, 费良军, 邓忠, 等, 2013. 自适应滴灌灌水器的水力性能试验[J]. 农业工程学报, 29(4): 87-94.

冯俊杰, 李明臣, 翟国亮, 等, 2008. 移动插入式灌水器的结构研究与抗堵塞试验分析[J]. 中国农村水利水电, (1): 39-42.

付金焕, 王玉才, 朱进, 等, 2018. 不同灌溉模式下微孔混凝土灌水器流量变化规律研究[J]. 节水灌溉, (4): 5-10.

葛令行, 魏正英, 曹蒙, 等, 2010. 微小迷宫流道中的沙粒沉积规律[J]. 农业工程学报, 26(3):20-24.

谷川寅彦, 矢部腾彦, 吴景社, 1992. 低压渗灌原理与基础试验研究[J]. 灌溉排水, 11(2): 35-38.
官雅辉, 牛文全, 刘璐, 等, 2018. 硫酸钾对浑水滴灌滴头堵塞的影响[J]. 西北农林科技大学学报(自然科学版), 337(10):143-152, 160.
韩启彪, 冯绍元, 曹林来, 等, 2015. 滴灌技术与装备进一步发展的思考[J]. 排灌机械工程学报, 33(11): 1001-1005.
黄兴法, 李光永, 2002. 地下滴灌技术的研究现状与发展[J]. 农业工程学报, 18(2): 176-181.
江培福, 2006. 负压灌溉技术原理及其试验研究[D]. 北京:中国农业大学.
雷廷武, 江培福, 肖娟, 2005. 负压自动补给灌溉原理及可行性试验研究[J]. 水利学报, 36(3): 298-302.
李刚, 王晓愚, 白丹, 2010. 土壤物理特性对地下滴灌毛管灌水质量的影响[J]. 农业工程学报, 26(9): 14-19.
李光永, 2001. 世界微灌发展态势——第六次国际微灌大会综述与体会[J]. 节水灌溉, (2):24-27.
李久生, 栗岩峰, 王军, 等, 2016. 微灌在中国: 历史, 现状和未来[J]. 水利学报, 47(3): 372-381.
李久生, 杨风艳, 刘玉春, 等, 2009. 土壤层状质地对小流量地下滴灌灌水器特性的影响[J]. 农业工程学报, 25(4): 1-6.
李康勇, 牛文全, 张若婵, 等, 2015. 施肥对浑水灌溉滴头堵塞的加速作用[J]. 农业工程学报, 31(17):81-90.
李生平, 武雪萍, 龙怀玉, 等, 2017. 负压水肥一体化灌溉对黄瓜产量和水、氮利用效率的影响[J]. 植物营养与肥料学报, 23(2): 416-426.
李向明, 杨建国, 2017. 微孔混凝土灌水器形状及其尺寸对流量的影响[J]. 农业工程学报, 33(10): 130-136.
李晓宏, 2003. 旱地陶罐渗灌技术研究与应用[J]. 干旱地区农业研究, 21(2): 108-112.
李援农, 张捐社, 尚碧玉, 1999. 低压微孔地埋管灌溉技术要素试验研究[J]. 西北农业大学学报(自然科学版), 27(5): 39-43.
李云开, 周博, 杨培岭, 2018. 滴灌系统灌水器堵塞机理与控制方法研究进展[J]. 水利学报, 49(1): 103-114.
梁海军, 刘作新, 舒乔生, 2006. 橡塑渗灌管渗水性能实验研究[J]. 农业工程学报, 22(7):56-59.
刘璐, 李康勇, 牛文全, 2016. 温度对施肥滴灌系统滴头堵塞的影响[J]. 农业机械学报, 47(2):98-104.
刘璐, 牛文全, 2012. 细小泥沙粒径对迷宫流道灌水器堵塞的影响[J]. 农业工程学报, 28(1): 87-93.
刘璐, 牛文全, 武志广, 等, 2017. 施肥滴灌加速滴头堵塞风险与诱发机制研究[J]. 农业机械学报, 48(1): 228-236.
刘明池, 2001. 负压自动灌水蔬菜栽培系统的建立与应用[D]. 北京: 中国农业科学院.
刘燕芳, 吴普特, 朱德兰, 等, 2014. 温室水肥滴灌系统迷宫式灌水器堵塞试验[J]. 农业机械学报, 45(12):50-55.

刘杨, 黄修桥, 李金山, 等, 2018. 低压地下与地表滴灌带水力性能对比试验[J]. 农业工程学报, 34(9): 114-122.
刘玉春, 李久生, 2010. 滴灌灌溉计划制定中毛管埋深对负压计布置方式的影响[J]. 农业工程学报, 26(4): 18-24.
刘作新, 梁海军, 2006. 橡塑渗灌管生产工艺及其渗水性能研究进展[J]. 农业工程学报, 22(12): 255-259.
罗红英, 崔远来, 陈坚, 等, 2011. 光伏提水技术在西藏的推广前景[J]. 中国农学通报, 27(11): 276-280.
马孝义, 康绍忠, 王凤翔, 等, 2000. 果树地下滴灌灌水技术田间试验研究[J]. 西北农业大学学报, 28(1): 57-61.
牛文全, 2006. 微压滴灌技术理论与系统研究[D]. 杨凌:西北农林科技大学.
牛文全, 吕望, 古君, 等, 2017. 微润管埋深与间距对日光温室番茄土壤水盐运移的影响[J]. 农业工程学报, 33(19): 131-140.
牛西午, 李永山, 冯永平, 2003. 晋南半干旱地区果树渗灌补水效应研究[J]. 农业工程学报, 19(1): 72-755.
蒲文辉, 张新燕, 朱德兰, 等, 2016. 制备工艺对微孔陶瓷灌水器结构与水力性能的影响[J]. 水力发电学报, 35(6): 48-57.
任改萍, 2016. 微孔陶瓷渗灌土壤水分运移规律研究[D]. 杨凌: 西北农林科技大学.
石声汉, 1956. 氾胜之书今释[M]. 北京: 科学出版社.
史丽艳, 2013. 不同灌水方式下玉米生长及根区水、盐及硝态氮运移规律研究[D]. 杨凌: 西北农林科技大学.
孙宏义, 荔克让, 赵爱国, 等, 2000. 陶坛在沙地渗灌中的渗水特征研究[J]. 节水灌溉, (2): 26-29.
孙三民, 安巧霞, 杨培岭, 等, 2016. 间接地下滴灌灌溉深度对枣树根系和水分的影响[J]. 农业机械学报, 47(8): 81-90.
田寿乐, 沈广宁, 许林, 等, 2012. 不同节水灌溉方式对干旱山地板栗生长结实的影响[J]. 应用生态学报, 23(3): 61-66.
童忠尧, 王聪玲, 1998. 固体微粒在滴灌水体中形成、长大的理化机理[J]. 节水灌溉, (5):31-33.
万国鼎, 1980. 氾胜之书辑释[M]. 北京: 农业出版社.
汪志农, 2000. 灌溉排水工程学[M]. 北京: 中国农业出版社.
王栋, 2007. 高灌水均匀度防堵塞内镶贴片式地下灌水器设计研制及试验研究[J]. 节水灌溉, (2): 54-57.
王栋, 2015. 精量滴灌灌水器研制与应用技术研究[J]. 中国水利, (19): 46-49.
王立朋, 魏正英, 邓涛, 等, 2012. 压力补偿灌水器分步式计算流体动力学设计方法[J]. 农业工程学报, 28(11): 86-92.
王荣莲, 龚时宏, 李光永, 等, 2005. 地下滴灌防根系入侵的方法和措施[J]. 节水灌溉, 2(5): 7.
王淑红, 张玉龙, 虞娜, 等, 2005. 渗灌技术的发展概况及其在保护地中应用[J]. 农业工程学报, (z1): 92-95.
王相玲, 2015. 负压灌溉对土壤水分分布与油菜水分利用的影响[D]. 北京: 中国农业科学院.

王晓愚, 白丹, 李占斌, 等, 2008. 地下滴灌田间管网室内试验测试系统[J]. 农业工程学报, 24(4): 88-90.
韦彦, 孙丽萍, 王树忠, 等, 2010. 灌溉方式对温室黄瓜灌溉水分配及硝态氮运移的影响[J]. 农业工程学报, 26(8): 67-72.
吴普特, 冯浩, 2005. 中国节水农业发展战略初探[J]. 农业工程学报, 21(6): 152-157.
吴普特, 牛文全, 2002. 节水灌溉与自动控制技术[M]. 北京: 化学工业出版社.
吴普特, 朱德兰, 吕宏兴, 等, 2012. 农田灌溉过程中的水力学问题[J]. 排灌机械工程学报, 30(6): 726-732.
吴泽广, 张子卓, 张珂萌, 等, 2014. 泥沙粒径与含沙量对迷宫流道滴头堵塞的影响[J]. 农业工程学报, 30(7): 99-108.
仵峰, 范永申, 李辉, 等, 2004. 地下滴灌灌水器堵塞研究[J]. 农业工程学报, 20(1): 80-83.
仵峰, 李王成, 李金山, 等, 2003. 地下滴灌灌水器水力性能试验研究[J]. 农业工程学报, 19(2): 85-88.
仵峰, 吴普特, 范永申, 等, 2008. 地下滴灌条件下土壤水能态研究[J]. 农业工程学报, 24(12): 31-35.
肖娟, 江培福, 郭秀峰, 等, 2013. 负水头条件下水质对湿润体运移及水盐分布的影响[J]. 农业机械学报, 44(5): 101-107.
徐文礼, 李治勤, 2008. 迷宫灌水器堵塞与输沙能力实验研究[J]. 山西水利科技, (2): 10-12.
许迪, 程先军, 2002. 地下滴灌土壤水运动和溶质运移数学模型的应用[J]. 农业工程学报, 18(1): 27-30.
许健, 2016. 生物炭对土壤水盐运移的影响[D]. 杨凌: 西北农林科技大学.
薛万来, 2014. 微润灌溉条件下土壤水盐运移规律研究[D]. 杨凌: 教育部水土保持与生态环境研究中心.
杨培岭, 雷显龙, 2000. 滴灌用灌水器的发展及研究[J]. 节水灌溉, (3): 17-18.
杨庆理, 2008. 农业灌溉用渗水管道或膜或容器、制造方法及其应用: 中国, ZL200710071720.7[P]. 2008-08-06.
杨庆理, 2010. 纳米孔膜及制造方法: 中国, ZL200910071769.1[P]. 2010-10-20.
杨庆理, 2015. 树木灌溉方法及系统: 中国, 201510331411.3 [P]. 2015-10-14.
于国丰, 王保泽, 李春龙, 等, 2007. 微润灌水器的研制及沙地灌溉试验[J]. 西北农林科技大学学报(自然科学版), 35(11): 218-222, 229.
余杨, 许文其, 宋时雨, 2018. 红壤粒径肥料浓度和灌溉方式对不同灌水器堵塞的影响[J]. 农业工程学报, 342(15): 100-107.
于颖多, 龚时宏, 王建东, 等, 2008. 冬小麦地下滴灌氟乐灵注入制度对根系生长及作物产量影响的试验研究[J]. 水利学报, 39(4): 454-459.
袁寿其, 2015. 喷微灌技术及设备[M]. 北京: 中国水利水电出版社.
张国祥, 1995. 地下滴灌(渗灌)的技术状况与建议[J]. 山西水利科技, (4): 1-5.
张俊, 2013. 微润线源入渗湿润体特性试验研究[D]. 杨凌: 教育部水土保持与生态环境研究中心.
张珂萌, 牛文全, 汪有科, 等, 2017. 微咸水微润灌溉下土壤水盐运移特性研究[J]. 农业机械学报, 48(1): 175-182.

张林, 2009. 小流量微压滴灌技术应用基础研究[D]. 杨凌: 西北农林科技大学.

张明智, 牛文全, 路振广, 等, 2017. 微润灌对作物产量及水分利用效率的影响[J]. 中国生态农学报, 25(11): 1671-1683.

张书函, 雷廷武, 丁跃元, 等, 2002. 微孔管渗灌时土壤水分运动的有限元模拟及其应用[J]. 农业工程学报, 18(4): 1-5.

张思聪, 惠士博, 雷志栋, 等, 1985. 渗灌的非饱和土壤水二维流动的探讨[J]. 土壤学报, 22(3): 209-222.

张涛, 2010. 粗陶微孔地埋渗灌装置的研制与应用试验[J]. 灌溉排水学报, 29(6): 126-128.

张增志, 王晓健, 薛梅, 2014. 渗灌材料制备及导水性能分析[J]. 农业工程学报, 30(24): 75-76.

张子卓, 牛文全, 许建, 等, 2015. 膜下微润带埋深对温室番茄土壤水盐运移的影响[J]. 中国生态农业学报, 23(9): 1112-1121.

赵伟霞, 2009. 无压地下灌溉和间接滴灌水分运移规律与节水增产机制研究[D]. 杨凌: 西北农林科技大学.

朱俊峰, 刘月文, 王星天, 等, 2018. 光伏提水直驱节水灌溉技术研究[J]. 人民黄河, 40(10): 148.

朱燕翔, 王新坤, 杨玉超, 等, 2015. 细小泥沙对半透膜微润管堵塞的影响[J]. 排灌机械工程学报, 33(9): 818-822.

诸葛玉平, 2001. 保护地渗灌土壤水分调控技术及作物增产节水机理的研究[D]. 沈阳: 沈阳农业大学.

诸葛玉平, 张玉龙, 李爱峰, 等, 2002. 保护地番茄栽培渗灌灌水指标的研究[J]. 农业工程学报, 18(2): 53-57.

诸葛玉平, 张玉龙, 张旭东, 等, 2003. 渗灌土壤水分调控技术参数的研究进展[J]. 农业工程学报, 19(6): 41-45.

邹朝望, 2007. 负水头灌溉技术基础研究[D]. 武汉: 武汉大学.

邹朝望, 薛绪掌, 张仁铎, 等, 2007. 负水头灌溉原理与装置[J]. 农业工程学报, 23(11): 17-22.

ABU-ZREIG M M, ATOUM M F, 2004. Hydraulic characteristics and seepage modeling of clay pitchers produced in Jordan[J]. Canadian Biosystems Engineering, 46: 1.15-1.20.

ADAMSEN F J, 1992. Irrigation method and water quality effect on corn yield in the mid-Atlantic coastal plain[J]. Agronomy Journal, 41(5): 837-843.

ALEMI M H, 1981. Distribution of water and salt in soil under trickle and pot irrigation regimes[J]. Agricultural Water Management, 3(3): 195-203.

ANSARI H, NAGHEDIFAR M R, FARIDHOSSEINI A, 2015. Performance evaluation of drip, surface and pitcher irrigation systems: A case study of prevalent urban landscape plant species[J]. International Journal of Farming and Allied Sciences, 4(8): 610-620.

AOUBA L, BORIES C, COUTAND M, et al., 2016. Properties of fired clay bricks with incorporated biomasses: Cases of olive stone flour and wheat straw residues[J]. Construction and Building Materials, 102: 7-13.

ASHRAFI S, GUPTA A D, BABLE M S, et al., 2002. Simulation of infiltration from porous clay pipe in subsurface irrigation[J]. Hydrological Sciences Journal, 47(2): 253-268.

ATTIA A, RAJAN N, RITCHIE G, et al., 2015. Yield, quality, and spectral reflectance responses of cotton under subsurface drip irrigation[J]. Agronomy Journal, 107(4): 1355-1364.

AYARS J E, PHENE C J, HUTMACHER R B, et al., 1999. Subsurface drip irrigation of row crops: A review of 15 years of research at the Water Management Research Laboratory[J]. Agricultural Water Management, 42(1): 1-27.

AZZEDDINE C, PHILIPPE M, FERREIRA M I, et al., 2019. Scheduling deficit subsurface drip irrigation of apple trees for optimizing water use[J]. Arabian Journal of Geosciences, 12(3): 74.

BAINBRIDGE D A, 2001. Buried clay pot irrigation: A little known but very efficient traditional method of irrigation[J]. Agricultural Water Management, 48(2): 79-88.

BAINBRIDGE D A, 2002. Alternative irrigation systems for arid land restoration[J]. Ecological Restoration, 20(1): 23-30.

BALAKUMARAN K N, MATHEW J, PILLAI G R, et al., 1982. Studies on the comparative effect of pitcher irrigation and pot watering in cucumber[J]. Agricultural Research Journal of Kerala, 20(2): 65-67.

BATCHELOR C, LOVELL C, MURATA M, 1996. Simple microirrigation techniques for improving irrigation efficiency on vegetable gardens[J]. Agricultural Water Management, 32(1): 37-48.

BELMONTE D, OTTONELLLO G, ZUCCOLINI M V, 2017. Ab initio-assisted assessment of the CaO-SiO_2 system under pressure[J]. Calphad, 59: 12-30.

BHATT N, KANZARIYA B, 2017. Experimental Investigations on Pitcher Irrigation: Yield optimization and wetting front advancement[J]. International Journal of Latest Technology in Engineering, Management & Applied Science, 6(6): 103-108.

BUCKS D A, ERIE L J, FRENCH O F, et al., 1981. Subsurface trickle irrigation management with multiple cropping[J]. Transactions of the ASAE, 24(6): 1482-1489.

CALDWELL D S, SPURGEON W E, MANGES H L, 1994. Frequency of irrigation for subsurface drip irrigated corn[J]. Transactions of the ASAE, 37(6): 1099-1103.

CAMP C R, 1998. Subsurface drip irrigation: A review[J]. Transactions of the ASAE, 41(5): 13-53.

CHENAFI A, MONNEY P, ARRIGONI E, et al., 2016. Influence of irrigation strategies on productivity, fruit quality and soil-plant water status of subsurface drip-irrigated apple trees[J]. Fruits, 71(2): 69-78.

CHIGURA P K, 1994. Application of pitcher design in predicting pitcher performance[D]. Silsoe: Silsoe College.

CHOI C Y, REY E M S, 2004. Subsurface drip irrigation for bermudagrass with reclaimed water[J]. Transactions of the ASAE, 47(6): 1943-1951.

CLARK M L, HUNTER D E, 2017. Low flow emitter with exit port closure mechanism for subsurface irrigation: U.S., Patent 9,814,189[P]. 2017-11-14.

COTE C M, BRISTOW K L, CHARLESWORTH P B, et al., 2003. Analysis of soil wetting and solute transport in subsurface trickle irrigation[J]. Irrigation Science, 22(3/4): 143-156.

CRESSWELL G C, HINTON D, 2017. Prevention of root intrusion in sub-surface structures: U.S. , Patent Application 15/312,391[P]. 2017-05-04.

DE JESUS SOUZA W, SINOBAS L R, SANCHEZ R, et al., 2014. Prototype emitter for use in subsurface drip irrigation: Manufacturing, hydraulic evaluation and experimental analyses[J]. Biosystems Engineering, 128: 41-51.

ENCISO J M, COLAIZZI P D, MULTER W L, 2005. Economic analysis of subsurface drip irrigation lateral spacing and installation depth for cotton[J]. Transactions of the ASAE, 48(1): 197-204.

FANGMEIER D D, GARROT JR D J, HUAMAN S H, et al., 1989. Cotton water stress under trickle irrigation[J]. Transactions of the ASAE, 32(6): 1955-1959.

FRANZ J J, HUTCHINSON R A, 1994. Method of forming porous pipe using a blowing agent carrier component: U.S. , Patent 5,334,336[P]. 1994-08-02.

GIL M, RODRÍGUEZ-SINOBAS L, JUANA L, et al., 2008. Emitter discharge variability of subsurface drip irrigation in uniform soils: Effect on water-application uniformity[J]. Irrigation Science, 26(6): 451-458.

GIL M, RODRÍGUEZ-SINOBAS L, SÁNCHEZ R, et al., 2010. Evolution of the spherical cavity radius generated around a subsurface drip emitter[J]. Biogeosciences, 7(6): 1983-1989.

GILBERT R G, NAKAYAMA F S, BUCKS D A, et al., 1981. Trickle irrigation: Emitter clogging and other flow problems[J]. Agricultural Water Management, 3(3): 159-178.

GUPTA A D, BABLE M S, ASHRAFI S, 2009. Effect of soil texture on the emission characteristics of porous clay pipe for subsurface irrigation[J]. Irrigation Science, 27(3): 201-208.

HAJJAJI M, MEZOUARI H, 2011. A calcareous clay from Tamesloht (Al Haouz, Morocco): Properties and thermal transformations[J]. Applied Clay Science, 51: 507-510.

HAN S, LI Y, XU F, et al., 2018. Effect of lateral flushing on emitter clogging under drip irrigation with Yellow River water and a suitable method[J]. Irrigation and Drainage, 67(2): 199-209.

HENGGELER J C, 1995. A history of drip irrigated cotton in Texas[C]. Orlando: 5th International Micro Irrigation Congress.

HETTINGA S,1990. Method for forming irrigation pipe having a porous side wall: U.S., Patent 4,931,236[P]. 1990-06-05.

HILLS D J, TAJRISHY M A M, GU Y, 1989. Hydraulic considerations for compressed subsurface driptape[J]. Transactions of the ASAE, 32(4): 1197-1201.

HUSSAIN I, HAMID H, 2005. Plastics in Agriculture: Plastics and the Environment[M]. Hoboken: Wiley.

INGMAN M, SANTELMANN M V, TILT B, 2015. Agricultural water conservation in China: Plastic mulch and traditional irrigation[J]. Ecosystem Health and Sustainability, 1(4): 1-11.

JACQUES D, FOX G, WHITE P, 2018. Farm level economic analysis of subsurface drip irrigation in Ontario corn production[J]. Agricultural Water Management, 203: 333-343.

KACIMOV A R, OBNOSOV Y V, 2016. Tension-saturated and unsaturated flows from line sources in subsurface irrigation: Riesenkampf's and Philip's solutions revisited[J]. Water Resources Research, 52(3): 1866-1880.

KANDA E K, MABHAUDHI T, SENZANJE A, 2018. Hydraulic and clogging characteristics of moistube irrigation as influenced by water quality[J]. Journal of Water Supply: Research and Technology-Aqua, 67(5): 438-446.

KATO Z, TEJIMA, S, 1982. Theory and fundamental studies on subsurface irrigation method by use of negative pressure: Experimental studies on the subsurface irrigation method (II)[J]. Transactions of the Japanese Society of Irrigation, Drainage and Rural Engineering, 101:46-54.

KHAN N N, ISLAM M M, ISLAM S, et al., 2015. Effect of porous pipe characteristics on soil wetting pattern in a negative pressure difference irrigation system[J]. American Journal of Engineering Research, 4(2): 1-12.

KHANNA P K, AHMAD S, GRIMME R, 2005. Molecular Weiss domain polarization in piezoceramics to diaphragm, cantilever and channel construction in low-temperature-cofired ceramics for micro-fluidic applications[J]. Materials Chemistry and Physics, 89(1): 56-63.

KORAH L V, NIGAY P M, CUTARD T, et al., 2016. The impact of the particle shape of organic additives on the anisotropy of a clay ceramic and its thermal and mechanical properties[J]. Construction and Building Materials, 125: 654-660.

LAMM F R, 2016. Cotton, tomato, corn, and onion production with subsurface drip irrigation: A review[J]. Transactions of the ASABE, 59(1): 263-278.

LAMM F R, AYARS J E, NAKAYAMA F S, 2006. Micro-Irrigation for Crop Production: Design, Operation, and Management[M]. Amsterdam: Elsevier.

LAMM F R, O'BRIEN D M, ROGERS D H, 2015. Economic comparison of subsurface drip and center pivot sprinkler irrigation using spreadsheet software[J]. Applied Engineering in Agriculture, 31(6): 929-936.

LAMM F R, PUIG-BARGUES, 2017. Simplified equations to estimate flush line diameter for subsurface drip irrigation systems[J]. Transactions of the ASABE, 60(1): 185-192.

LAZAROVITCH N, SHANI U, 2005. System-dependent boundary condition for water flow from subsurface source[J]. Soil Science Society of America Journal, 69(1): 46-50.

LI J, CHEN L, LI Y, 2009. Comparison of clogging in drip emitters during application of sewage effluent and groundwater[J]. Transactions of the ASABE, 52(4): 1203-1211.

LI X, WU P, ZHU D, 2013. Effect of foaming pressure on the properties of porous Si_3N_4 ceramic fabricated by a technique combining foaming and pressure less sintering[J]. Scripta Materialia, 68(11): 877-880.

LI Y K, LIU Y Z, LI G B, et al., 2012. Surface topographic characteristics of suspended particulates in reclaimed wastewater and effects on clogging in labyrinth drip irrigation emitters[J]. Irrigation Science, 30(1): 43-56.

LI Y, NIU W, DYCK M, et al., 2016. Yields and nutritional of greenhouse tomato in response to different soil aeration volume at two depths of subsurface drip irrigation[J]. Scientific Reports, (6): 39307.

LIU H, HUANG G, 2009. Laboratory experiment on drip emitter clogging with fresh water and treated sewage effluent[J]. Agricultural Water Management, 96(5): 745-756.

MO Y, LI G, WANG D, 2017. A sowing method for subsurface drip irrigation that increases the emergence rate, yield, and water use efficiency in spring corn[J]. Agricultural Water Management, 179: 288-295.

MONDAL R C, DUBEY S K, GUPTA S K, 1992. Use pitchers when water for irrigation is saline[J]. Indian Agriculture. 36(4): 13-14.

MONIRUZZAMAN S M, FUKUHARA T, TERASAKI H, 2011. Experimental study on water balance in a negative pressure difference irrigation system[J]. Journal of Japan Society of Civil Engineers, Ser. B1 (Hydraulic Engineering), 67(4): I103-I108.

MONTAZAR A, ZACCARIA D, BALI K, et al., 2017. A model to assess the economic viability of alfalfa production under subsurface drip irrigation in California[J]. Irrigation and Drainage, 66(1): 90-102.

MONTEIRO S N, VIEIRA C M F, 2005. Effect of oily waste addition to clay ceramic[J]. Ceramics International, 31(2): 353-358.

NAIK B S, PANDA R K, NAYAK S C, et al., 2013. Impact of pitcher material and salinity of water used on flow rate, wetting front advance, soil moisture and salt distribution in soil in pitcher irrigation: A laboratory study[J]. Irrigation and Drainage, 62(5): 687-694.

NAKAYAMA F S, BUCKS D A, 2012. Trickle Irrigation for Crop Production: Design, Operation and Management[M]. Amsterdam: Elsevier.

NAKAYAMA F S, BUCKS D A, 1991. Water quality in drip/trickle irrigation: A review[J]. Irrigation Science, 12(4): 187-192.

NALLIAH V, RANJAN R S, KAHIMBA F C, 2009. Evaluation of a plant-controlled subsurface drip irrigation system[J]. Biosystems Engineering, 102(3): 313-320.

NANDI B K, UPPALURI R, PURKAIT M K, 2008. Preparation and characterization of low-cost ceramic membranes for micro-filtration applications[J]. Applied Clay Science, 42: 102-110.

OZORES-HAMPTON M, DI GIOIA F, SATO S, et al., 2015. Effects of nitrogen rates on nitrogen, phosphorus, and potassium partitioning, accumulation, and use efficiency in seepage-irrigated fresh market tomatoes[J]. HortScience, 50(11): 1636-1643.

PACHPUTE J S, 2010. A package of water management practices for sustainable growth and improved production of vegetable crop in labour and water scarce Sub-Saharan Africa[J]. Agricultural Water Management, 97(9): 1251-1258.

PANDEY R S, BATRA L, QADAR A, et al., 2010. Emitters and filters performance for sewage water reuse with drip irrigation[J]. Journal of Soil Salinity and Water Quality, 2(2): 91-94.

PHAM X H, PIRIOUS B, SALVADOR S, et al., 2018. Oxidative pyrolysis of pine wood, wheat straw and miscanthus pellets in a fixed bed[J]. Fuel Processing Technology, 178:226-235.

PHENE C J, BEALE O W, 1976. High-frequency irrigation for water nutrient management in humid regions[J]. Soil Science Society of America Journal, 40(3): 430-436.

PHILIP J R, 1968. Steady infiltration from buried point sources and spherical cavities[J]. Water Resources Research, 4(5): 1039-1047.

PUIG-BARGUES J, ARBAT G, ELBANA M, et al., 2010. Effect of flushing frequency on emitter clogging in microirrigation with effluents[J]. Agricultural Water Management, 97(6): 883-891.

REDDY S E, RAO S N, 1980. A comparative study of pitcher and surface irrigation methods on snake gourd[J]. Journal of Horticultural Sciences, 37(1):77-81.

REN C, ZHAO Y, WANG J, et al., 2017 Lateral hydraulic performance of subsurface drip irrigation based on spatial variability of soil: Simulation[J]. Agricultural Water Management, 193: 232-239.

RODRIGUEZ-SINOBAS L, GIL M, JUANA L, et al., 2009. Water distribution in laterals and units of subsurface drip irrigation. II: Field evaluation[J]. Journal of Irrigation and Drainage Engineering, 135(6): 729-738.

RUBEIZ I G, OEBKER N F, STROEHLEIN J L, 1989. Subsurface drip irrigation and urea phosphate fertigation for vegetables on calcareous soils[J]. Journal of Plant Nutrition, 12(12): 1457-1465.

RUBEIZ I G, STROEHLEIN J L, OEBKER N F, 1991. Effect of irrigation methods on urea phosphate reactions in calcareous soils[J]. Communications in Soil Science and Plant Analysis, 22(5/6): 431-435.

SAFI B, NEYSHABOURI M R, NAZEMI A H, et al., 2007. Water application uniformity of a subsurface drip irrigation system at various operating pressures and tape lengths[J]. Turkish Journal of Agriculture and Forestry, 31(5): 275-285.

SALAMON D, LAMMERTINK R G H, WESSLING M, 2010. Surface texturing inside ceramic macro/micro channels[J]. Journal of the European Ceramic Society, 30(6): 1345-1350.

SCHIFRIS S, SCHWEITZER A, MATAN E, et al., 2015. Inhibition of root penetration in subsurface driplines by impregnating the drippers with copper oxide particles[J]. Irrigation Science, 33(4): 319-324.

SEIDEL S J, SCHUTZE N, FAHLE M, et al., 2015. Optimal irrigation scheduling, irrigation control and drip line layout to increase water productivity and profit in subsurface drip-irrigated agriculture[J]. Irrigation and Drainage, 64(4): 501-518.

SHANI U, XUE S, GORDIN-KATZ R, et al., 1996. Soil-limiting flow from subsurface emitters. I: Pressure measurements[J]. Journal of Irrigation and Drainage Engineering, 122(5): 291-295.

SHEIK'H M T, SHAH B H, 1983. Establishment of vegetation with pitcher irrigation[J]. Pakistan Journal of Forestry, 33(2):75-81.

SIMONIS J J, BASSON A K, 2011. Evaluation of a low-cost ceramic micro-porous filter for elimination of common disease microorganisms[J]. Physics and Chemistry of the Earth, Parts A/B/C, 36(14): 1129-1134.

SINGH R K, MISHRA Y D, BANGALI B, 2009. Impact of pitcher irrigation and mulching on the summer season (*Jethwi*) lac crop sustainability and pruning response on ber (*Ziziphus mauritiana*)[J]. Indian Forester, 136(12): 1709-1712.

SIYAL A A, SIYAL A G, HASINI M Y, 2011. Crop production and water use efficiency under subsurface porous clay pipe irrigation[J]. Pakistan Journal of Agriculture, Agricultural

Engineering and Veterinary Sciences, 27(1): 39-50.
SIYAL A A, SKAGGS T H, 2009a. Measured and simulated soil wetting patterns under porous clay pipe sub-surface irrigation[J]. Agricultural Water Management, 96(6): 893-904.
SIYAL A A, VAN GENUCHTEN M T, SKAGGS T H, 2009b. Performance of pitcher irrigation system[J]. Soil Science, 174(6): 312-320.
SOOMROA A, SOOMRO K B, LAGHARIA A A, et al., 2018. Impact of different shapes of pitchers on water saving and water use efficiency of ridge-gourd in semiarid region of Pakistan[J]. Pakistan Journal of Scientific and Industrial Research Series B: Biological Sciences, 61(2): 72-77.
STEIN T M, 1997. The influence of evaporation, hydraulic conductivity, wall-thickness, and surface area on the seepage rates of pitchers for pitcher irrigation[J]. Journal of Applied Irrigation Science, 321: 65-83.
TAYLOR R H, 1979. Subsurface irrigation and drainage system: U.S., Patent 4,180,348[P]. 1979-12-25.
TROOIEN T P, LAMM F R, STONE L R, et al., 2000. Subsurface drip irrigation using livestock wastewater: Dripline flow rates[J]. Applied Engineering in Agriculture, 16(5): 505-508.
TURNER J E, 1977. Underground irrigation porous pipe: U.S., Patent 4,003,408[P]. 1977-01-18.
USMAN H, YAKUBU H, TEKWA I J, 2011. An infiltration model development and evaluation for pitcher irrigation system[J]. Agriculture and Biology Journal of North America, 2(6): 880-886.
VALENZUELA-SOTO J H, ESTRADA-HERNÁNDZE M G, IBARRA-LACLETTE E, et al., 2010. Inoculation of tomato plants (*Solanum lycopersicum*) with growth-promoting *Bacillus subtilis* retards whitefly *Bemisia tabaci* development[J]. Planta, 231(2): 397-410.
VASUDEVAN P, THAPLIYAL A, TANDON M, et al., 2014. Factors controlling water delivery by pitcher irrigation[J]. Irrigation and Drainage, 63(1): 71-79.
WANG J, HUANG Y, LONG H, 2016. Water and salt movement in different soil textures under various negative irrigating pressures[J]. Journal of Integrative Agriculture, 15(8): 1874-1882.
WANG J, HUANG Y, LONG H, et al., 2017. Simulations of water movement and solute transport through different soil texture configurations under negative-pressure irrigation[J]. Hydrological Processes, 31(14): 2599-2612.
WARRICK A W, SHANI U, 1996. Soil-limiting flow from subsurface emitters. II: Effect on uniformity[J]. Journal of Irrigation and Drainage Engineering, 122(5): 296-300.
WU S, CHENG L, ZHANG L, et al., 2006. Oxidation behavior of 2D C/SiC with a multi-layer CVD SiC coating[J]. Surface and Coatings Technology, 200(14/15): 4489-4492.
XU P, YU B, 2008. Developing a new form of permeability and Kozeny-Carman constant for homogeneous porous media by means of fractal geometry[J]. Advances in Water Resources, 31(1): 74-81.
YAKUB I, DU J, SOBOYEJO W, 2012. Mechanical properties, modeling and design of porous clay ceramics[J]. Materials Science and Engineering A, 558: 21-29.
ZHANG J, SAITO H, KATO M, 2009. Study on subsurface irrigation using ceramic pitcher on

tomato cultivation in greenhouse: Effect of water pressure inside ceramic pitcher on soil moisture and tomato growth [J]. Journal of Arid Land Studies, 19(6): 265-267.

ZHANG Y, SONG S, YANG H, et al., 2019. Water-use efficiency of potted pakchoi in Yunnan laterite with root infiltration irrigation and anticlogging emitter[J]. Journal of Irrigation and Drainage Engineering, 145(2): 04018038.

ZHAO X, GAO X, ZHANG S, et al., 2019. Improving the Growth of Rapeseed (*Brassica chinensis* L.) and the Composition of Rhizosphere Bacterial Communities through Negative Pressure Irrigation[J]. Water, Air, & Soil Pollution, 230(1): 1-10.

第 2 章　微孔陶瓷灌水器制备

灌水器是灌溉系统的“心脏”，是灌溉系统正常运行最为关键的部分(Gilbert et al., 1981)。因此，开发出性能优良、价格低廉的灌水器直接关系到灌溉系统的寿命及推广应用。微孔陶瓷是一种孔径介于 1～100μm 的多孔陶瓷，具有性质稳定、性能优良和环保等优点。采用微孔陶瓷作为渗水部件制作微孔陶瓷灌水器，其出流特性与传统塑料灌水器差别较大。塑料灌水器一般采用迷宫流道进行消能灌溉，而微孔陶瓷灌水器则是利用其内部诸多的微孔作为灌溉水运移的通道进行消能灌溉。因此，制备结构合理、价格低廉、性能优良的微孔陶瓷灌水器可能是解决当前地下滴灌中存在的能耗高、易堵塞和污染严重等问题的一条有效途径。

本章主要研究内容包括：①利用黏土、石英砂等廉价原料，研究烧结温度、造孔剂掺量、骨架材料粒径等参数对微孔陶瓷性能的影响，进而筛选出可以用于制作微孔陶瓷灌水器的微孔陶瓷。②基于筛选出的微孔陶瓷，开发不同结构形式的微孔陶瓷灌水器，研究其水力性能(Cai et al.，2018；蔡耀辉等，2015a，2015b)。因此，本章主要解决微孔陶瓷灌水器的材料配方和制备问题，包括原料筛选、配方、工艺等，最后优选出具有优良材料性能和水力性能的微孔陶瓷灌水器，目的就是为确定一种配方，成熟一种工艺，造就一种灌水器。

2.1　微孔陶瓷灌水器材料配方

2.1.1　黏土基微孔陶瓷材料配方

1. 黏土-炉渣配方

1) 制备流程及测试方法

黏土(SiO_2 质量分数≥55%，Al_2O_3 质量分数≥35%)取自陕西省渭河三级阶地，按照国际土壤分类方法，土壤类型为黏壤土。将取得的土壤水洗、干燥、破碎、混合均匀、过 80 目筛(粒径≤0.178mm)后置于有机玻璃箱中封存。炉渣取自西北农林科技大学中国旱区节水农业研究院锅炉房，取样后水洗、干燥，取部分过 30 目筛(粒径≤0.613mm)待用，剩余部分置于行星球磨机中高速球磨 2h(自转转速 250r/min、公转转速 400r/min)，过 80 目筛待用；硅溶胶为市售工业制剂，其中 SiO_2 质量分数为 30%±1%，SiO_2 平均粒径为 8～15nm。原料制备完成后，将炉渣按表 2-1 的掺量与黏土混合，加入适量硅溶胶搅拌后倒入模具中，在 6MPa 压力下成型并阴干；将试样在箱式炉中按表 2-1 中的设计温度烧结 2h，冷却后即为黏土基微孔陶瓷灌水器，工艺流程如图 2-1 所示。通过前期预试验，本章选用黏土基微孔陶瓷烧结温度为 1050～1100°C，试验采用完全组合，共 18 种处理(表 2-2)。

表 2-1 黏土-炉渣配方试验因素水平

因素	水平
烧结温度/℃	1050，1075，1100
炉渣掺量(质量分数)/%	10，30，50
炉渣类型及最大粒径/mm	C：0.613；F：0.178

注：C 代表粗颗粒；F 代表细颗粒。

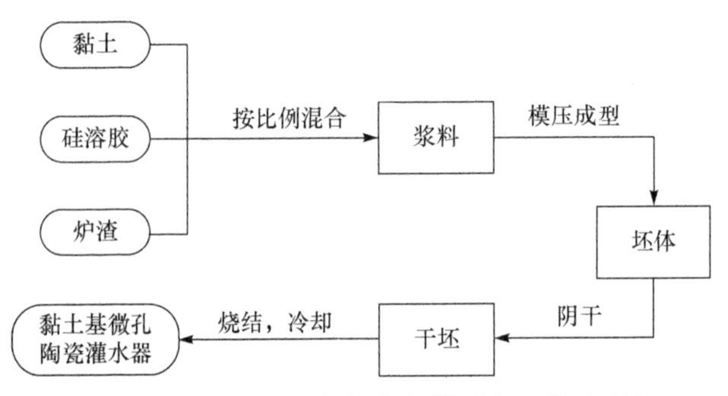

图 2-1 黏土基微孔陶瓷灌水器制备工艺流程图

表 2-2 黏土-炉渣配方试验处理

序号	工艺编号	烧结温度/℃	炉渣掺量/%	炉渣类型
1	C10-1050	1050	10	C
2	F10-1050	1050	10	F
3	C30-1050	1050	30	C
4	F30-1050	1050	30	F
5	C50-1050	1050	50	C
6	F50-1050	1050	50	F
7	C10-1075	1075	10	C
8	F10-1075	1075	10	F
9	C30-1075	1075	30	C
10	F30-1075	1075	30	F
11	C50-1075	1075	50	C

续表

序号	工艺编号	烧结温度/℃	炉渣掺量/%	炉渣类型
12	F50-1075	1075	50	F
13	C10-1100	1100	10	C
14	F10-1100	1100	10	F
15	C30-1100	1100	30	C
16	F30-1100	1100	30	F
17	C50-1100	1100	50	C
18	F50-1100	1100	50	F

注：C 代表粗颗粒；F 代表细颗粒。

高温烧结时，坯体中的炉渣有三方面的作用：①炉渣中大量的残余碳在高温燃烧后，会在试样内部留下相互连通的微孔，起到造孔剂的作用，增加黏土基微孔陶瓷的孔隙率，炉渣的扫描电子显微镜(scanning electron microscope，SEM)照片与 X 射线衍射(X-ray diffraction，XRD)图谱如图 2-2 所示；②炉渣中大量的非晶态 SiO_2 会将试样中的颗粒拉近，并与黏土中的 Al_2O_3 和 CaO 反应生成钙铝石，增加黏土基微孔陶瓷的力学性能；③炉渣中的碳在高温燃烧时生成的 CO_2 可在炉膛内产生一个保护性气氛，有效抑制方石英的生成，从而提高黏土基微孔陶瓷的力学性能。

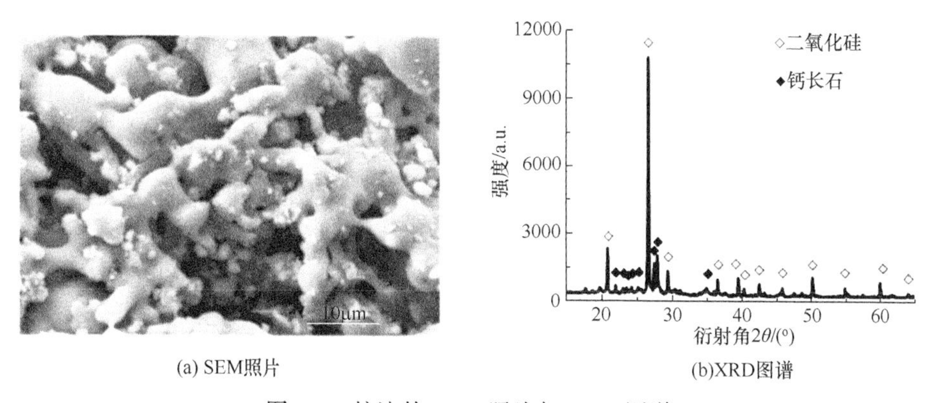

(a) SEM照片　　(b)XRD图谱

图 2-2　炉渣的 SEM 照片与 XRD 图谱

硅溶胶中包含的大量纳米级非晶态 SiO_2 有两方面的作用：①在坯体模压时，作为黏结剂提高坯体的强度，有助于坯体的脱模；②在烧结时，作为烧结助剂提高微孔陶瓷的强度。

炉渣和微孔陶瓷的物相成分采用 XRD 进行分析，扫描角度为 10°～70°，扫描速度为 5°/min。炉渣和微孔陶瓷的微观形貌采用 SEM(S4800 型)观察。抗弯强度采用万能试验机(CMT4204型)进行测试，试样尺寸为3mm×4mm×40mm，跨距为30mm，加载速度0.5mm/min，测试结果取3个样品的平均值。密度和开口孔隙率采用阿基米德排水法测试，测试结果取6个样品的平均值。微孔陶瓷径向线收缩率η计算式为

$$\eta=\frac{D_0-D_1}{D_0}\times 100\% \tag{2-1}$$

式中，D_0为烧结前坯体的直径；D_1为烧结后微孔陶瓷的直径。

2) 配方优选

图2-3为F10-1100、F30-1100和F50-1100三种微孔陶瓷的XRD图谱。炉渣中大量的残余碳会有效抑制β-SiO_2向方石英的转变，因此随着炉渣掺量由10%增加到50%，方石英的衍射峰在逐渐降低。另外，随着炉渣掺量的增加，钙长石($CaAl_2Si_2O_8$)和钙铝石($CaAl_2O_4$)的衍射峰没有明显变化，但随着β-SiO_2和方石英衍射峰的显著降低，微孔陶瓷中钙长石和钙铝石的质量分数相对增加。

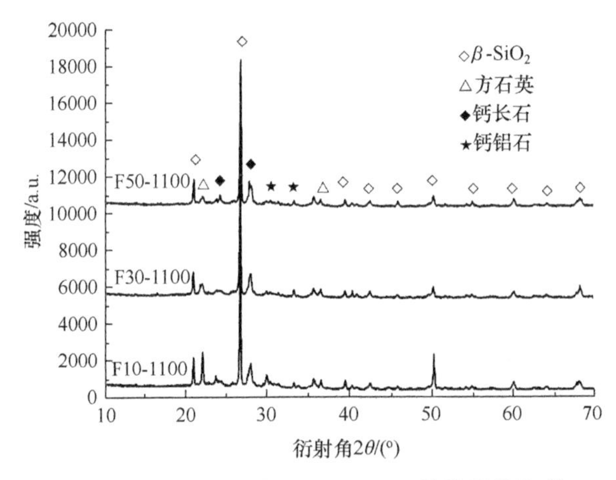

图2-3　F10-1100、F30-1100和F50-1100三种微孔陶瓷的XRD图谱

根据衍射图谱半定量计算微孔陶瓷中各成分的质量分数，结果如表2-3所示。可以看出，当炉渣掺量为10%时，微孔陶瓷中钙长石和钙铝石的总质量分数约为17%；当炉渣掺量为30%时，微孔陶瓷中钙长石和钙铝石的总质量分数约为22%；随着炉渣掺量增至50%，微孔陶瓷中钙长石和钙铝石的总质量分数增至27%。另外，当炉渣掺量为10%时，由于坯体中碳含量不足，坯体在高温烧结时，大量的β-SiO_2会转变为方石英，此时微孔陶瓷中的方石英质量分数较高，约为20%；当炉渣掺量增至30%时，坯体中的碳含量增加会有效抑制方石英的生成，此时微孔陶瓷中的β-SiO_2虽然有所增加，但方石英的质量分数由20%显著降至10%；随着炉渣掺量继续增至50%，坯体中碳的抑制析晶作用更

强，此时微孔陶瓷中方石英的质量分数进一步降至 8%。根据结果可知，坯体中炉渣掺量的增加，一方面能够增加微孔陶瓷中钙长石和钙铝石的质量分数，提高微孔陶瓷的力学性能，另一方面可以显著降低微孔陶瓷中方石英的质量分数，进一步提高微孔陶瓷的力学性能。

表 2-3　微孔陶瓷中各成分的质量分数　(单位：%)

炉渣掺量	各成分的质量分数				
	钙长石	钙铝石	β-SiO_2	方石英	其他
10	11	6	61	20	2
30	15	7	65	10	3
50	18	9	63	8	2

用于制备陶瓷灌水器的黏土基微孔陶瓷，应综合具有较高的抗弯强度、较小的线收缩率和较大的开口孔隙率。陶瓷灌水器在使用过程中会受到土压力、地面垂直荷载及水压力等外界荷载，因而需具有一定的强度，同时灌水器也应满足在运输和安装过程中的强度要求。

坯体在高温烧结时，炉渣中大量的非晶态 SiO_2 处于液态，这些液态的 SiO_2 会将坯体中的颗粒拉近，一方面会增加颗粒间的黏接强度，提高微孔陶瓷的抗弯强度；另一方面会增加微孔陶瓷的线收缩率，导致开口孔隙率降低。随着烧结温度的升高，上述现象更为明显。

图 2-4 为不同制备工艺对黏土基微孔陶瓷抗弯强度、线收缩率和开口孔隙率的影响。如图 2-4(a)所示，随着烧结温度的升高，微孔陶瓷的抗弯强度逐渐增加。以 C30 和 F30 为例，随着烧结温度由 1050℃增至 1100℃，C30 的抗弯强度由 6.5MPa 增至 11.0MPa，F30 的抗弯强度由 4.0MPa 增至 8.0MPa。粗颗粒炉渣为空间多孔结构，高温烧结时，炉渣的这种结构会有效抑制微孔陶瓷的收缩。如图 2-4(b)所示，随着烧结温度由 1050℃升至 1100℃，粗颗粒微孔陶瓷的线收缩率变化较小，以 C30 为例，其线收缩率基本保持不变，维持在 4.5%左右。对于细颗粒炉渣，球磨工艺会严重破坏其空间多孔结构，无法阻止微孔陶瓷在高温烧结时的收缩，而其内部较多的非晶态 SiO_2 反而会引起微孔陶瓷的收缩。以 F30 为例，随着温度由 1050℃升高至 1100℃，其线收缩率由 3.6%增至 4.2%。通常，微孔陶瓷的开口孔隙率和线收缩率呈负相关关系。对比图 2-4(b)和(c)可以看出，随着烧结温度由 1050℃升至 1100℃，粗颗粒微孔陶瓷的线收缩率变化不大，因此其开口孔隙率同样变化较小；细颗粒微孔陶瓷的线收缩率增加，导致其开口孔隙率降低。随着温度由 1050℃升至 1100℃，C30 的开口孔隙率维持在 39.2%～44.8%；F30 的开口孔隙率由 50.0%降至 38.3%。炉渣掺

量同样会影响微孔陶瓷的抗弯强度、线收缩率和开口孔隙率。

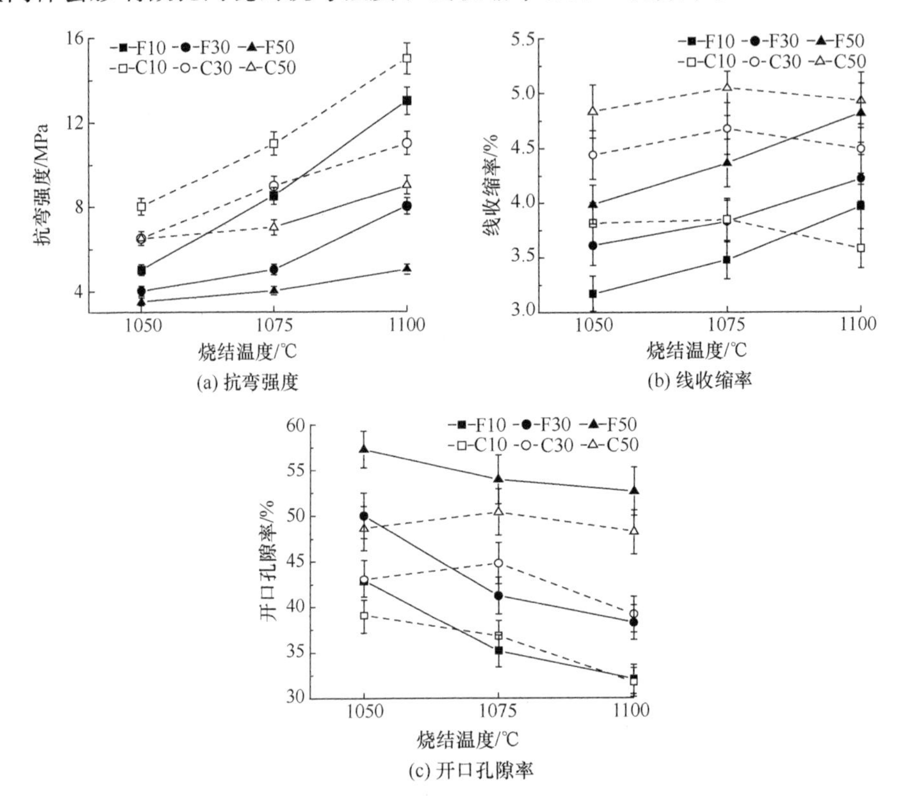

(a) 抗弯强度　(b) 线收缩率

(c) 开口孔隙率

图 2-4　不同制备工艺对黏土基微孔陶瓷抗弯强度、线收缩率和开口孔隙率的影响

如图 2-4 所示，随着炉渣掺量的增加，炉渣中原始的多孔结构会增加坯体的孔隙率，而且炉渣中大量的碳在高温烧结时被氧化去除，也会使微孔陶瓷开口孔隙率增加。较大的开口孔隙率会为微孔陶瓷的收缩留有更大余地，因此炉渣掺量的增加还导致了微孔陶瓷线收缩率的增大。另外，虽然炉渣掺量增加会抑制微孔陶瓷中方石英的生成，理论上能够提高微孔陶瓷的抗弯强度，但是开口孔隙率的增加会降低微孔陶瓷的抗弯强度。因此，随着炉渣掺量的增加，微孔陶瓷的抗弯强度最终呈现下降趋势。以 C-1075 为例，随着炉渣掺量由 10%增至 50%，其抗弯强度由 11.0MPa 下降至 7.0MPa；线收缩率由 3.8%增至 5.0%；开口孔隙率由 36.8%增至 50.4%。基于抗弯强度、线收缩率和开口孔隙率的变化规律，以及灌溉用微孔陶瓷的性能要求，将抗弯强度低于 5MPa，线收缩率高于 5%，开口孔隙率小于 35%的微孔陶瓷排除，剩下的 C10-1050、C10-1075、C30-1050、C30-1075、C30-1100 和 F30-1100 满足灌溉用微孔陶瓷的性能要求。

图 2-5 给出了 F30-1100 与 C30-1100 微孔陶瓷的 SEM 照片。如图 2-5(a)所

示，F30-1100 微孔陶瓷采用细颗粒炉渣，炉渣粒径与黏土颗粒粒径相差较小，因而其微观结构较均匀，孔径分布较集中。如图 2-5(b)所示，C30-1100 微孔陶瓷采用粗颗粒炉渣，虽其微观结构的均匀性比 F30-1100 差，但其内部颗粒间的孔连通性更好，更有利于灌溉水的运移。因此，C30-1100 微孔陶瓷更能满足渗灌灌水器的性能要求。

图 2-5　F30-1100 与 C30-1100 微孔陶瓷的 SEM 照片

图 2-6 给出了黏土基微孔陶瓷开口孔隙率与抗弯强度关系。如图 2-6 所示，抗弯强度与开口孔隙率呈现负相关关系。随着开口孔隙率的增加，两种微孔陶瓷的抗弯强度均逐渐下降。对于粗颗粒微孔陶瓷，当开口孔隙率由 31.7%增至 55.7%时，抗弯强度下降了约 8.5MPa；对于细颗粒微孔陶瓷，当开口孔隙率由 32.1%增至 57.3%时，抗弯强度则由 13.0MPa 降至 3.5MPa。另外，对于具有相同抗弯强度的微孔陶瓷，粗颗粒微孔陶瓷较细颗粒微孔陶瓷具有更大的开口孔隙率。

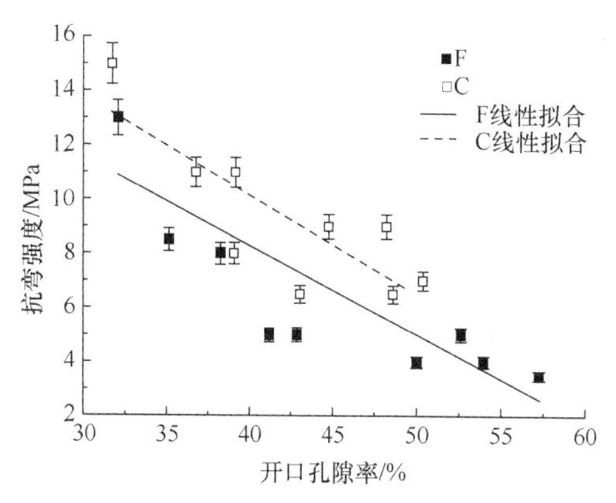

图 2-6　黏土基微孔陶瓷开口孔隙率与抗弯强度关系

灌水器造价高是制约我国节水灌溉技术推广的瓶颈之一。本章中细颗粒黏土基微孔陶瓷的制备采用了球磨工艺，不但没有改善微孔陶瓷的性能，反而会导致制备成本的大幅度增加。另外，过高的烧结温度虽对微孔陶瓷的抗弯强度有所改善，但却在一定程度上增加了微孔陶瓷的线收缩率，降低了其开口孔隙率。因此，再次筛选后认为，C10-1075、C30-1075 为制备黏土基微孔陶瓷的较优工艺。

2. 黏土-硅藻土配方

1) 制备流程及测试方法

黏土取自西北农林科技大学中国旱区节水农业研究院试验用地，经水洗、干燥、破碎、混合均匀后过孔径为 0.18mm 的筛网并封存。硅藻土和硫酸钙均为化学分析纯。硅溶胶(AM30，SiO_2 质量分数为 30%±1%，SiO_2 平均粒径为 8～20nm，Na_2O 质量分数＜0.05%)为工业级制剂。图 2-7(a)为黏土的 XRD 图谱。可以看出，黏土主要成分为 SiO_2 和钙长石。钙长石作为助熔剂，可促使坯体在烧结时产生玻璃相，提高微孔陶瓷的强度。硅溶胶是纳米非晶态 SiO_2 的悬浊液，由于非晶态 SiO_2 没有固定熔点，在高温烧结过程中坯体内的非晶态 SiO_2 会发生软化，拉近黏土颗粒之间的距离，从而有助于坯体的烧结。原料中黏土、硅溶胶和硫酸钙混合后可形成泥团，具有很好的可塑性，可对硅藻土起到良好的分散和支撑，成为微孔陶瓷的骨架。图 2-7(b)为硅藻土的 SEM 照片。可以看出，硅藻土颗粒中存在大量相互连通的微孔，在烧结过程中可以维持物理和化学性质的稳定，保持其内部的孔隙结构不发生变化，起到良好的造孔作用。首先，将黏土、硫酸钙、硅藻土按一定的质量比置入变频行星式高能球磨机(BXQM–12L)中低速球磨 6h 后取出。其次，喷洒适量硅溶胶后，搅拌均匀，填入西北农林科技大学中国旱区节水农业研究院自行研制的微孔陶瓷灌水器模具中，在 12MPa 的压力下冷压成型为坯体。最后，将坯体进行充分干燥后，放

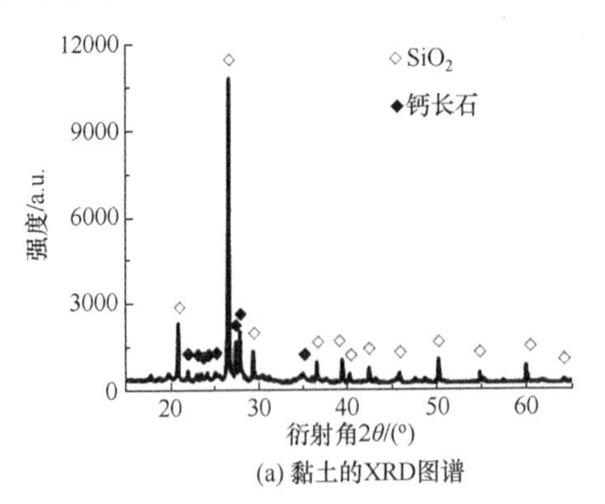

(a) 黏土的XRD图谱

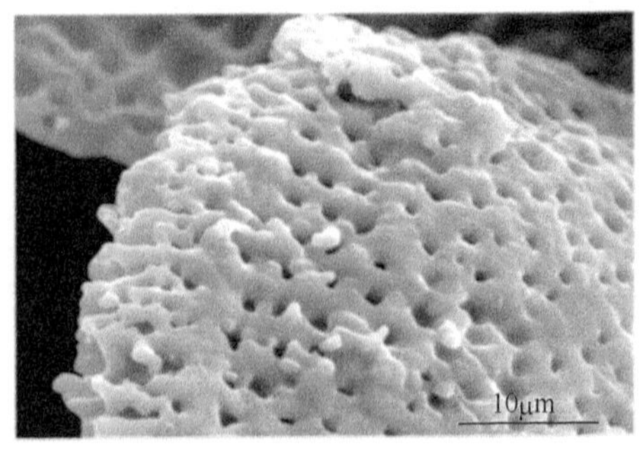

(b) 硅藻土的SEM照片

图 2-7　黏土的 XRD 图谱与硅藻土的 SEM 照片

入高温箱式炉(KSL-1400X-A3)中进行烧结，随炉冷却后即为微孔陶瓷灌水器。

本小节包括硅藻土掺量和烧结温度两个因素。通过预试验，确定硅藻土掺量为 10%～20%，微孔陶瓷烧结温度为 1060～1090℃，烧结时间为 2.5h。硅藻土掺量这一因素由黏土、硫酸钙、硅藻土的质量比控制。则本试验中硅藻土掺量选择 10%、15%和 20%三个水平，制作相应的坯体时所需黏土、硫酸钙、硅藻土的质量比分别为 80∶10∶10、75∶10∶15 和 70∶10∶20。同时选择 1060℃、1075℃和 1090℃三个烧结温度水平。2 因素 3 水平试验，采用完全组合，共 9 种处理，如表 2-4 所示。

表 2-4　黏土-硅藻土配方试验处理

处理	硅藻土掺量/%	烧结温度/℃	黏土、硫酸钙、硅藻土质量比
A_1T_1	10	1060	80∶10∶10
A_2T_1	15	1060	75∶10∶15
A_3T_1	20	1060	70∶10∶20
A_1T_2	10	1075	80∶10∶10
A_2T_2	15	1075	75∶10∶15
A_3T_2	20	1075	70∶10∶20
A_1T_3	10	1090	80∶10∶10
A_2T_3	15	1090	75∶10∶15
A_3T_3	20	1090	70∶10∶20

注：A_aT_t表示处理编号，A 代表硅藻土掺量，T 代表烧结温度。

将随机抽取的 3 个微孔陶瓷灌水器分别切割为 16 份，共 48 份。随机抽取 3 份微孔陶瓷试样，磨平、抛光后利用 HV-30 维氏硬度计测试维氏硬度，乘以重力加速度，将单位转换为 MPa。随机抽取 3 份微孔陶瓷试样，采用阿基米德排水法计算微孔陶瓷的开口孔隙率：

$$P=\frac{m_{\mathrm{w}}-m_{\mathrm{s}}}{m_{\mathrm{w}}-m_{\mathrm{f}}}\times 100\% \tag{2-2}$$

式中，P 为微孔陶瓷的开口孔隙率，%；m_{s} 为微孔陶瓷在干燥情况下的质量，g；m_{w} 为充水饱和微孔陶瓷在空气中的质量，g；m_{f} 为充水饱和微孔陶瓷在水中的质量，g。

随机抽取其中 5 份微孔陶瓷试样研磨为粉末混合后进行物相成分分析，物相成分分析是在 X 射线衍射仪上进行的。微孔陶瓷试样经磨平、抛光和喷金后利用 SEM 进行微观结构分析。

2) 配方优选

图 2-8 为不同处理下微孔陶瓷的线收缩率。从图中可以看出，随着烧结温度升高，三种微孔陶瓷的线收缩率随之增大。对比三种微孔陶瓷在同一烧结温度下的线收缩率可知，硅藻土掺量越高，微孔陶瓷的线收缩率越小。这是因为硅藻土为类似海绵结构的多孔状高硅含量固体，高温烧结时其内部的多孔结构基本保持不变，因此坯体在烧结过程中的收缩主要由黏土液化造成。同一黏土含量下烧结温度越高，黏土的液化程度越高，微孔陶瓷的线收缩率也就越大；而同一烧结温度下，硅藻土掺量越多，黏土所占比例降低，由黏土烧结液化引起的收缩随之减小，线收缩率就越低。

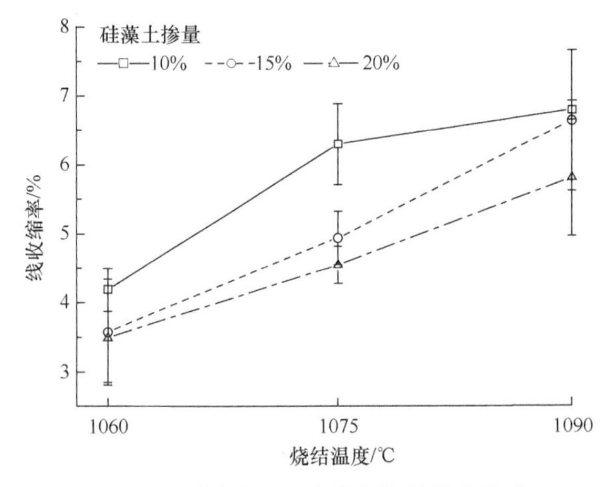

图 2-8　不同处理下微孔陶瓷的线收缩率

图 2-9 为不同处理下微孔陶瓷的开口孔隙率。由图可知，随着硅藻土掺量增大，或烧结温度降低，微孔陶瓷的开口孔隙率增大。其中，硅藻土掺量最大、

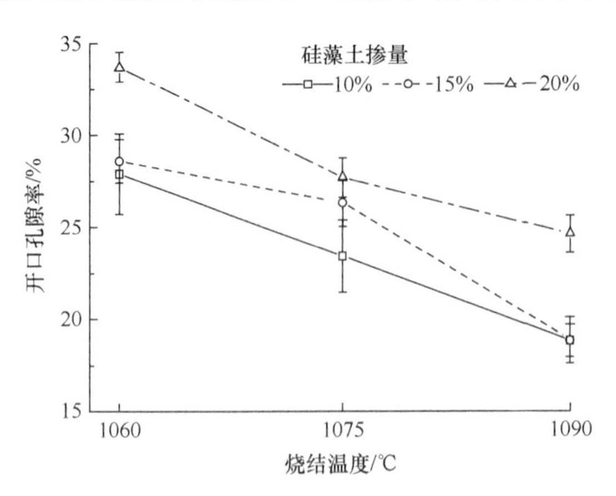

图 2-9　不同处理下微孔陶瓷的开口孔隙率

温度最低的 A_3T_1 处理开口孔隙率最大，为 33.7%。这是因为在烧结过程中坯体收缩引起体积变小，导致微孔陶瓷内开气孔数量减少，则其开口孔隙率相应减小；而硅藻土掺量越小，或烧结温度越高，均使得坯体收缩越大，则微孔陶瓷的开口孔隙率也就越小。

微孔陶瓷微观结构的变化直接显示了开口孔隙率的变化。图 2-10 为 A_2T_1、A_2T_3、A_1T_2、A_2T_2 和 A_3T_2 五种处理下微孔陶瓷与烧结后硅藻土的 SEM 照片。如图所示，五种处理微孔陶瓷内部颗粒之间均存在大量的孔隙，孔的形状多为不规则的圆形或条状，孔的连通性较好。对比 A_1T_2、A_2T_2 和 A_3T_2 三种微孔陶瓷的 SEM 照片[图 2-10(c)～(e)]。可以看出，随着原料中硅藻土掺量的增加，微孔陶瓷的微观结构变化明显，微孔陶瓷的孔隙率增加，孔径逐渐减小，片状硅藻土结构逐渐显现。另外图 2-10(f)为硅藻土在 1075℃烧结后的微观形貌，可以

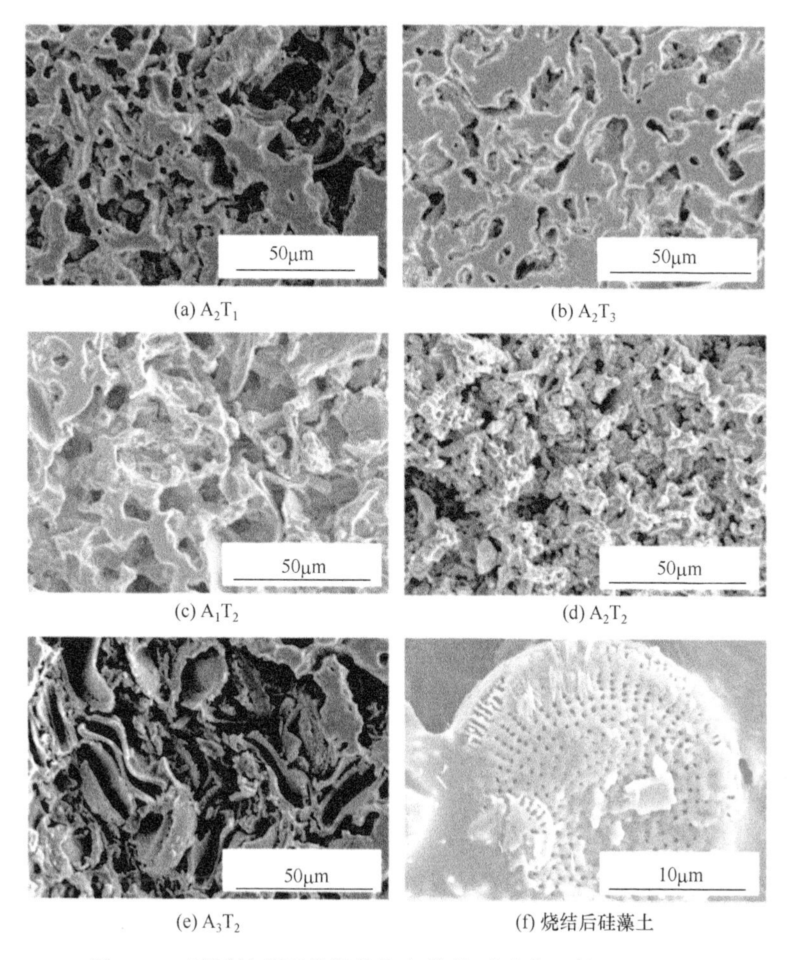

(a) A_2T_1　(b) A_2T_3　(c) A_1T_2　(d) A_2T_2　(e) A_3T_2　(f) 烧结后硅藻土

图 2-10　不同处理下微孔陶瓷与烧结后硅藻土的 SEM 照片

看到，硅藻土的内部孔隙保存较为完整，与烧结前结构[图 2-7(b)]基本相同，可以起到良好的造孔作用，由此可知，坯体内硅藻土掺量越高，烧结后的微孔陶瓷孔隙也越多。对比 A_2T_1、A_2T_2、和 A_2T_3 三种微孔陶瓷的 SEM 照片可以看出，随着烧结温度的升高，微孔陶瓷的密实度逐渐增加，孔径逐渐减小，使得微孔陶瓷的开口孔隙率逐渐减小。

图 2-11 为不同处理下微孔陶瓷的维氏硬度和 XRD 图谱。微孔陶瓷的维氏硬度受微观结构和物象成分交互影响。硅藻土掺量与烧结温度的变化均会显著影响微孔陶瓷的维氏硬度；硅藻土掺量越小，或烧结温度越高，微孔陶瓷的维氏硬度越大。微孔陶瓷的维氏硬度主要受其微观结构与物相成分的影响。

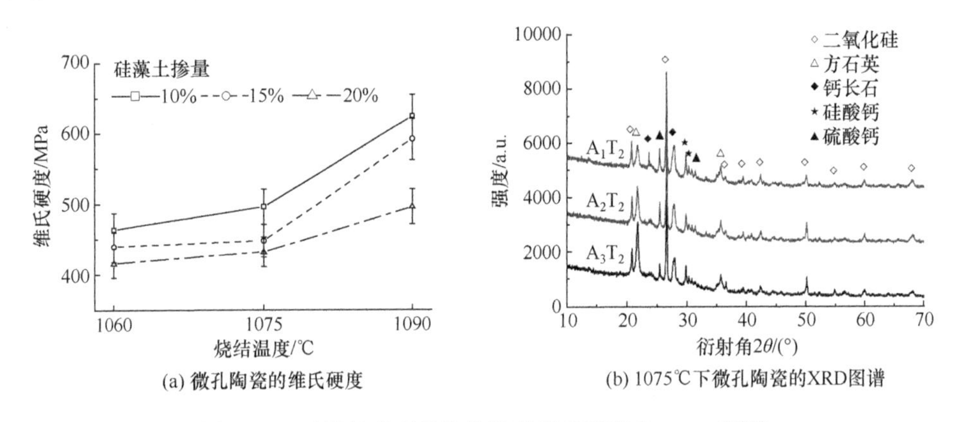

(a) 微孔陶瓷的维氏硬度　　(b) 1075℃下微孔陶瓷的XRD图谱

图 2-11　不同处理下微孔陶瓷的维氏硬度和 XRD 图谱

由图 2-10 A_1T_2、A_2T_2 和 A_3T_2 三种处理微孔陶瓷的 SEM 照片可以看出，随着硅藻土掺量的增加，其内部发生两方面的变化使得其维氏硬度降低：①颗粒之间的连接方式由黏土-黏土连接→黏土-硅藻土连接→硅藻土-硅藻土连接，颗粒之间的连接强度降低，进而使得微孔陶瓷的维氏硬度降低；②微孔陶瓷中开气孔数量逐渐增多。由于开气孔的存在，微孔陶瓷的载荷面积减小，同时气孔周围易产生应力集中现象，从而使得微孔陶瓷的负载能力降低，导致维氏硬度下降。对比图 2-10 中 A_2T_1、A_2T_2、和 A_2T_3 三种微孔陶瓷的 SEM 照片，可以看出，当烧结温度提高时，微孔陶瓷的密实度增大，开口孔隙率降低，因此使得其维氏硬度增大。

图 2-11(b)为 A_1T_2、A_2T_2 和 A_3T_2 三种处理微孔陶瓷的 XRD 图谱。微孔陶瓷的成分主要为二氧化硅(β-SiO_2)、方石英(SiO_2)、钙长石($CaAl_2Si_2O_8$)、硅酸钙($CaSiO_3$)和硫酸钙($CaSO_4$)。随着硅藻土掺量的增加，微孔陶瓷中方石英的含量逐渐增加，硅酸钙和钙长石的总量逐渐降低。硅酸钙和钙长石含量越多，方石英的含量越低，微孔陶瓷的维氏硬度就越高(蔡耀辉等，2015a)。因此，随着

硅藻土掺量的增加，微孔陶瓷的维氏硬度降低。由于该烧结温度范围内温度对微孔陶瓷成分影响较小，本书不做讨论。

微孔陶瓷灌水器作为灌溉系统的终端部件，要安装于输水管道上使用，过大的线收缩率会增加灌水器安装难度；微孔陶瓷的开口孔隙率会直接影响微孔陶瓷灌水器的流量；微孔陶瓷灌水器在使用过程中还会受到地面荷载、土压力和水压力等外界荷载的作用。综上各因素，微孔陶瓷灌水器应具有较小的线收缩率、适宜的开口孔隙率和较高的维氏硬度。首先考虑线收缩率和维氏硬度这两个因素，优选出线收缩率＜5%，维氏硬度＞435MPa 的微孔陶瓷灌水器，其中 A_1T_1、A_2T_1 和 A_2T_2 同时满足线收缩和维氏硬度的要求，适用于微孔陶瓷灌水器的制备。

2.1.2　砂基微孔陶瓷材料配方

1. *石英砂–钠长石配方*

1) 制备流程及测试方法

采用石英砂(SiO_2，100 目及 200 目)、高岭土($Al_2O_3 \cdot 2SiO_2 \cdot 2H_2O$)、钠长石($Na_2O \cdot Al_2O_3 \cdot 6SiO_2$)、硅溶胶(AM30，$SiO_2$ 质量分数为 30%±1%，SiO_2 平均粒径为 8～20nm，Na_2O 质量分数＜0.05%)和碳粉作为原料，按照表 2-5 所示配比烧结制备石英砂–钠长石微孔陶瓷灌水器。

表 2-5　石英砂–钠长石配方试验因素水平表

处理编号	骨架材料、黏结剂、造孔剂质量比
1#	70∶15∶15
2#	70∶10∶20
3#	70∶20∶10
4#	60∶25∶15
5#	60∶20∶20
6#	60∶15∶25

将原材料按照表 2-5 所示配比混合均匀后，加入适当硅溶胶搅拌，再在 12MPa 的压力下制成直径为 30mm，高为 50mm 的圆柱体[图 2-12(a)]。将压制好的坯体置于阴凉通风处风干数十天，置于高温箱式炉(KSL-1400X-A3)内，经过数次升温–恒温后，冷却至常温得到微孔陶瓷[图 2-12(b)]。

2) 配方优选

图 2-13 为不同处理下微孔陶瓷密度与开口孔隙率。可以看出，由于造孔剂和黏结剂含量的不同，使得微孔陶瓷的密度和开口孔隙率发生了较大变化。在所有处

图 2-12　烧结前后微孔陶瓷

理中，密度的最大值(2#)、最小值(6#)分别为 1.59g/cm³、1.39g/cm³，开口孔隙率的最大值(6#)、最小值(3#)分别为 41%、34%。从 1#到 6#，密度先增大后减小，孔隙率先减小后增大，二者呈现相反的趋势。

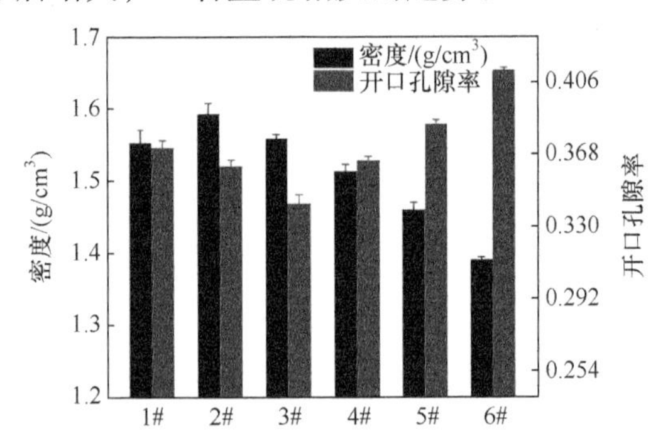

图 2-13　不同处理下微孔陶瓷密度及开口孔隙率

图 2-14 为微孔陶瓷密度与开口孔隙率的关系。由图 2-14 可知，微孔陶瓷的开口孔隙率 e 随密度ρ的增加而减少，通过拟合，得出二者之间的关系为线性分布。

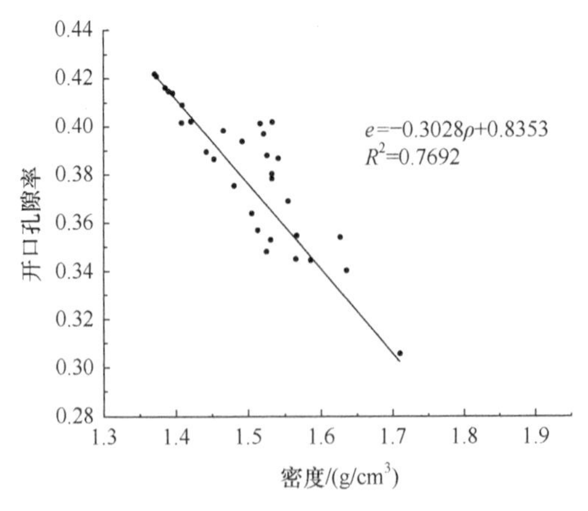

图 2-14　微孔陶瓷密度与开口孔隙率的关系

$$e = -0.3028\rho + 0.8353,\ R^2=0.7692 \tag{2-3}$$

当材料的密度为 1.37g/cm³ 时，开口孔隙率达到最大为 42%；当材料的密度为 1.71g/cm³ 时，开口孔隙率降至最低为 30%。为满足作物生长需要对水分的需求以及田间安装的便利性，微孔陶瓷应该保证较高的孔隙率和适宜的密度。因此，初步筛选出 1#、2#、4#作为合格配比。

图 2-15 为微孔陶瓷开口孔隙率与造孔剂含量之间的关系。当造孔剂含量ω从 10%增加到 25%时，开口孔隙率 e 由 34.23%增加到 41.29%。采用固态反应烧结法制备的石英砂-钠长石微孔陶瓷，其孔隙主要来自于碳粉的高温氧化，当烧结温度达到 800℃以上时，碳粉完全氧化为 CO_2 排出，在原位留下孔隙。随着碳粉含量的增加，孔隙数目增多，密度减小，开口孔隙率增大。但是孔隙中还有一部分是生坯压制过程中形成的粉末间隙，以 4#和 1#为例，随着石英砂含量由 60%增加到 70%，原料中的较大颗粒数目增加，堆积孔隙数量增多，孔径变大，整体开口孔隙率由 36.49%增至 37.19%。考虑到陶瓷材料用于农业推广，当造孔剂含量为 15%时，可兼顾开口孔隙率与成本要求。

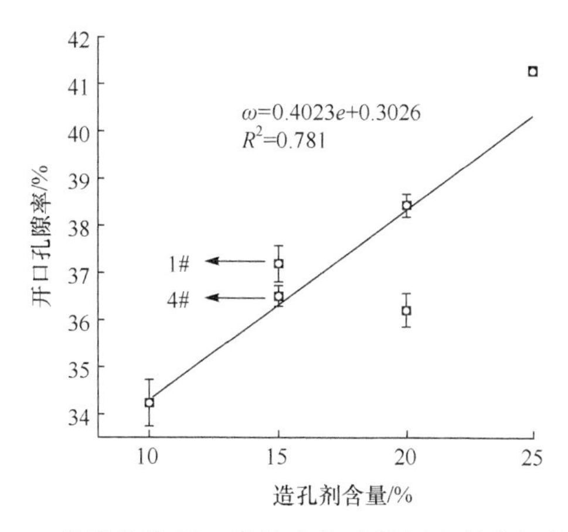

图 2-15　微孔陶瓷开口孔隙率与造孔剂含量之间的关系

表 2-6 为不同处理下微孔陶瓷的线收缩率。由表可以看出各处理的线收缩率均在 2%左右，说明微孔陶瓷烧结前后收缩现象不严重。原料性质决定坯体在烧结过程中的体积变化，原料中造孔剂和黏结剂含量高，会造成烧结过程中产生较多的孔隙，因而收缩的余地就较大。骨架材料则会对收缩起到一定的支撑作用，在本节中，由于二氧化硅烧结前后体积会有一定的膨胀，因而会抵消部分的收缩，使得各处理条件下，虽然造孔剂和黏结剂含量不同，但线收缩率差别不大，均处于较低的水平。

表 2-6　不同处理下微孔陶瓷的线收缩率

处理编号	1#	2#	3#	4#	5#	6#
线收缩率/%	2.01	1.99	1.83	1.87	1.97	2.07

微孔陶瓷开口孔隙率和线收缩率变化的主要原因是其内部物质和微观结构变化。图 2-16 为微孔陶瓷微观结构示意图。可以看出，陶瓷内部微孔发达，孔隙呈不规则的状态，内表面凹凸不平，比表面积大，孔隙总体以三维交错的网状孔道贯穿其中。孔隙大致可以分为两个系列，一部分由碳粉在原位高温燃烧形成 CO_2 气体排出形成，孔径大约为 200μm，还有一小部分是原料压实过程中进入的气体在烧制过程中逸出所致，孔径大约为 100μm，孔隙总体分布比较均匀。在烧制过程中，随着温度上升，大颗粒的石英砂破碎，石英颗粒边缘逐渐熔融，出现一层熔融圈，外形趋向于浑圆；当烧结温度达到 1120℃以上时，钠长石熔融成液相，充填于结构孔隙之间，部分石英颗粒融解于长石熔体中，形成高硅氧玻璃相。烧结后的微孔陶瓷是由气相、晶相和玻璃相共同组成的多相非均匀结构。

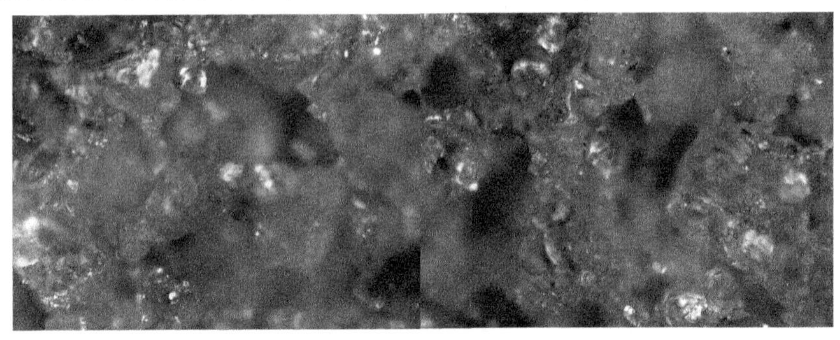

图 2-16　微孔陶瓷微观结构示意图

图 2-17 为微孔陶瓷 XRD 图谱。烧结后的陶瓷主要由莫来石、残留石英、长石等成分组成，主晶相为 α-SiO_2，次晶相为低温钠长石和方石英。

在试样烧制过程中，当烧结温度达到 573℃时，β-SiO_2 开始向 α-SiO_2 转变，达到 1000℃时，α-SiO_2 继而向方石英转变。前者转变引起的试样体积变化率比较小，但因其转化速度快，又是在高温条件下发生，因而破坏性强，危害性大，易造成强度下降；后者引起的体积膨胀率高达 15.4%，易对陶瓷内部结构产生应力破坏。因此，SiO_2 晶型转变对微孔陶瓷的结构稳定是不利的。从 4#到 6#，随着碳粉含量的增加，α-SiO_2 和低温钠长石的含量逐渐减少，由于碳粉会抑制 β-SiO_2 向方石英的转变，方石英的含量也逐渐减少。碳粉在 800℃以上经高温氧化还原除去，其添加量对坯料烧结活化能没有影响，不会改变反应温度，也不会参与生成反应。除此之外，试样中还含有少量莫来石相。在 1300℃的烧结

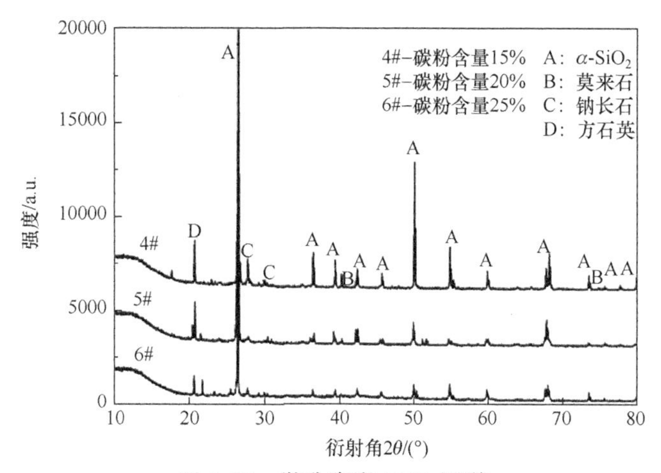

图 2-17　微孔陶瓷 XRD 图谱

温度下，高岭土的主要变化可以用反应式(2-4)和式(2-5)表示。高岭土在 550～650℃生成偏高岭土，偏高岭土在高于 950℃时生成莫来石和无定形石英(方石英)。在 1200℃时，式(2-5)和式(2-6)的反应趋于平衡，晶体逐渐完整。在 4#至 6#中，随着高岭土含量的增加，莫来石含量依次增加。

$$Al_2O_3 \cdot 2SiO_2 \cdot 2H_2O\ (\text{高岭土}) \xrightarrow{550\sim650℃} Al_2O_3 \cdot 2SiO_2\ (\text{偏高岭土}) + 2H_2O\uparrow \tag{2-4}$$

$$3(Al_2O_3 \cdot 2SiO_2) \xrightarrow{>950℃} 3Al_2O_3 \cdot 2SiO_2\ (\text{莫来石}) + 4SiO_2\ (\text{方石英}) \tag{2-5}$$

图 2-18 为黏结剂含量与微孔陶瓷密度、开口孔隙率和抗弯强度的关系。可以看出，随着黏结剂含量增加，微孔陶瓷开口孔隙率先增大后减小，密度先减小后增大，二者呈现相反的趋势，抗弯强度逐渐增大。当黏结剂含量低于 20%时，抗弯强度随黏结剂的变化不明显。

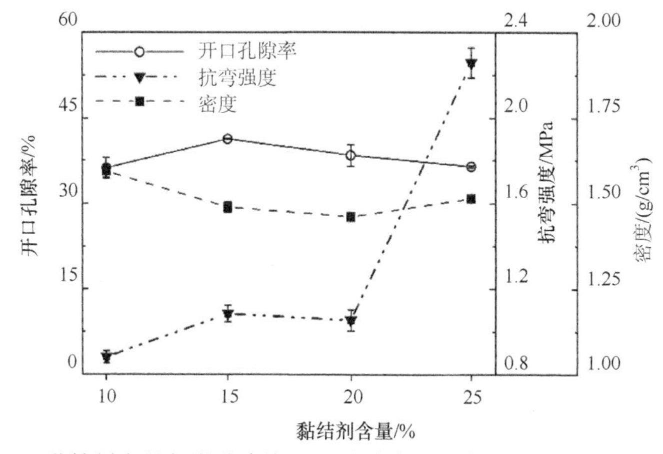

图 2-18　黏结剂含量与微孔陶瓷开口孔隙率、抗弯强度、密度之间的关系

当黏结剂含量由 20%增加到 25%时，抗弯强度由 1.05MPa 增加到 2.25MPa。当加入的黏结剂含量越来越多时，熔融的钠长石会进入碳粉燃烧后残留的孔洞中，使得孔径减小，进而可能包裹形成封闭空隙，此时表现为微孔陶瓷的表观体积增大，密度减小。液相的钠长石减少了孔隙的体积，增大了微孔陶瓷实际的固体体积，单位面积所受的力减小，应力集中现象得到缓解，因而微孔陶瓷抗弯强度增加。因此，当黏结剂含量为 25%时，抗弯强度表现最优，可以满足灌溉器材对于强度的要求。

2. 石英砂-滑石粉配方

1) 制备流程及测试方法

砂基微孔陶瓷采用固态烧结法制备而成。首先，将不同粒径的石英砂与 20%的滑石粉(纯度>99%)、10%的糊精(纯度>99%)和一定量的硅溶胶混合成为粉料；加入到球磨机中低速球磨 2h，而后置入微孔陶瓷灌水器模具中冷压成型(模压压力为 12MPa)为湿坯(蒲文辉等，2016)。湿坯置于阴凉干燥处阴干 15d 后，在箱式烧结炉中于 1200℃下烧结 2h，制备出砂基微孔陶瓷(图 2-19)。为了后文叙述方便，采用不同石英砂粒径制备的微孔陶瓷灌水器分别命名为 emitter-*n*(emitter 表示灌水器，emitter-*n* 表示石英砂粒径为 *n* 的灌水器，*n* 分别为 150μm、75μm、45μm 和 38μm)。石英砂颗粒的 SEM 照片如图 2-20 所示。

图 2-19　砂基微孔陶瓷

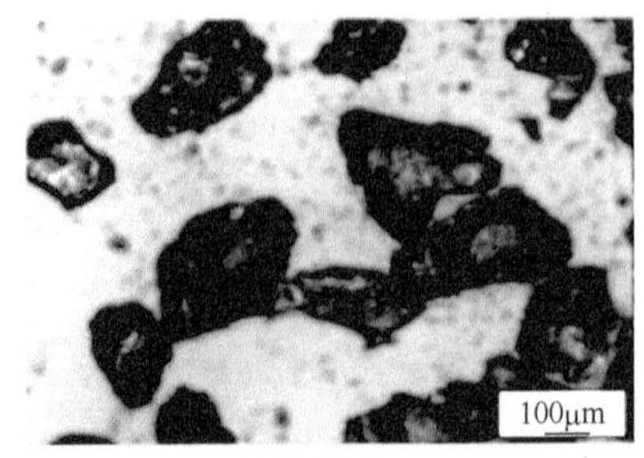

(a) 粒径150μm

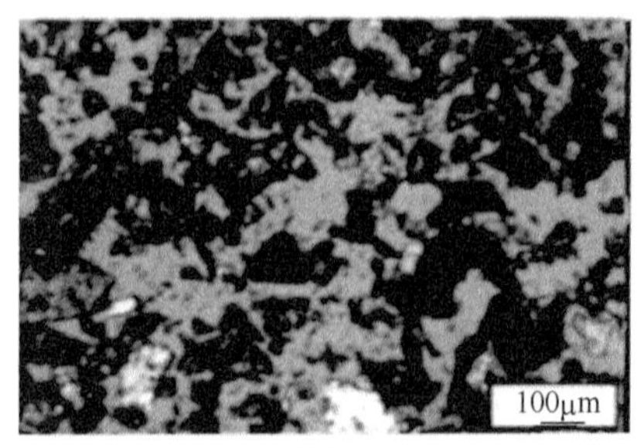

(b) 粒径75μm

(c) 粒径45μm　　(d) 粒径38μm

图 2-20　石英砂颗粒的 SEM 照片

2) 配方优选

图 2-21 为石英砂颗粒和烧结后微孔陶瓷灌水器的 XRD 图谱。烧结前，石英砂的成分均为 SiO_2。烧结后，微孔陶瓷中出现了硅酸镁和方石英，而且石英砂的粒径越小，方石英的含量越高。

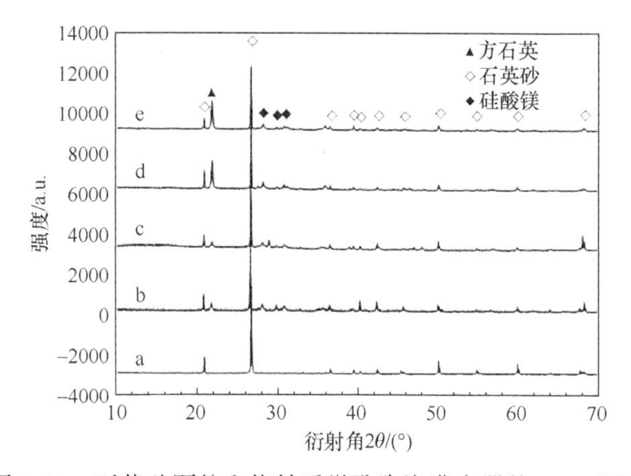

图 2-21　石英砂颗粒和烧结后微孔陶瓷灌水器的 XRD 图谱

a 为石英砂；b 为 emitter-150；c 为 emitter-75；d 为 emitter-45；e 为 emitter-38

当烧结温度高于 1020℃时，石英砂表面的 SiO_2 开始转化为方石英(陈宏善等，1999；Bose et al.，1994)。当石英砂颗粒粒径减小时，其表面能增加，导致晶粒的生长加速，因此从 XRD 图谱中可以看出方石英含量的增加。根据式(2-6)分析，滑石粉热分解可以生成 SiO_2 和 $MgSiO_3$，随后石英砂颗粒就会被 SiO_2 和 $MgSiO_3$ 包裹(张维光等，1999)。

$$Mg_3[Si_4O_{10}](OH)_2 \longrightarrow 3MgSiO_3+SiO_2+H_2O \tag{2-6}$$

图 2-22 为不同石英砂颗粒粒径下微孔陶瓷烧结前后微观结构变化。由图 2-22 可以看出，对于不同的石英砂颗粒，在烧结前后呈现出不同的特性。对于大颗粒

而言，滑石粉分解产生的硅酸镁等物质仅能覆盖在石英砂颗粒表面，而连接处的物质较少，因此可能会导致连接部位强度较低，进而导致微孔陶瓷整体强度不足。而对于小颗粒石英砂而言，滑石粉分解的物质不仅能包裹小颗粒石英砂，而且可充分地连接石英砂颗粒之间的空隙，连接点的强度更大，由此导致其孔径缩小。

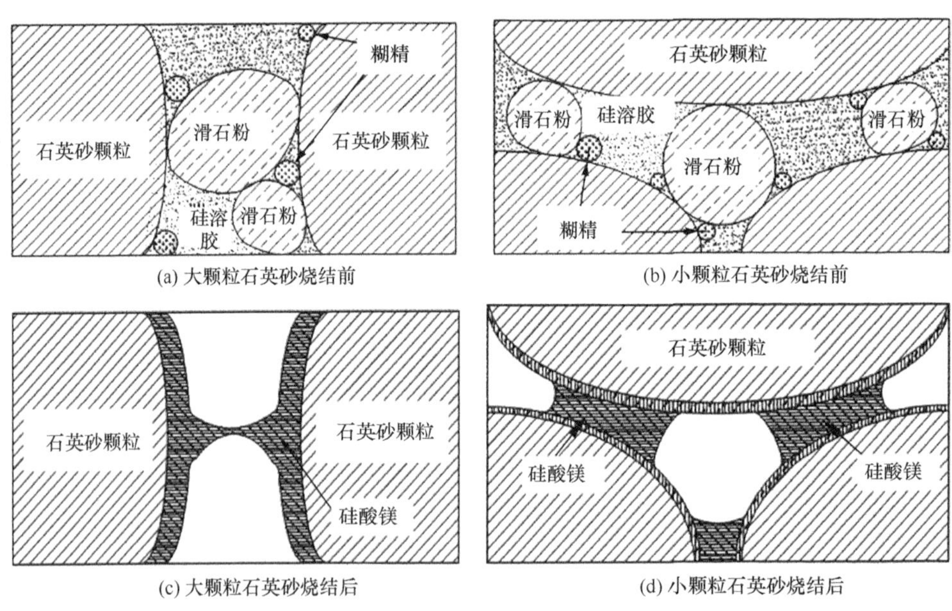

(a) 大颗粒石英砂烧结前　(b) 小颗粒石英砂烧结前

(c) 大颗粒石英砂烧结后　(d) 小颗粒石英砂烧结后

图 2-22　不同石英砂颗粒粒径下微孔陶瓷烧结前后微观结构变化

图 2-23 为不同石英砂颗粒粒径下微孔陶瓷的 SEM 照片。可以看出，随着石英砂颗粒粒径由 150μm 降至 38μm，微孔陶瓷内部的小孔隙逐渐增多，但是孔径逐渐缩小。微孔陶瓷的微观结构也逐渐变得均匀。

(a) emitter-150　(b) emitter-75

(c) emitter-45 (d) emitter-38

图 2-23 不同石英砂颗粒粒径下微孔陶瓷 SEM 照片

图 2-23 较好地印证了图 2-22 中大颗粒和小颗粒反应后结构的差异。图 2-24 为不同石英砂颗粒粒径下的高倍 SEM 照片。可以看出，当石英砂颗粒较大时，$MgSiO_3$ 仅能覆盖在石英砂颗粒的表面以及颗粒接触部分，但是难以相互连接。因此，大颗粒石英砂制备的微孔陶瓷其内部的空隙主要是由颗粒之间的间隙构成的。但是当石英颗粒尺寸较小时，$MgSiO_3$ 可以在石英颗粒之间形成稳定的连接并产生大量的小孔[图 2-24(b)]。

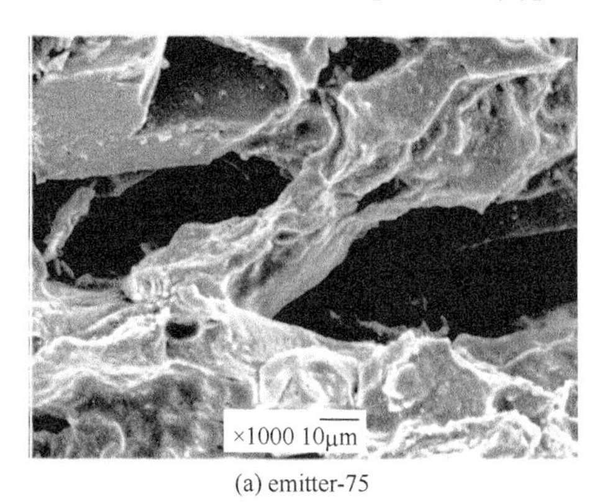

(a) emitter-75

(b) emitter-45

图 2-24 不同石英砂颗粒粒径下的高倍 SEM 照片

图 2-25 为不同石英砂颗粒粒径下微孔陶瓷的孔径分布。可以看出，emitter-150 的孔径分布呈现出明显的双峰形式，其中小孔和大孔的平均孔径分别为 3μm 和 15μm，但是大孔隙占较大的部分。但是对于 emitter-75、emitter-45 和 emitter-38 其孔径分布则变为单峰形态，其平均孔径分别为 9.46μm、4.24μm 和 3.73μm。

表 2-7 为不同石英砂颗粒粒径下微孔陶瓷线收缩率、开口孔隙率、抗弯强度和平均孔径。烧结过程中，滑石粉分解、糊精燃烧、水分蒸发均会导致微孔

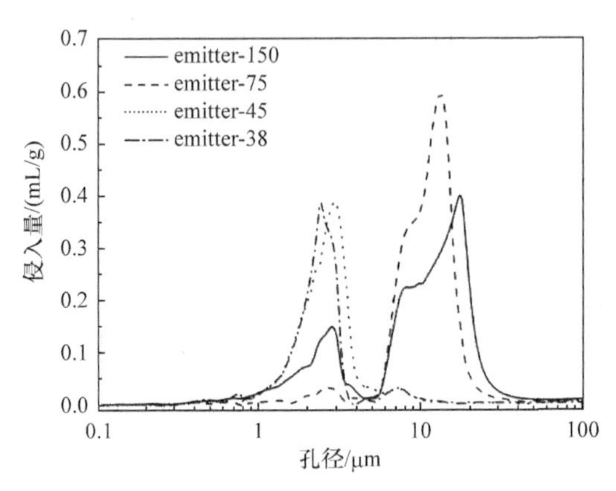

图 2-25　不同石英砂颗粒粒径下微孔陶瓷孔径分布

陶瓷发生收缩。但是在砂基微孔陶瓷烧结过程中，部分 SiO_2 转变为方石英的过程中会发生体积膨胀，膨胀率高达 15.4%。因此，结合收缩和膨胀作用，微孔陶瓷的收缩率均较小，在 0.5%左右。随着石英砂粒径减小，微孔陶瓷的孔径也逐渐减小。此外，石英砂颗粒的膨胀也进一步使得微孔陶瓷的孔径减小。因此，微孔陶瓷的开口孔隙率也有了一定减小。微观结构的均匀性，开口孔隙率和平均孔径的差异也使得微孔陶瓷的抗弯强度发生了改变。当石英砂颗粒粒径减小时，微孔陶瓷的微观结构逐渐变均匀，平均孔径和开口孔隙率均减小，使得微孔陶瓷的抗弯强度有了一定幅度的提升。

表 2-7　不同石英砂颗粒粒径下微孔陶瓷线收缩率、开口孔隙率、抗弯强度和平均孔径

灌水器类型	线收缩率/%	开口孔隙率/%	平均孔径/μm	抗弯强度/MPa
emitter-150	0.65±0.04	36.44±1.28	9.94	1.57±0.03
emitter-75	0.59±0.03	33.54±0.63	9.46	5.29±0.26
emitter-45	0.38±0.12	31.15±0.67	4.24	10.86±0.54
emitter-38	0.48±0.03	30.13±0.13	3.73	15.15±0.76

当微孔陶瓷的抗弯强度低于 5MPa 时，其制成的微孔陶瓷灌水器将难以满足田间应用的要求。因此，由于强度的原因，emitter-150 不适合用来制成微孔陶瓷灌水器。但是本节中微孔陶瓷的烧结温度均为 1200℃，如果对烧结温度，或者模压压力进行调整，emitter-150 的强度可以提升，鉴于 150 目石英砂价格较低的因素，后续应对其制备工艺进行更为深入的研究。

2.2　微孔陶瓷灌水器结构设计与水力性能

灌水器的核心作用是将管道中灌溉水进行消能后合理、均匀地输送到土壤中。传统的塑料灌水器均采用迷宫流道以实现这一功能。微孔陶瓷内部有诸多孔径为 1～100μm 的微孔，因而可以实现灌溉水消能、输送的目的。但是灌水器只是灌溉系统的一部分，要实现灌溉水的连续输送，必须将其设计成合理的结构形式，同时有必要采用一定的连接件将其与管道连接。因此基于 2.1 节研究的黏土基微孔陶瓷和砂基微孔陶瓷，本节采用一定的成型方式，利用不同的灌水器模具，设计了不同的微孔陶瓷灌水器结构，制造出不同结构形式的微孔陶瓷灌水器。

2.2.1　旁通式微孔陶瓷灌水器

1. 结构设计与水力性能测试

采用模压法制备旁通式微孔陶瓷灌水器(灌水器与毛管垂直连接，按照具体的布置方式可以分为管上式和管下式，如图 2-26 和图 2-27 所示)。

图 2-26　管上式微孔陶瓷灌水器的布置

图 2-27　管下式微孔陶瓷灌水器的布置

微孔陶瓷灌水器水力性能测试在西北农林科技大学中国旱区节水农业研究院灌溉水力学试验大厅的微孔陶瓷灌水器水力性能测试平台上进行(图 2-28)。

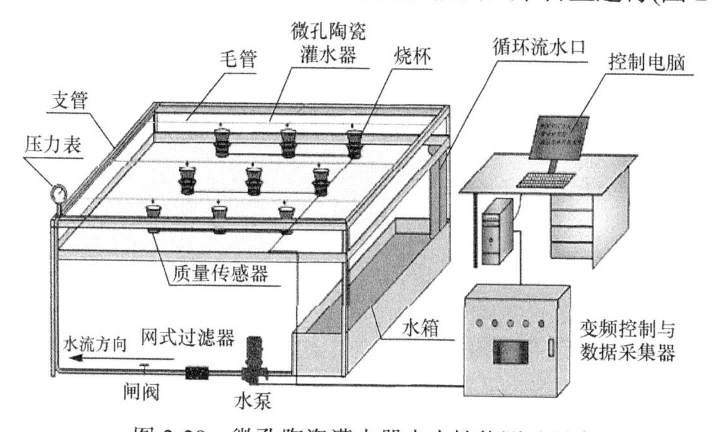

图 2-28　微孔陶瓷灌水器水力性能测试平台

测试平台主要由水源水箱、水泵、网式过滤器(孔径为 0.12mm)、压力表、支管、毛管、微孔陶瓷灌水器、循环流水口、烧杯、质量传感器、控制电脑和变频控制与数据采集器组成。试验工作用水采用陕西省杨凌区城市生活用水，试验水温为(20±3)℃。支管上布置 3 条毛管，每次测试 3 类不同处理的微孔陶瓷灌水器，每条毛管上设同一处理的随机选取的 3 个微孔陶瓷灌水器作为 3 个重复。第 1 个灌水器距离毛管起始端为 80cm，灌水器之间的间距为 70cm。观测并记录灌水器在不同工作压力水头下的出流量及出流时间(5min)，采用称重法测定微孔陶瓷灌水器的流量。微孔陶瓷灌水器流量取 3 个重复数据的平均值。

微孔陶瓷灌水器流量变化是灌水器内、外部工作压力水头差和微孔陶瓷渗透系数共同作用的结果(Brace et al.，1968)。在较低工作压力水头下(<5m)，微孔陶瓷灌水器的渗透系数可利用压力-流量关系，依据达西定律计算得出：

$$K_e = 0.24Q \cdot L / (H \cdot A) \tag{2-7}$$

式中，K_e 为微孔陶瓷的渗透系数，m/d；Q 为微孔陶瓷灌水器的流量，L/h；H 为微孔陶瓷灌水器的工作压力水头，m；A 为微孔陶瓷灌水器的渗流面积，本节取值为 2580mm^2；L 为微孔陶瓷灌水器的渗径，本节采用等效渗径 10.1mm 计算。

2. 管上式微孔陶瓷灌水器水力性能

以黏土基微孔陶瓷为基础，开发了管上式微孔陶瓷灌水器(图 2-29)，灌水器与毛管并联布置。通过改变微孔陶瓷烧结温度和硅藻土掺量达到调节灌水器流量的目的，具体处理见表 2-4。

图 2-29　管上式微孔陶瓷灌水器

图 2-30 为不同烧结温度和硅藻土掺量下微孔陶瓷灌水器的压力-流量关系曲线。总体上，微孔陶瓷灌水器的流量均随工作压力水头的增大而线性增大。例如，随着工作压力水头由 0.2m 增至 1.0m，A_2T_2 的流量由 0.27L/h 增至 1.62L/h，

其工作压力水头 H 和流量 Q 之间符合 Q=1.58H 的线性关系。但制备工艺的不同也会对微孔陶瓷灌水器的流量造成一定的影响。在同一工作压力水头下，随着原料中硅藻土掺量的增加以及烧结温度的降低，微孔陶瓷灌水器的流量也随之增大。当工作压力水头为 0.2m，烧结温度为 1075℃时，随着硅藻土掺量由10%增至 20%，微孔陶瓷灌水器的流量增大约 0.55L/h；当工作压力水头为 1.0m，硅藻土掺量为 20%时，随着烧结温度由 1090℃降至 1060℃时，微孔陶瓷灌水器的流量增大约 0.4L/h。

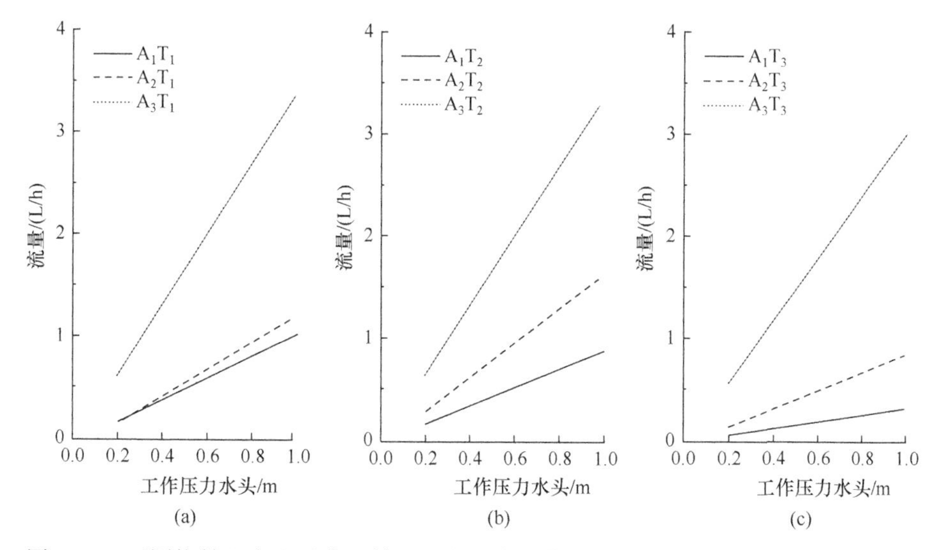

图 2-30　不同烧结温度和硅藻土掺量下微孔陶瓷灌水器工作压力水头-流量关系曲线

根据式(2-8)计算得到不同处理下微孔陶瓷的渗透系数如表 2-8 所示。通过方差分析可知，硅藻土掺量和烧结温度对渗透系数的影响均达到极显著水平，两者之间存在显著交互作用。由表 2-8 可知，随着原料中硅藻土掺量的增加以及烧结温度的降低，微孔陶瓷的渗透系数逐渐增大。因此，为使微孔陶瓷灌水器在较低的工作压力水头下获得较大的流量，可通过增加原料中硅藻土掺量或降低烧结温度，提高微孔陶瓷的渗透系数来实现。

表 2-8　不同处理下微孔陶瓷的渗透系数

处理编号	A_1T_1	A_2T_1	A_3T_1	A_1T_2	A_2T_2	A_2T_3	A_1T_3	A_2T_3	A_3T_3
渗透系数/(m/d)	0.11	0.15	0.34	0.09	0.17	0.33	0.04	0.09	0.30

图 2-31 为微孔陶瓷开口孔隙率与渗透系数的关系。可以看出，开口孔隙率越大，微孔陶瓷的渗透系数越大，两者之间符合幂函数关系。通常，一种多孔材料的开口孔隙率与渗透系数呈幂函数关系，开口孔隙率的微小变化会引起

渗透系数几何倍数变化(Xu et al.，2008)。因此，在微孔陶瓷灌水器的制备过程中，添加硅藻土以及降低烧结温度均会增加微孔陶瓷灌水器的开口孔隙率。

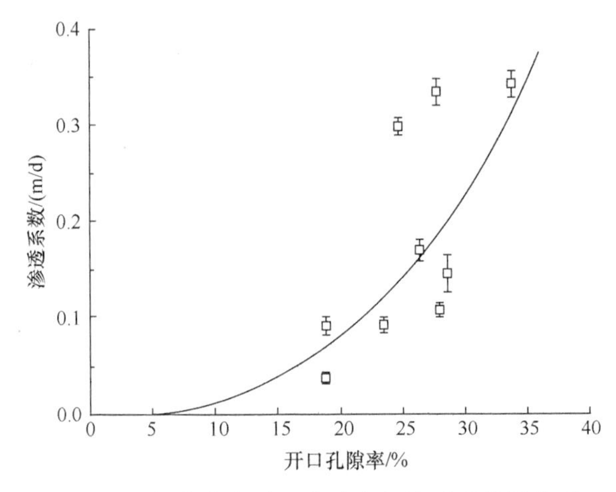

图 2-31　微孔陶瓷开口孔隙率与渗透系数的关系

3. 管下式微孔陶瓷灌水器水力性能

以砂基微孔陶瓷为基础，以 200 目石英砂(化学分析纯)为主要原料，采用模压法制备管下式微孔陶瓷灌水器(灌水器与毛管并联布置，如图 2-32 所示)。通过改变微孔陶瓷烧结温度达到调节流量的目的，其中烧结温度分别为 1200℃、1250℃和 1300℃。

图 2-32　管下式微孔陶瓷灌水器

图 2-33 为烧结温度 1200℃的砂基微孔陶瓷灌水器在 0.5m 工作压力水头

下，空气中流量随时间变化曲线。在 2100min 的灌溉时间中，灌水器的流量基本维持稳定，约为 2.09L/h。流量随时间的偏差率在 0.09 左右，这可能是由于环境温度的变化所造成的。因此，砂基微孔陶瓷灌水器在自来水灌溉的条件下流量基本上维持稳定。

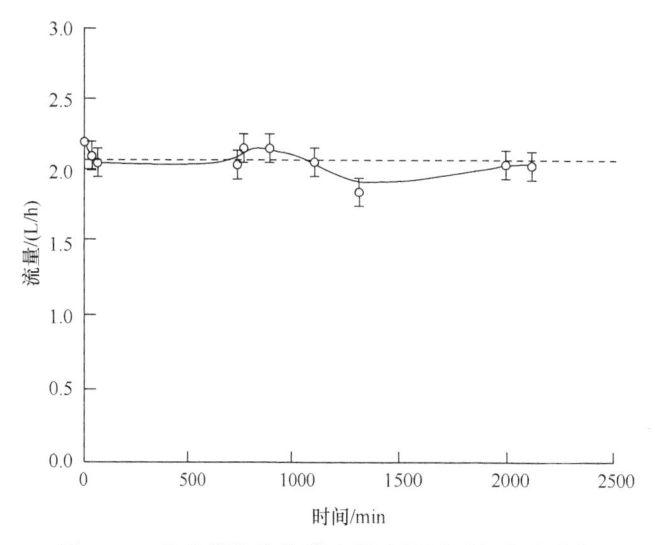

图 2-33　砂基微孔陶瓷灌水器流量随时间变化曲线

图 2-34 为不同烧结温度下砂基微孔陶瓷灌水器工作压力水头与流量关系曲线。由图可以看出，灌水器的流量和工作压力水头之间呈显著的线性关系。工作压力水头越大，流量越大。且随着烧结温度增加，灌水器的流量也逐渐增大。但是烧结温度为 1250℃、1300℃时，在 0.2m 的工作压力水头下，灌水器的流量

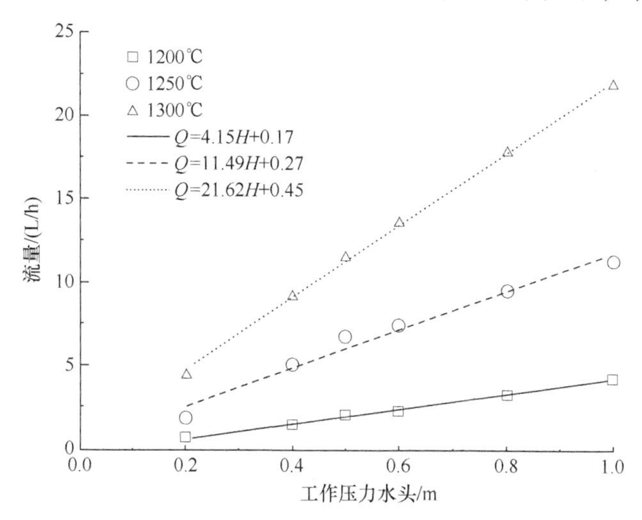

图 2-34　不同烧结温度下砂基微孔陶瓷灌水器工作压力水头与流量关系曲线

分别为 1.87L/h 和 4.42L/h。这与 1200℃下烧结的灌水器有较大差别，主要是由于其烧结过程中产生了诸多的裂缝。

图 2-35 为三种烧结温度下微孔陶瓷的高倍 SEM 照片。可以看出，随着烧结温度增加，滑石粉逐渐变性结块，石英砂颗粒之间的连接逐渐变弱，转而变为附着在石英砂颗粒之上，最后演化为连接处断裂，形成裂缝。因此，在颗粒之间不光产生孔隙，更是产生了较大的裂缝。而此时，灌溉水则会经由较大的裂缝流出，微孔则难以起到过流通道的作用。因此，对于骨架颗粒较大的砂基微孔陶瓷灌水器，其烧结温度应为 1200℃。1200℃下烧结的灌水器在 0.2m 工作压力水头下流量为 0.72L/h，性能优良。

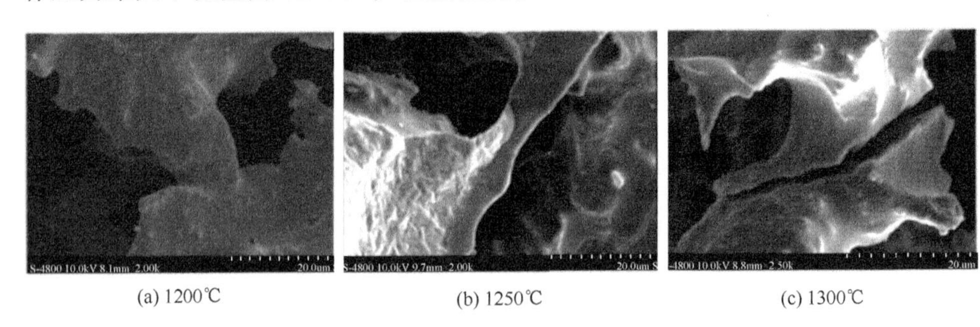

(a) 1200℃　　(b) 1250℃　　(c) 1300℃

图 2-35　三种烧结温度下微孔陶瓷的高倍 SEM 照片

2.2.2　管间式微孔陶瓷灌水器

1. 结构设计与水力性能测试

以砂基微孔陶瓷为基础，采用模压法制备管间式微孔陶瓷灌水器(灌水器与毛管串联布置，如图 2-36 所示)。通过改变石英砂颗粒粒径达到调节灌水器流量的目的。

图 2-36　管间式微孔陶瓷灌水器

微灌工程设计规范中规定，灌水器的制造偏差低于 15%则属于合格品。灌水器制造偏差 Cv 计算公式为

$$\mathrm{Cv}=\sqrt{\frac{1}{n-1}\frac{(Q_i-\overline{Q})^2}{\overline{Q}^2}} \tag{2-8}$$

式中，Q_i 为第 i 个灌水器的流量，mL/h；$\overline{Q}$ 是相同工作压力水头下的平均流量，mL/h；n 为测试的灌水器总数，本节采用 25 个。

2. 管间式微孔陶瓷灌水器水力性能

在微孔陶瓷中，相互连接的微孔形成了大量的微通道。由于微通道的毛细作用，水将迅速地进入微孔陶瓷之中(Silva et al.，2010)。图 2-37 为管间式微孔陶瓷灌水器工作压力水头与流量关系曲线。可以看出，灌水器流量和工作压力水头呈明显的线性关系，且随着石英砂颗粒粒径减小，灌水器流量逐渐减小。由于石英砂颗粒粒径的减小，微孔陶瓷开口孔隙率和平均孔径逐渐减小，导致微通道数量和直径均减少。由于微通道的摩擦力，微孔陶瓷中的灌溉水会受到较多的阻碍。因此，微孔陶瓷孔径越小，灌水器的流量也就越小。

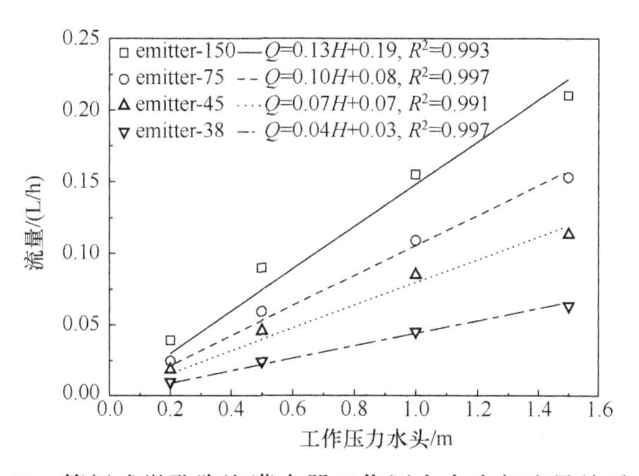

图 2-37　管间式微孔陶瓷灌水器工作压力水头与流量关系曲线

当微孔陶瓷的开口孔隙率和平均孔径确定时，灌水器流量与工作压力水头之间满足线性函数，拟合公式如图 2-37 所示。由于微孔陶瓷内部微通道良好的毛细作用，当工作压力水头为 0cm 时，水也可以通过微通道流出进入到土壤中进行灌溉。当微孔陶瓷灌水器用于地下灌溉时，灌水器埋置于土壤中，灌水器出流受土壤作用，甚至可以在负压条件下工作。

按照微灌工程设计规范的定义，灌水器工作压力水头和流量之间的关系可以用式(2-9)表示(Keller et al.，1974)。

$$Q = kH^x \tag{2-9}$$

式中，Q 为灌水器的流量，mL/h；H 为工作压力水头，cm；k 和 x 分别为灌水器的流量系数和流态指数。

对于陶瓷灌水器，水在微流道中是以层流状态存在的，因此设定微孔陶瓷灌水器的流态指数 x 为 1。在此前的研究中，当灌水器工作压力水头为 0 时，灌水器的流量并不为 0，因此式(2-9)可以化简为

$$Q = kH + c \tag{2-10}$$

式中，c 为由于毛细作用而产生的灌水器流量，mL/h。

根据图 2-37 中的结果，灌水器的流量系数 k 分别为 1.31cm^2/h、0.98cm^2/h、0.73cm^2/h、0.41cm^2/h，式(2-11)给出了灌水器的流量系数和孔径 d、开口孔隙率 P 之间的关系：

$$k = 3.99P^{2.20}d^{0.47} \quad R^2=0.89 \tag{2-11}$$

但是从式(2-11)可以看出，孔径对流量的影响远小于开口孔隙率。因此，为了使用简便，忽略孔径的影响，得到了如下公式：

$$k = 1.58 \times 10^2 P^{4.72} \tag{2-12}$$

$$c = 8.83 \times 10^5 P^{8.39} \tag{2-13}$$

将式(2-10)、式(2-12)和式(2-13)联立，灌水器的流量可以通过开口孔隙率和工作压力水头得出。

$$Q = 1.58 \times 10^2 P^{4.72} H + 8.83 \times 10^5 P^{8.39} \ (0\text{cm} < H < 150\text{cm}) \tag{2-14}$$

在微灌系统设计中，灌水器的流量由作物种类，土壤性质和灌溉周期决定(Lamm et al.，2006)。对于需水量较大的作物，可以采用较高的工作压力水头和孔隙率来提高灌水器的流量。但是工作压力水头越高，成本越高。为了节省系统能源成本，最好使用具有高开口孔隙率的陶瓷灌水器。但是开口孔隙率越大，较小的开口孔隙率偏差就可能引起流量产生较大的偏差。图 2-38 为微孔陶瓷灌水器制造偏差和开口孔隙率、工作压力水头之间的关系。

当开口孔隙率的偏差为 2%时，制造偏差是开口孔隙率和工作压力水头的函数。当确定开口孔隙率时，制造偏差随着工作压力水头的增加而降低。因为当工作压力水头增加时，开口孔隙率偏差对流量偏差的影响会减弱，所以工作压力水头将是决定灌水器流量偏差率的主要因素。但是当确定工作压力水头时，制造偏差随着开口孔隙率的增加而增加。如果高开口孔隙率的陶瓷灌水器有微小的偏差，流量将发生很大变化。为了获得较高的灌溉均匀性，采用两种方法可以降低制造偏差：一种是增加灌溉系统的工作压力水头；另一种是使用开口孔隙率较小的陶瓷灌水器。但是小的开口孔隙率也意味着小的流量，小的流量可能会增加灌溉时间。

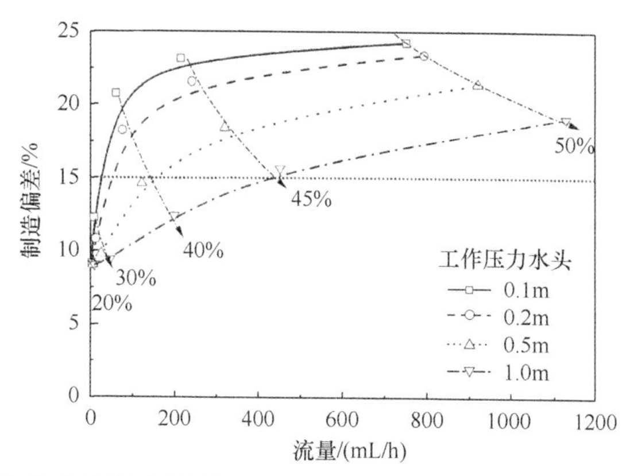

图 2-38　微孔陶瓷灌水器制造偏差与开口孔隙率、工作压力水头的关系

2.2.3　微孔陶瓷贴片式滴灌管

1. 结构设计与水力性能测试

微孔陶瓷贴片式地下滴灌管[图 2-39(a)]由塑料管道、塑料贴片、微孔陶瓷渗水片和橡胶防漏垫圈四部分组成。图 2-39(b)为滴灌管设计图，其中陶瓷渗水片、贴片和防漏垫圈均位于管道外部。贴片采用注塑成型，目前设计过程中采用 3D 打印技术确定其结构形式和尺寸。图 2-39(c)为通过 3D 打印技术获得的贴片。贴片包括弧形板和下端部两部分，下端部为空心矩形槽，下端部的底面加工有出水口，弧形板为竖向圆柱沿轴线切割形成的任意部分，弧形板内侧有弧度的一侧与管道内壁配合组装，弧形板呈平面的一侧与下端部的上表面连接，弧形板和下端部加工成一体形成空腔结构。贴片与管道通过热熔黏结成型。陶瓷渗水片位于贴片内部，与贴片下端部通过防漏垫圈密封结合。管道上开有矩形槽为进水口，用于灌溉水进入陶瓷渗水片。灌溉水由进水口进入贴片，经微孔陶瓷渗水片渗透消能后经出水口流出管道，而后可以到达作物根部，因此该陶瓷贴片滴灌管可以直接向作物根部供水。

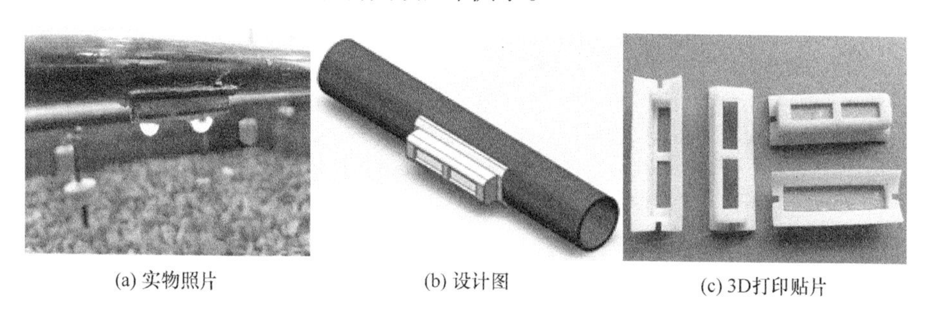

(a) 实物照片　(b) 设计图　(c) 3D打印贴片

图 2-39　陶瓷贴片式地下滴灌管

微孔陶瓷渗水片材质分为两种，分别为免烧微孔陶瓷和砂基微孔陶瓷。其中免烧微孔陶瓷以白水泥、硫酸钙和硅藻土为主要原料，其质量分数分别为45%、45%和 10%(徐增辉等，2015)。将上述材料按配合比混合后，加入适量的水搅拌均匀，浇筑在立方体微孔陶瓷模具中成型，干燥后即为免烧微孔陶瓷，其尺寸为 20.0mm×4.0mm×3.0mm(长×宽×高)。砂基微孔陶瓷同 2.1.2 小节所讲。

两种微孔陶瓷的 SEM 照片分别如图 2-40 和图 2-41 所示。可以看出两种微孔陶瓷内部均含有较多的微孔，且孔径分布较为均匀，适宜灌溉水的运移。利用两种微孔陶瓷作为渗水体的地下滴灌管(CP-SDIL)分别命名为 CP-SDIL-BF(免烧微孔陶瓷)，CP-SDIL-QU(砂基微孔陶瓷)。

图 2-40　免烧微孔陶瓷的 SEM 照片

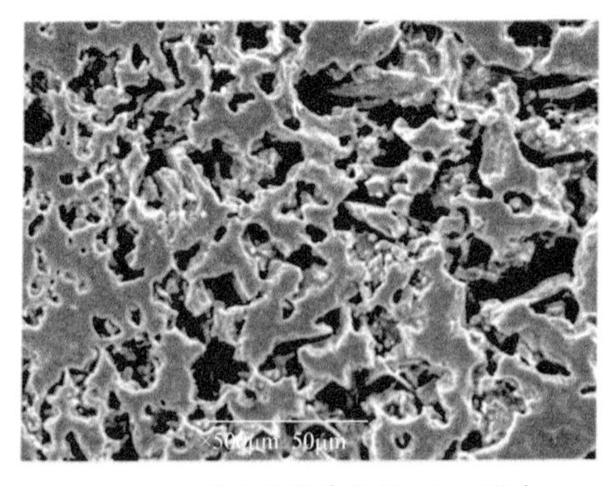

图 2-41　砂基微孔陶瓷的 SEM 照片

2. 微孔陶瓷贴片式滴灌管水力性能

图 2-42 为微孔陶瓷贴片式滴灌管工作压力水头和流量关系曲线。从图中可以看出，工作压力水头为 20～150cm，同种渗水片材质的 CP-SDIL 出流量均随时间逐渐增大，基本呈线性关系，工作压力水头对其出流量的影响显著。在

同一工作压力水头条件下，渗水片材质对 CP-SDIL 流量影响明显，CP-SDIL-BF 的流量明显大于 CP-SDIL-QU 的。

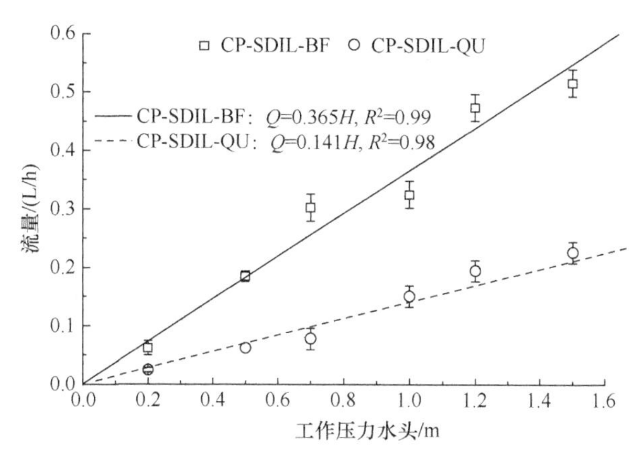

图 2-42　微孔陶瓷贴片式滴灌管工作压力水头和流量关系曲线

CP-SDIL-BF 的流量大于 CP-SDIL-QU 主要是由渗水片材质决定的。由图 2-40 和图 2-41 可以看出，材质不同使得微孔陶瓷的微观结构发生较大改变，宏观上则表现为微孔陶瓷的开口孔隙率不同。开口孔隙率和渗透系数之间表现为幂函数关系，因此在工作压力水头相同的条件下，开口孔隙率越大，其流量也越大(Xu et al.，2008)。根据试验数据拟合得 CP-SDIL 的工作压力和流量关系曲线分别为

$$\text{CP-SDIL-BF：} Q=0.365H \tag{2-15}$$

$$\text{CP-SDIL-QU：} Q=0.141H \tag{2-16}$$

式中，Q 为 CP-SDIL 在空气中的流量，L/h；H 为 CP-SDIL 的工作压力水头，m。

由式(2-15)和式(2-16)可以看出，CP-SDIL 的流态指数为 1，而迷宫流道滴灌管的流态指数在 0.5 左右，压力补偿式滴灌管的流态指数接近于 0。流态指数越小，其对压力水头的敏感程度越低。因此，CP-SDIL 对工作压力水头极其敏感。CP-SDIL 作为一种在微压条件下应用的地下滴灌管，出流过程中出流量不仅受其工作压力水头的影响，也受其周围土水势的影响，利用其对压力水头的敏感性结合土壤水势的变化情况可以调节其出流量。

参 考 文 献

蔡耀辉，吴普特，朱德兰，等，2015a. 黏土基微孔陶瓷渗灌灌水器制备与性能优化[J]. 农业机械学报，46(4): 183-188.

蔡耀辉，吴普特，朱德兰，等，2015b. 硅藻土微孔陶瓷灌水器制备工艺优化[J]. 农业工程学报，31(22): 70-76.

陈宏善, 季生福, 牛建中, 等, 1999. 无定型氧化硅转变为α-方石英的振动光谱[J]. 物理化学学报, 15(5): 454-457.

蒲文辉, 张新燕, 朱德兰, 等, 2016. 制备工艺对微孔陶瓷灌水器结构与水力性能的影响[J]. 水力发电学报, 35(6): 48-57.

徐增辉, 李向明, 林力, 等, 2015. 免烧微孔陶瓷渗灌灌水器制备与性能研究[J]. 节水灌溉, 10: 74-77.

张维光, 葛欣, 1999. 程序升温焙烧技术研究水滑石热分解动力学[J]. 无机化学学报, 15(5): 693-696.

BOSE K, GANGULY J, 1994. Thermogravimetric study of the dehydration kinetics of talc[J]. American Mineralogist, 1994, 79(7/8): 692-699.

BRACE W F, WALSH J B, FRANGOS W T, 1968. Permeability of granite under high pressure[J]. Journal of Geophysical Research, 73(6): 2225-2236.

CAI Y, ZHAO X, WU P, et al., 2018. Effect of soil texture on water movement of porous ceramic emitters: A simulation study[J]. Water, 11(1): 1-13.

GILBERT R G, NAKAYAMA F S, BUCKS D A, et al., 1981. Trickle irrigation: Emitter clogging and other flow problems[J]. Agricultural Water Management, 3(3): 159-178.

KELLER J, KARMELI D, 1974. Trickle irrigation design parameters[J]. Transactions of the ASCE, 17(4): 678-684.

LAMM F R, AYARS J E, NAKAYAMA F S, 2006. Microirrigation for Crop Production: Design, Operation, and Management[M]. Amsterdam: Elsevier.

SILVA J, DE BRITO J, VEIGA R, 2010. Recycled red-clay ceramic construction and demolition waste for mortars production[J]. Journal of Materials in Civil Engineering, 22(3): 236-244.

XU P, YU B, 2008. Developing a new form of permeability and Kozeny-Carman constant for homogeneous porous media by means of fractal geometry[J]. Advances in Water Resources, 31(1):74-81.

第3章 微孔陶瓷灌水器抗堵塞性能

灌水器堵塞是造成地下灌溉系统寿命缩短的主要原因。灌水器堵塞改变了灌溉系统原有水力性能，降低了系统灌水质量，严重影响系统整体运行效果和安全性，已成为制约地下滴灌技术推广应用的关键问题(Coelho et al.，1996；Nakayama et al.，1991)。水质差异是造成灌水器堵塞的主要原因，灌溉水中泥沙颗粒粒径、级配、含沙量等指标是影响灌水器堵塞的重要因素(刘璐等，2016，2012；吴泽广等，2014)。水肥一体化可有效控制灌溉量和施肥量，不仅可以提高水分利用效率和肥料利用率(刘永华等，2015)，也可以节省灌溉和施肥时间(王道波等，2015；高鹏等，2012；Ravikumar et al.，2011)。但在水肥一体化灌溉过程需向灌溉水中施加肥料，因此灌水器堵塞风险可能有所增加(Bounoua et al.，2016；Hills et al.，1989)。

与传统塑料灌水器结构不同，微孔陶瓷灌水器是依靠陶瓷内微孔渗流进行灌溉。目前，关于微孔陶瓷灌水器在浑水、水肥一体化过程中堵塞情况的研究较少。因此，本章研究了泥沙、肥料单独作用和肥沙耦合作用对微孔陶瓷灌水器堵塞的影响，分析了微孔陶瓷灌水器平均相对流量随灌溉时间的变化特征和灌水器内壁沉积物分布规律，揭示了微孔陶瓷灌水器堵塞机理，并提出了相应的抗堵措施。

3.1 泥沙对微孔陶瓷灌水器堵塞的影响

3.1.1 材料与方法

1. 试验装置与材料

试验在西北农林科技大学中国旱区节水农业研究院灌溉水力学试验大厅进行。试验装置参照GB/T 17187—2009《农业灌溉设备 灌头和滴灌管技术规范和试验方法》和《ISO 抗堵塞实验国际标准草案(2006)》关于室内滴灌灌水器堵塞测试试验搭建而成。试验装置由不锈钢水箱、搅拌机、水泵、压力表、控制阀门、量杯和灌水器组成(图3-1)。不锈钢水箱为周长2m、高0.5m的圆柱形箱体，上端固定搅拌机，搅拌机额定转速为750r/min，通过搅拌机搅拌使浑水混合均匀。水泵到毛管处的支管长度为1m，毛管长2.5m，支管内径为20mm，毛管内径为 16mm。灌溉系统共装有 4 条毛管，相邻毛管间距为 25cm，相邻灌水器间距为 30cm，每条毛管连接 7 个灌水器，共 28 个灌水器，对灌水器依次进行编号。灌水器采用第 2 章研制的管间式微孔陶瓷灌水器。灌水器为圆柱形腔体结构，尺寸为 4.0cm×2.0cm×8.0cm(外径×内径×高)，陶瓷材料内部均匀分布着大量相互连通的平均孔径为 7μm 左右的微孔，可以实现灌溉水的运移和消能。微孔陶瓷灌水器设计流量为 0.07L/h。

图 3-1　微孔陶瓷灌水器抗堵塞性能研究试验装置

试验用水为陕西省杨凌区居民自来水。由于微孔陶瓷材料的平均孔径为 7μm 左右，大粒径的泥沙颗粒可能对微孔陶瓷灌水器堵塞的影响较小，但其进入灌水器后可能会沉积在灌水器内壁，反而小粒径的泥沙颗粒可能对微孔陶瓷灌水器堵塞的影响较大。因此，选取黏粒含量不同的泥沙和黏土进行试验，黏土取自陕西省渭河三级阶地，经风干、碾压、混合均匀后备用；泥沙为渭河天然沙，将河床淤泥表面的树枝、草等杂质剔除之后，收集深度为 0～15cm 表层淤泥，将采回的样品混合均匀，带回实验室风干后备用。试验所用泥沙、黏土过 120 目筛网，收集粒径小于 0.125mm 的泥沙、黏土颗粒进行试验，并且采用激光粒度分析仪(MS2000 型)测定颗粒组成，泥沙、黏土颗粒组成结果如表 3-1 所示。

表 3-1　试验用泥沙、黏土颗粒组成

类别	土壤颗粒组成占比/%			容重/(g/cm³)
	黏粒 <0.002mm	粉粒 0.002～0.05mm	砂粒 0.05～2mm	
泥沙	9.24	15.44	75.32	1.52
黏土	32.9	35.1	32.0	1.35

2. 试验方法与测定内容

试验分为清水(自来水)试验、浑水(泥沙+自来水、黏土+自来水)试验 3 个处理。考虑到黄河水含沙量大，泥沙颗粒小的特点(王茜等，2012；杜军等，2011)，为了加速灌水器堵塞，缩短试验时间，配置浓度为 2g/L 的低黏粒含量浑水(泥沙+自来水)(简称低黏量浑水)、高黏粒含量浑水(黏土+自来水)(简称高黏量浑水)进行试验。试验采用 1m 工作压力水头，为了获得稳定的灌水器流量，试验前先通清水灌溉 4d，计算灌水器的平均流量，并将其作为灌水器的初始流量，然后开始后续试验处理。每个处理所用灌水器为同一批次制作烧结而成。处理 1 为清水试验，通入清水继续灌溉 10d；处理 2 为低黏量浑水试验，通入浓度为 2g/L 的浑水连续灌溉 10d；处理 3 为高黏量浑水试验，通入浓度 2g/L 的浑水连续灌溉 10d。在处理 2、3 完成后，利用 10m 工作压力水头对灌溉系统冲洗 4h，冲洗后，再用相应浓度的浑水继续灌溉 10d。

测定流量时，将量杯置于每个灌水器下方，开始计时，1h 后取出量杯称量，然后换算成灌水器流量，每天测试 2 次(8:00 与 18:00)。试验结束后，每条毛管随机取 2 个灌水器进行解剖。灌水器解剖后采用光学显微镜(蔡司 Axio Scope. A1 MAT 材料相显微镜)检测观察灌水器剖面泥沙的分布情况，然后利用图像处理软件 Digimizer 测量附着层厚度，照片内的附着层等距量取 4 个厚度，取 4 个测量值的平均值作为该处附着层的厚度。而后收集灌水器内壁的沉积物和试验所用泥沙，采用场发射扫描电镜(field emission scanning electron microscope, FESEM，S-4800)观察堵塞物的表面形貌，在不同观察倍数下连续拍照，并对堵塞物质进行 FESEM 能谱分析，利用 X 射线衍射仪(Bruker D8 Advance A25，角度重线性±0.0001°，测角仪半径≥200mm，角度为 10°～80°)对堵塞物质化学成分进行分析，确定沉积物的化学组分。

3. 评价指标与方法

灌水器平均相对流量 D_{ra} 直观地表征了系统整体的堵塞状况，D_{ra} 计算公式为

$$D_{ra}=\frac{\sum_{i=1}^{n}Q_i}{n\times Q_0}\times 100\% \tag{3-1}$$

式中，D_{ra} 为灌水器平均相对流量，%；i 为灌水器序号；n 为灌水器总数；Q_i 为第 i 个灌水器的流量，L/h；Q_0 为灌水器设计流量，L/h。

我国《微灌工程技术规范》(GB/T 50485)规定，当灌水器流量小于设计流量的 75%时，灌水器已经发生严重堵塞；国际微灌界关于灌水器堵塞测试标准草案对灌水器堵塞的定义为：当灌水器流量降幅达到 25%～30%，则认为发生严重堵塞。因此，本章以平均相对流量的 75%作为微孔陶瓷灌水器堵塞评判依据。

3.1.2 泥沙对灌水器平均相对流量的影响

图 3-2 给出了不同灌溉条件下微孔陶瓷灌水器平均相对流量随时间的变化过程。由图可以看出，清水条件下，灌水器平均相对流量随时间变化幅度很小，维持在 98%附近波动，灌水器不发生堵塞。浑水条件下，微孔陶瓷灌水器发生堵塞，但是，灌水器平均相对流量随时间变化过程大致可以分为两个阶段：下降阶段和稳定阶段。

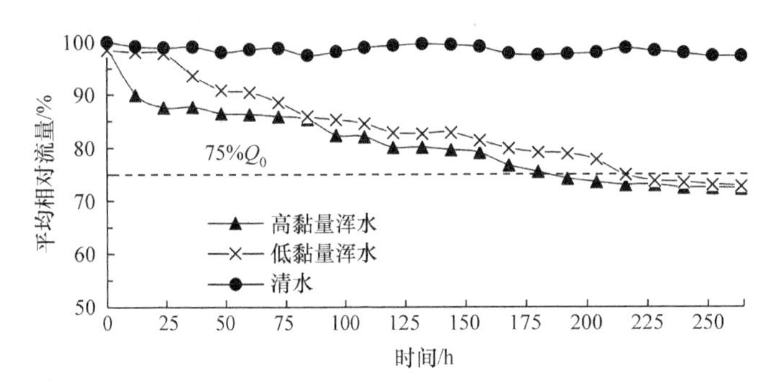

图 3-2 不同灌溉条件下微孔陶瓷灌水器平均相对流量随时间的变化过程

低黏量浑水条件下，0～216h 为下降阶段，灌水器平均相对流量随时间变化幅度较大，下降了 23%，在 24～48h 下降幅度最大，下降了 8%。216h 后达到稳定阶段，灌水器平均相对流量变化幅度很小，基本趋于稳定，平均相对流量维持在 73%以上，微孔陶瓷灌水器发生堵塞。

灌水器平均相对流量下降的主要原因可能是浑水中泥沙的沉积。在 0～216h 随着灌溉时间的增加，灌水器内壁沉积的泥沙越来越多，沉积的泥沙逐渐形成一层泥沙膜，但是泥沙膜是一层多孔的透水介质，泥沙膜并不会阻碍水流的通过。在 24～48h 灌水器平均相对流量发生突降，这是因为灌溉刚开始随灌水时间的增加，灌水器内壁会逐渐有泥沙沉积，对灌水器平均相对流量的影响较大。216h 后，灌水器内壁沉积的泥沙随时间变化对灌水器平均相对流量的影响减小，灌水器平均相对流量逐渐趋于稳定，随时间不会发生太大变化。

高黏量浑水条件下，0～216h 为下降阶段，灌水器平均相对流量下降了 25%。0～24h 灌水器平均相对流量下降幅度较大，下降了 11%。200h 后达到稳定阶段，灌水器平均相对流量趋于稳定，随时间变化幅度很小，平均相对流量维持在 72%以上，180h 后灌水器发生堵塞。

试验过程中，浑水中黏土逐渐沉积在灌水器内壁，并且随着灌溉时间延长，黏土沉积量逐渐增多，灌水器内壁沉积的黏土会形成一层膜，但是由于黏土中黏粒含量比较高，并且颗粒粒径比较小，黏土的透水性相比泥沙的透水性较差，在 0～24h 灌水器平均相对流量发生突降，并且比低黏量浑水条件下时间提前了 24h。在 24～200h 灌水器平均相对流量下降幅度减小，随着灌水器内壁沉积物厚度逐渐增加，沉积物对灌水器平均相对流量的影响逐渐减小。216h 后，随着管道中黏土量的增多，其对灌水器平均相对流量的影响很小，灌水器平均相对流量随时间趋于稳定，不会随时间发生太大变化。

不同黏粒含量条件下，浑水中泥沙黏粒含量越高，灌水器越容易堵塞。高黏量浑水比低黏量浑水灌水器堵塞时间提前了 24h，在 0～48h 灌水器平均相对流量下降速率均较大。高黏量浑水条件下，试验开始不久，灌水器平均相对流量发生突降，低黏量浑水条件下突降滞后了 24h。在灌溉前期(0～216h)，浑水中泥沙黏粒含量越高，对灌水器平均相对流量的影响越大；在灌溉后期(216h 后)，黏粒含量对灌水器平均相对流量影响较小，平均相对流量均在 72%附近趋于稳定。

不同黏粒含量浑水条件下，微孔陶瓷灌水器均会发生堵塞。但是，在 216h 后，灌水器平均相对流量均在 72%附近趋于稳定，随时间变化幅度很小。由于微孔陶瓷灌水器灌溉过程中一直连续出流，不同于传统的间歇灌溉的方式，虽然灌水器发生堵塞，但依然能够满足作物需水要求。

3.1.3　泥沙对沉积物分布及微观形态的影响

图 3-3 为不同灌溉条件下灌水器内壁沉积物的沉积情况。从图中可以看出，沉积在灌水器内壁的沉积物形成一层膜。试验结束后将灌水器内壁沉积物进行厚度取样统计，低黏量浑水条件下，沉积物平均厚度为 0.38～3.50mm，沉积物厚度随毛管长度方向逐渐减小，毛管前端沉积物厚度大于毛管末端沉积物厚度，并且支管内壁沉积物厚度为 3～5mm。高黏量浑水条件下，灌水器内壁沉积物平均厚度为 0.40～3.00mm，沉积物厚度随管道分布比较均匀，支管内壁沉积物厚度为 4～5mm。试验结束时，支管和毛管前端基本均被泥沙堵塞。

(a) 低黏量浑水条件

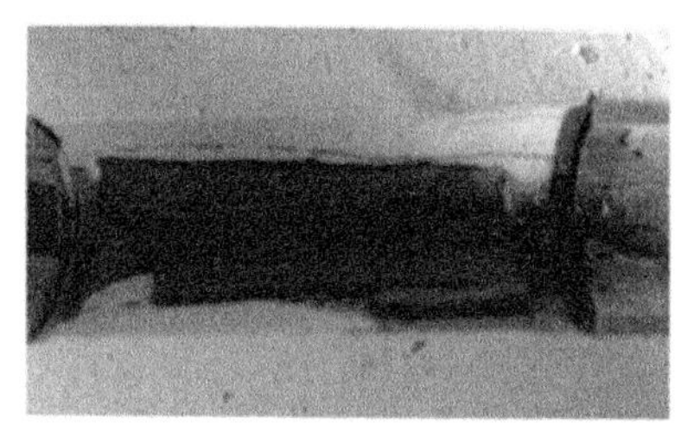
(b) 高黏量浑水条件

图 3-3　不同灌溉条件下灌水器内壁沉积物的沉积情况

试验时由于管道中水流流速较小，流动过程中随着能量消耗，水流不足以携带浑水中大颗粒泥沙随水流运动，导致大颗粒泥沙随管道逐渐沉积，沉积物厚度随管道逐渐减小。低黏量浑水条件下，泥沙颗粒中砂粒含量远大于黏粒和粉粒含量，泥沙在管道前端沉积比较多。高黏量浑水条件下，黏土中黏粒、粉粒和砂粒比例基本相同，黏土沉积随管道分布比较均匀。随着灌溉时间增加，浑水中泥沙会持续沉积，导致进入毛管的水流量逐渐减小，在沉积物和水流量的共同作用下，灌水器平均相对流量逐渐降低，但当沉积物厚度达到一定程度后，灌水器平均相对流量随时间趋于稳定。毛管中水流量减小和沉积物沉积是导致微孔陶瓷灌水器堵塞的主要原因。

图 3-4 为微孔陶瓷灌水器解剖后的微观结构图。从图中可以看出，不同黏粒含量浑水条件下，虽然微孔陶瓷灌水器内部均匀分布着大量互相连通的微孔道，但是泥沙颗粒并不会进入陶瓷微孔中，泥沙颗粒沉积在灌水器内壁形成一层膜(平均厚度为 0.39～3.25mm)。

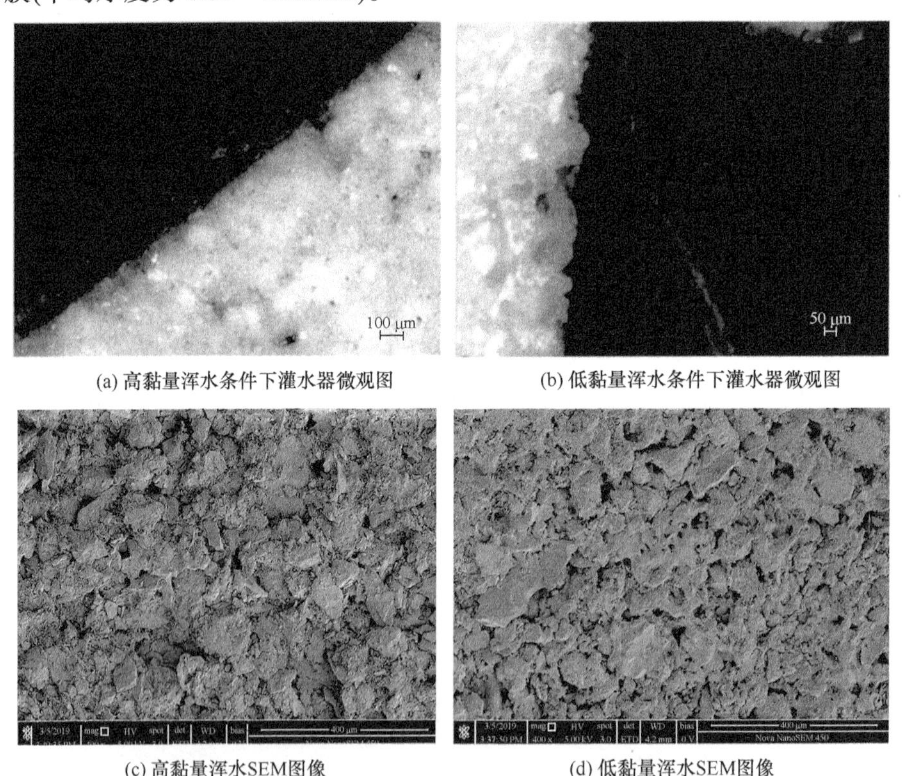

(a) 高黏量浑水条件下灌水器微观图　　(b) 低黏量浑水条件下灌水器微观图

(c) 高黏量浑水SEM图像　　(d) 低黏量浑水SEM图像

图 3-4　微孔陶瓷灌水器解剖后的微观结构图

低黏量浑水条件下，泥沙中 90%以上的颗粒粒径为 20～120μm，只有不到 10%的颗粒粒径小于 7μm。小粒径的泥沙颗粒由于颗粒间的吸附作用凝聚成粒径较大的团聚体，凝聚后的团聚体粒径远大于陶瓷微孔孔径，因此泥沙颗粒不会进入陶瓷微孔中，灌水器平均相对流量下降并不是由于泥沙颗粒进入陶瓷微孔造成的。

高黏量浑水条件下，黏土中黏粒含量较高，并且黏粒颗粒较小，增加了细小颗粒之间的碰撞概率，更容易吸附凝聚使其沉积在灌水器内壁，黏土中黏粒并不会进入陶瓷微孔中。进入灌溉系统的黏土全部沉积在系统中，黏土沉积会逐渐导致支管堵塞，进入管道的水流量逐渐减小。黏土沉积和管道中水流量的减小是造成灌水器堵塞的主要原因。

3.1.4　不同黏粒含量浑水条件下沉积物成分分析

图 3-5 为不同灌溉条件下微孔陶瓷灌水器及其沉积物的 XRD 图谱,从图 3-5(a)可以看出，灌溉前后灌水器成分不发生变化，结合图 3-4 可知，泥沙颗粒和黏土颗粒不会进入灌水器陶瓷微孔中。因此，微孔陶瓷灌水器发生堵塞并不是泥沙、黏土颗粒进入灌水器陶瓷微孔所导致的。

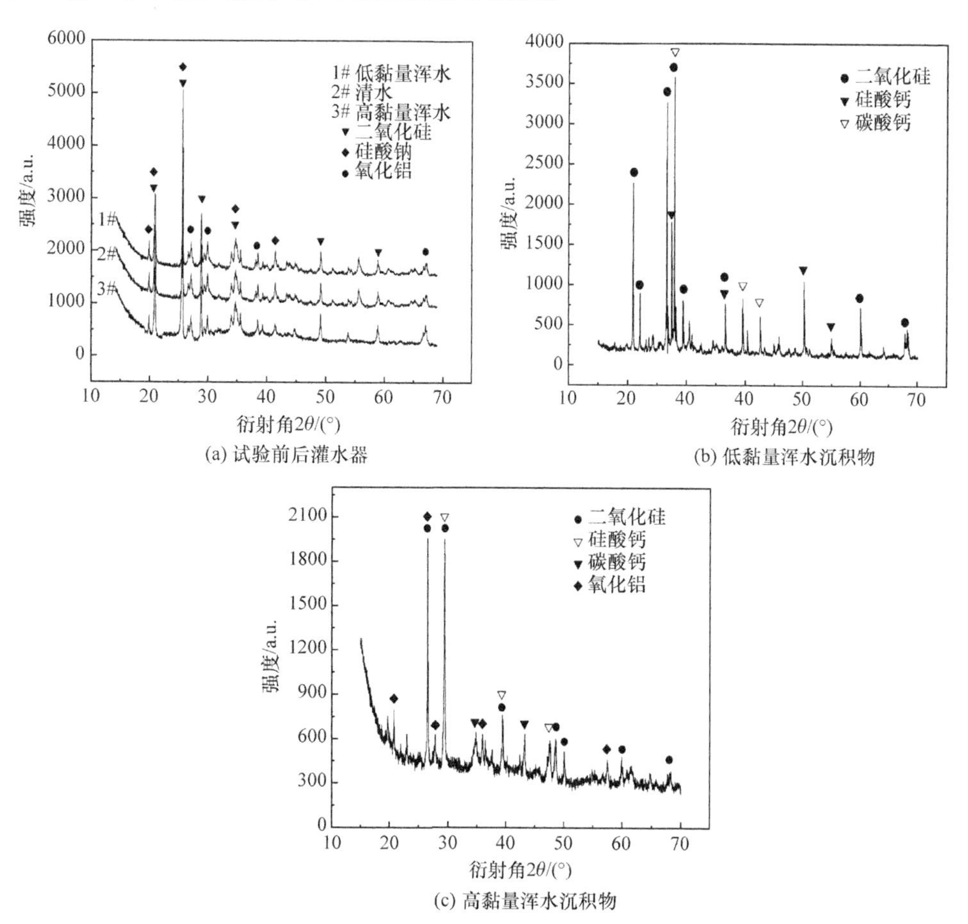

图 3-5　不同灌溉条件下微孔陶瓷灌水器及其沉积物的 XRD 图谱

图 3-5(b)为低黏量浑水条件下沉积物 XRD 图谱。可以看出，沉积物主要成

分为二氧化硅、硅酸钙和少量碳酸钙，泥沙主要成分为二氧化硅和硅酸钙；图 3-5(c)为高黏量浑水条件下沉积物 XRD 图谱，沉积物主要成分为二氧化硅、硅酸钙、氧化铝和少量的碳酸钙，黏土主要成分为二氧化硅、氧化铝和硅酸钙。其中碳酸钙主要由自来水中的 Ca^{2+}、HCO_3^- 与空气中的 CO_2 反应生成，由于碳酸钙生成过程比较缓慢，泥沙颗粒先在灌水器内壁沉积，生成的碳酸钙在灌溉过程中吸附在泥沙颗粒表面，随泥沙颗粒逐渐沉积在灌水器内壁，碳酸钙不会进入灌水器陶瓷微孔中。

不同黏粒含量浑水条件下，灌水器内壁生成的沉积物和管道水流量的减小是导致微孔陶瓷灌水器堵塞的主要原因。沉积物主要成分为二氧化硅、硅酸钙和少量的碳酸钙，碳酸钙主要由自来水中的 Ca^{2+}、HCO_3^- 与空气中 CO_2 反应生成，泥沙颗粒不会进入灌水器陶瓷微孔中。

3.1.5 冲洗对微孔陶瓷灌水器出流的影响

1. 冲洗对灌水器平均相对流量的影响

图 3-6 为不同灌溉条件下冲洗前后灌水器平均相对流量和泥沙沉积量随时间的变化过程。从图中可以看出，冲洗后，灌水器平均相对流量均可恢复到灌水器初始流量的 90%以上，灌水器平均相对流量和堵塞时间均没发生太大变化。在灌溉后期，灌水器平均相对流量依然趋于稳定，灌水器平均相对流量变化过程依然可分为两个阶段：下降阶段和稳定阶段。

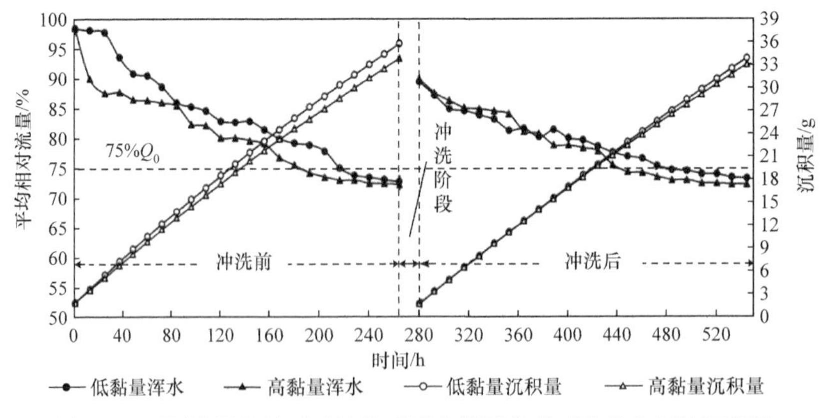

图 3-6　不同灌溉条件下冲洗前后灌水器平均相对流量和泥沙沉积量随时间的变化过程

低黏量浑水条件下，冲洗后，280～484h 为下降阶段，灌水器平均相对流量变化幅度较小，但比冲洗前灌水器平均相对流量平均下降了 5%。484h 后达到稳定阶段，灌水器平均相对流量随时间逐渐趋于稳定，不会随时间发生太大变化。从图中可以看出，冲洗前，单个灌水器沉积泥沙量为 30g 时，微孔陶瓷灌水器发生堵塞。由图 3-4 可知，灌水器内壁沉积物厚度为 0.38～3.50mm，假设微孔陶瓷灌水器内壁沉积泥沙是均匀分布的，灌溉结束后，单个灌水器内壁实际泥沙沉积量为 2.54～23.39g，因为大部分泥沙沉积在支管和毛管中，所以沉积在灌水器内壁的泥沙量较少。冲洗可以冲掉灌水器内壁的沉积物。冲洗后，当泥沙沉积量再次达到 27g 时，灌水器再次发生堵塞，泥沙沉积量比冲洗前减少了 3g，微孔陶瓷灌水器再次堵塞时间提前了 12h。

高黏量浑水条件下，冲洗后，280～480h 为下降阶段，冲洗前后灌水器平均相对流量变化幅度不发生太大变化。480h 后达到稳定阶段，灌水器平均相对流量依然在 72%附近趋于稳定。冲洗前，单个灌水器黏土沉积量为 26g 时，灌水器再次发生堵塞。由图 3-4 可知，灌水器内壁沉积物厚度为 0.40～3.00mm，灌溉结束时，同样可得到单个灌水器内黏土沉积量为 2.37～17.80g，因为大部分黏土沉积在支管和毛管中，所以沉积在灌水器内壁的泥沙量较少。冲洗可以冲掉沉积在灌水器内壁的沉积物，冲洗后，当灌水器内壁黏土沉积量再次达到 22g 时，灌水器再次发生堵塞，比冲洗前黏土累积沉积量减少了 4g，灌水器堵塞时间提前了 24h。

冲洗可以使微孔陶瓷灌水器平均相对流量恢复到初始流量的 90%以上，冲洗前后，灌溉 200h，灌水器平均相对流量均不发生太大变化，随时间变化趋于稳定。低黏量浑水条件下，冲洗前后，0～204h，280～484h，灌水器平均相对流量变化较大，分别下降了 26%和 16%，冲洗后灌水器再次堵塞时间提前了 12h。高黏量浑水条件下，冲洗前后灌水器平均相对流量不发生太大变化，冲洗后灌水器再次堵塞时间提前了 24h。浑水中泥沙黏粒含量越高灌水器越容易堵塞，冲洗前后，高黏量浑水比低黏量浑水灌水器堵塞时间提前了 30h，泥沙沉积量平均减小了 4g。在灌溉前期浑水中黏粒含量对灌水器平均相对流量的影响较大，在灌溉后期对灌水器平均相对流量的影响较小。

2. 冲洗对灌水器内壁沉积物的影响

图 3-7 为不同灌溉条件下冲洗后灌水器内壁沉积物分布情况。从图中可以看出，与冲洗前(图 3-3)相比，采用冲洗方式可以冲掉沉积在灌水器内壁的大部分沉积物。低黏量浑水条件下，由于沉积物与灌水器内壁接触面处接触较为紧密，不易冲洗掉，冲洗后灌水器内壁会残留极少沉积物。高黏量浑水条件下，由于黏土中小粒径颗粒较多，增加了小颗粒之间碰撞机会，更容易吸附形成大的团聚体沉积在灌水器内壁，沉积物与灌水器内壁接触面处接触不是很紧密，采用冲洗可以冲掉沉积在灌水器内壁和管道内的沉积物，但是，冲洗后仍会有少量的沉积物残留。

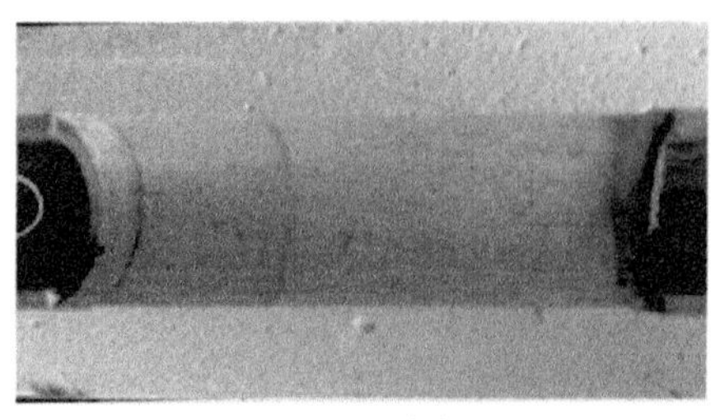
(a) 低黏量浑水条件

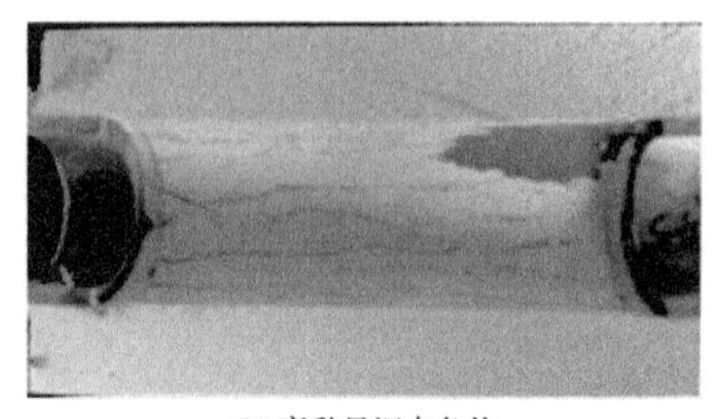
(b) 高黏量浑水条件

图 3-7 不同灌溉条件下冲洗后灌水器内壁沉积物分布情况

3.2 肥料类型对微孔陶瓷灌水器堵塞的影响

3.2.1 材料与方法

1. 试验装置与材料

试验装置同图 3-1。选用 3 种不同类型的肥料(氮肥、钾肥和复合肥)进行试验，氮肥为尿素(N 的质量分数≥46.6%)，分子式 $CO(NH_2)_2$，为中性肥料，在水中可完全溶解。钾肥为农用硫酸钾(KCl 质量分数≥51%)，白色粉末状，物理性状良好，不易结块。将硫酸钾加入水中，经充分搅拌溶解、静置分层后，滤除溶液底层沉淀，取上清液配置试验用肥水。复合肥选取水溶复合肥(N、P_2O_5 和 K_2O 质量分数分别为 16%、6%和 36%)，可完全溶解于水。

2. 试验方法与测定内容

试验分为清水(自来水)试验、肥水(尿素+自来水、硫酸钾+自来水、复合肥+自来水)试验共 4 个处理。根据生产实践，配置质量分数为 3%的肥水进行试验(李真朴等，2017)。试验采用 1m 工作压力水头，为了获得稳定的灌水器流量，试验前先通清水灌溉 4d，计算灌水器平均流量，并将其作为微孔陶瓷灌水器的初始流量，然后开始后续试验处理。每个处理所用灌水器为同一批次材料制作烧结而成。处理 1 为清水试验，继续通入清水灌溉 10d；处理 2、处理 3 和处理 4 为肥水试验，分别通入质量分数为 3%的尿素溶液、硫酸钾溶液和复合肥溶液继续灌溉 10d。试验结束后，利用 10m 工作压力水头对灌溉系统冲洗 4h，冲洗后，再利用相同处理浓度的肥水继续灌溉 10d。

测定流量时，将量杯置于每个灌水器下方，开始计时，1h 后取出量杯称量，然后换算成灌水器流量，每天测试 2 次(8:00 与 18:00)。试验结束后，每条毛管随机取 2 个灌水器进行解剖。灌水器解剖后采用光学显微镜(蔡司 Axio Scope. A1 MAT 材料相显微镜)观察灌水器剖面沉积物的分布情况。而后收集灌水器内壁沉积物和试验所用溶液，利用 FESEM(S-4800)观察堵塞物的表面形貌，在不同观察倍数下连续拍照，并对堵塞物质进行能谱分析，并利用 X 射线衍射仪(Bruker D8 Advance A25，角度重线性±0.0001°，测角仪半径≥200mm，角度为10°～80°)对堵塞物质化学成分进行分析。利用电导率仪(DDS-11A)在试验前期、中期和后期随机选取 8 个灌水器测试其灌溉后肥水浓度变化情况。

3. 评价指标与方法

评价指标与方法同 3.1.1 小节。

3.2.2　肥料类型对灌水器平均相对流量的影响

图 3-8 为不同灌溉条件下微孔陶瓷灌水器平均相对流量随时间变化过程。由图可以看出，在清水条件下，灌水器平均相对流量随时间变化幅度很小，保持在 98%附近。肥水条件下，施加硫酸钾和复合肥后，灌水器均发生堵塞，灌水器平均相对流量随时间变化过程可分为两个阶段：下降阶段和稳定阶段。

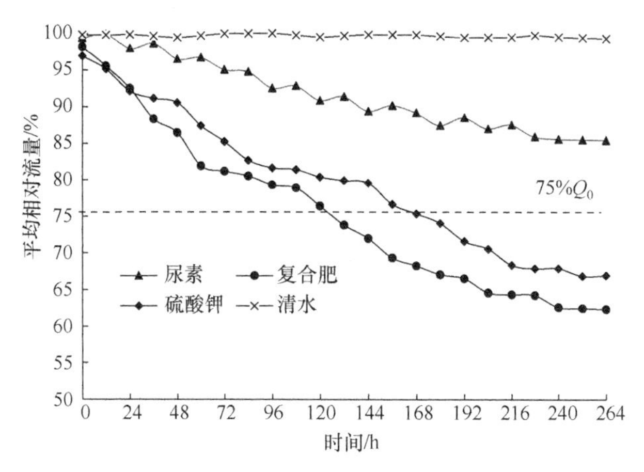

图 3-8　不同灌溉条件下微孔陶瓷灌水器平均相对流量随时间变化过程

施加尿素后，0～216h 为下降阶段，灌水器平均相对流量随时间变化幅度较小，下降了 8%；216h 后达到稳定阶段，灌水器平均相对流量随时间变化基本趋于稳定，灌水器平均相对流量维持在 85%以上，灌水器不发生堵塞。灌水器内部大量细小的陶瓷微孔会吸附少量的肥料，由于微孔陶瓷的这种吸附作用，灌溉过程中，灌溉水通过灌水器时陶瓷微孔有一定阻碍作用，引起灌水器平均相对流量下降。当陶瓷微孔中吸附的尿素达到饱和后，对微孔陶瓷灌水器平均相对流量的影响减小，灌水器平均相对流量随时间逐渐趋于稳定，并且尿素极易溶于水，微孔陶瓷灌水器不会发生堵塞。

施加硫酸钾后，0～216h 为下降阶段，灌水器平均相对流量变化幅度较大，下降了 30%；216h 后达到稳定阶段，灌水器平均相对流量基本趋于稳定，平均相对流量保持在 68%以上；170h 后微孔陶瓷灌水器发生堵塞。由于陶瓷微孔的吸附作用，在灌溉前期(0～216h)，灌水器平均相对流量逐渐下降，导致微孔陶瓷灌水器堵塞。硫酸钾是一种物理性能良好的水溶性钾肥，在灌溉后期对灌水器平均相对流量的影响较小，灌水器平均相对流量随时间趋于稳定。

施加复合肥后，0～204h 为下降阶段，灌水器平均相对流量下降了 28%；204h 后达到稳定阶段，灌水器平均相对流量随时间变化趋于稳定，平均相对流量保持在 64%以上；132h 后微孔陶瓷灌水器发生堵塞。由于陶瓷微孔的吸附作用，在灌溉前期(0～204h)引起灌水器平均相对流量下降，微孔陶瓷灌水器发生堵塞，但在灌溉后期(204h 后)，灌水器平均相对流量依然会趋于稳定。

不同肥料类型条件下，施加尿素后，微孔陶瓷灌水器不发生堵塞；施加硫酸钾和复合肥后，微孔陶瓷灌水器均发生堵塞。施加尿素后，灌水器平均相对流量下降幅度最小(下降了 8%)；施加硫酸钾后，灌水器平均相对流量下降幅度较大(下降了 28%)；施加复合肥后下降幅度最大(下降了 30%)。施加复合肥比施加硫酸钾灌水器堵塞时间提前了 48h。由于陶瓷微孔的吸附作用，导致灌水器平均相对流量在灌溉前期下降。灌溉水中施加肥料后，不同类型肥料对灌水器平均相对流量的影响不同，在相同浓度下硫酸钾和复合肥比尿素影响大，其中复合肥影响最大，更容易使微孔陶瓷灌水器堵塞。

如果以平均相对流量的 75%作为微孔陶瓷灌水器堵塞评判标准。不同肥料类型条件下，施加尿素后，微孔陶瓷灌水器不发生堵塞；施加硫酸钾和复合肥后，微孔陶瓷灌水器均会发生堵塞。由于微孔陶瓷灌水器连续不间断的灌溉特性，不同于传统的间歇灌溉式灌水器的灌溉方式，施加硫酸钾和复合肥后，微孔陶瓷灌水器发生堵塞，但不会使灌水器完全不出流，并且微孔陶瓷灌水器出流主要依靠其内外水势差出流，通过土壤含水率变化调节自身出流，因此依然能够满足灌溉需求。

3.2.3 肥料类型对沉积物分布及微观形态的影响

图 3-9 为施加不同类型肥料后灌水器壁面沉积物分布情况。从图中可以看出，施加复合肥后，灌水器内壁有沉积物生成并形成一层膜；施加尿素和硫酸钾后，灌水器内壁基本不会有沉积物生成。灌溉结束后，复合肥处理下的灌水器内壁沉积物厚度为 0.40～2.50mm，沉积物在毛管分布比较均匀，但是在支管和毛管管道内壁没有沉积物生成。施加尿素和复合肥后，在灌溉过程中，随着时间变化，灌水器外壁有晶体生成，施加复合肥后，灌水器外壁生成的晶体量最多；施加硫酸钾后，灌水器外壁没有晶体生成。

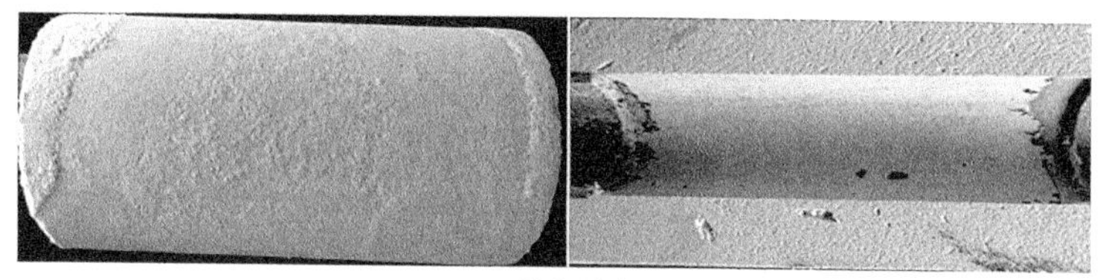

(a) 施加尿素

(b) 施加硫酸钾

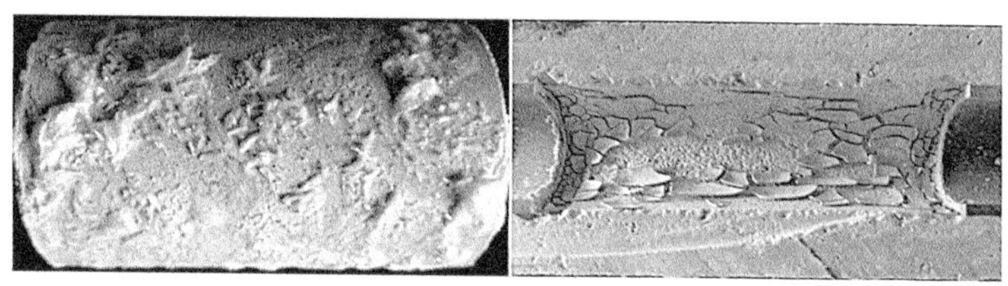

(c) 施加复合肥

图 3-9　施加不同类型肥料后灌水器壁面沉积物分布情况

施加尿素后，灌水器内壁基本没有沉积物生成，并且由于室内温度较高，蒸发速率较快，灌水器外壁在灌溉过程中逐渐有晶体析出[主要成分为$CO(NH_2)_2$]。灌水器陶瓷微孔中会吸附少量尿素，导致灌溉水通过灌水器时浓度升高，对灌水器平均相对流量产生一定影响，但是尿素是一种黏度较小的、极易溶于水的中性肥料，因此灌水器内壁不会有沉积物生成。

施加硫酸钾后，水中阳离子浓度增加，更容易使微孔陶瓷灌水器发生堵塞。硫酸钾是一种物理性状良好的水溶性钾肥，灌水器内壁并不会有沉积物生成。由于微孔陶瓷的吸附作用，在灌溉前期引起灌水器平均相对流量下降，灌溉后期灌水器平均相对流量随时间趋于稳定。

施加复合肥后，由于微孔陶瓷内部特殊微孔道的吸附作用，在灌溉过程中会有少量复合肥逐渐被陶瓷微孔吸附，水流通过灌水器时溶液浓度会逐渐升高，复合肥溶液通过陶瓷微孔时受到阻碍，导致灌水器平均相对流量下降。灌溉过程中，在灌水器内壁有沉积物生成，导致微孔陶瓷灌水器发生堵塞，但是在灌溉后期，灌水器平均相对流量趋于稳定。由于室内温度比较高，蒸发速率较快，在灌水器外壁逐渐有晶体生成[主要成分为$(NH_4)H_2(PO_4)_2$、$K_2(NH_4)P_2O_{10}$]。

施加不同类型肥料后会对灌溉水黏滞系数造成显著影响，施加尿素后灌溉水黏滞系数减小，施加硫酸钾和复合肥后黏滞系数增大(官雅辉等，2018)。施加尿素后，由于其溶解性较好，不会引起微孔陶瓷灌水器堵塞；施加硫酸钾后，溶液黏滞系数增大，易被陶瓷微孔吸附，引起微孔陶瓷灌水器堵塞，但不会生成沉积物；施加复合肥后，溶液黏滞系数增大，溶液离子浓度增大，易被陶瓷微孔吸附，造成微孔陶瓷灌水器堵塞，并在灌水器内壁生成沉积物。灌溉水黏滞系数越高，微孔陶瓷灌水器越容易发生堵塞。

图 3-10 为施加不同类型肥料后微孔陶瓷灌水器微观结构图。从图 3-10(a)中可以看出，施加尿素后，灌水器微观图与清水条件下基本没有差异，虽然微孔陶瓷会吸附少量尿素，对灌水器平均相对流量产生一定影响，但尿素溶解度较大，并不会堵塞陶瓷微孔造成灌水器堵塞。施加硫酸钾后，从图 3-10(b)可以看出，陶瓷微孔中有少量沉积物，由于灌水器陶瓷微孔的吸附作用会吸附少量硫酸钾，引起微孔陶瓷灌水器发生堵塞，但陶瓷微孔并没有完全堵塞。施加复合肥后，从图 3-10(c)可以看出，陶瓷微孔会吸附复合肥，对水流有阻碍作用，引起灌水器平均相对流量下降。复合肥溶液黏度较大，导致灌水器内溶液浓度逐渐升高，随时间变化，容易在微孔陶瓷灌水器内壁生成沉积物，造成微孔陶瓷灌水器发生严重堵塞。

(a) 施加尿素

(b) 施加硫酸钾

(c) 施加复合肥

图 3-10　施加不同类型肥料后微孔陶瓷灌水器微观结构图

3.2.4 不同肥料类型条件下沉积物成分分析

图3-11为施加不同类型肥料后微孔陶瓷灌水器及其沉积物的XRD图谱。从图3-11可以看出，灌溉前后微孔陶瓷灌水器主要成分没有发生变化，主要成分为二氧化硅、硅酸钠和氧化铝。由于陶瓷微孔的吸附作用，在灌水器微孔中会残留少量的尿素、硫酸钾和复合肥，微孔中残留的尿素对灌水器平均相对流量的影响较小，残留的硫酸钾和复合肥对灌水器平相对流量的影响较大。图3-11(d)为施加复合肥后微孔陶瓷灌水器内壁沉积物XRD图谱。从图中可以看出，沉积物主要成分为$(NH_4)H_2(PO_4)_2$和$K_2(NH_4)P_2O_{10}$，施加复合肥后不会有碳酸钙生成。

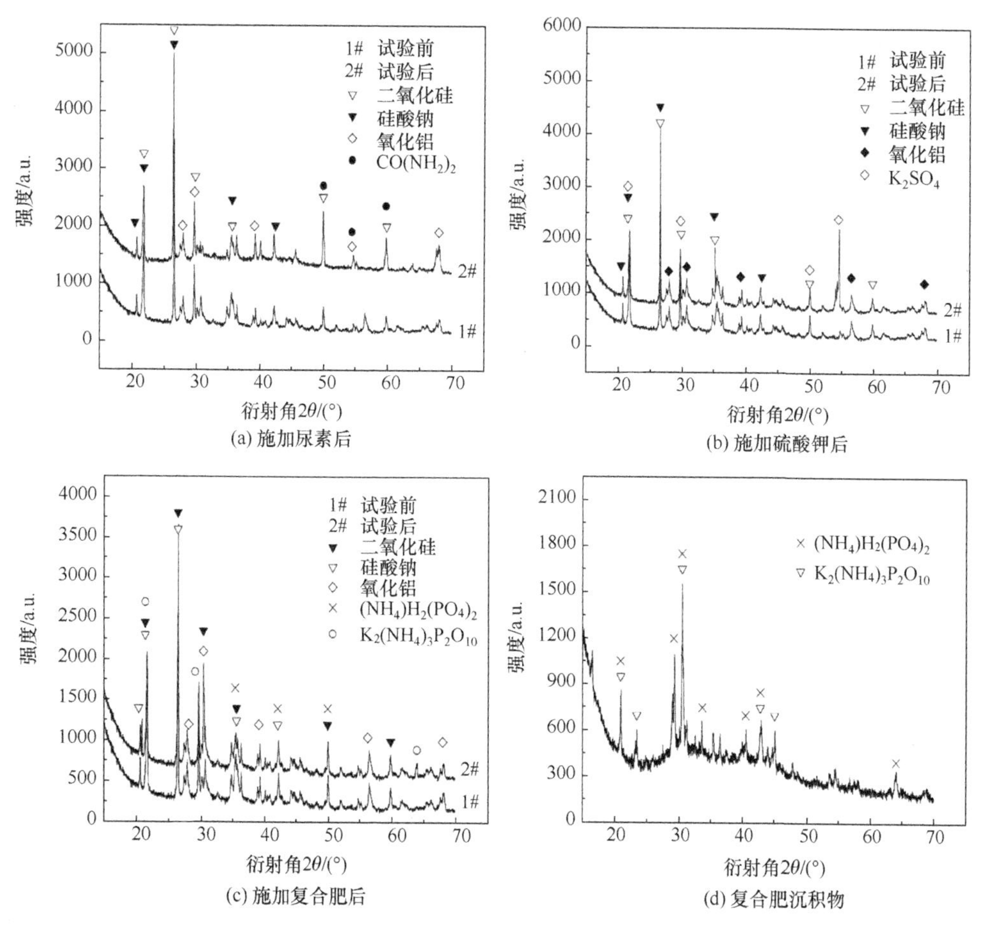

图3-11 施加不同类型肥料后微孔陶瓷灌水器及其沉积物的XRD图谱

施加不同类型肥料后，陶瓷微孔中吸附的尿素对灌水器平均相对流量的影响较小；施加硫酸钾和复合肥后，灌溉水中的阳离子增加，对灌水器平均相对流量的影响较大，肥料更容易被陶瓷微孔吸附；施加硫酸钾后，灌水器内壁不会生成沉积物；施加复合肥后，灌水器内壁生成沉积物。陶瓷微孔中吸附的硫酸钾和复合肥是导致微孔陶瓷灌水器发生堵塞的主要原因。

3.2.5 微孔陶瓷灌水器对灌溉前后肥水质量分数的影响

表 3-2 为灌溉前后肥水质量分数变化情况。从表中可以看出，施加尿素和硫酸钾后，灌溉前后肥水质量分数基本不会发生变化。施加复合肥后，肥水质量分数变化率相对较大，灌溉后肥水质量分数下降了 5%，质量分数变化率为 95%。

表 3-2 灌溉前后肥水质量分数变化情况

肥料类型	灌溉前质量分数/%	灌溉后质量分数/%	质量分数变化率/%
尿素	3.00	3.00	99.98
硫酸钾	3.00	3.00	99.95
复合肥	3.00	2.85	95.04

施加不同类型肥料后，灌溉前期，由于陶瓷微孔的吸附作用对肥水质量分数有一定的影响，不同肥水电解的阳离子不同，陶瓷微孔对肥水质量分数的影响也不同。施加尿素和硫酸钾后，在灌溉前期，灌溉前后肥水质量分数变化较大，当灌水器陶瓷微孔中吸附肥料饱和后，对肥水质量分数基本没有影响。施加复合肥后，由于复合肥溶液黏滞系数较大，在陶瓷微孔的吸附作用下，容易在灌水器内壁析出，形成沉积物，灌溉前后肥水质量分数变化最大，微孔陶瓷灌水器对复合肥溶液有一定的过滤作用。

3.2.6 冲洗对微孔陶瓷灌水器出流的影响

图 3-12 为施加不同类型肥料后冲洗前后灌水器平均相对流量和施肥量随时间变化过程。从图中可以看出，冲洗后，灌水器平均相对流量可以恢复到初始流量的 92%以上，灌溉后期，灌水器平均相对流量依然会趋于稳定。灌水器平均相对流量变化过程依然可分为两个阶段：下降阶段和稳定阶段。

施加尿素冲洗后，268～484h 为下降阶段，灌水器平均相对流量变化幅度较小，下降了 13%，484h 后达到稳定阶段，灌水器平均相对流量趋于稳定随时间不发生太大变化，灌水器平均相对流量为 85%，微孔陶瓷灌水器依然不会堵塞，冲洗前后施肥量没有发生变化(550g 左右)。

施加硫酸钾冲洗后，268～468h 为下降阶段，灌水器平均相对流量变化幅度较大，下降了 25%，比冲洗前灌水器平均相对流量平均下降了 2%；468h 后达到稳定阶段，灌水器平均相对流量趋于稳定，微孔陶瓷灌水器再次堵塞时间提前了 36h，施肥量减少了 75g。

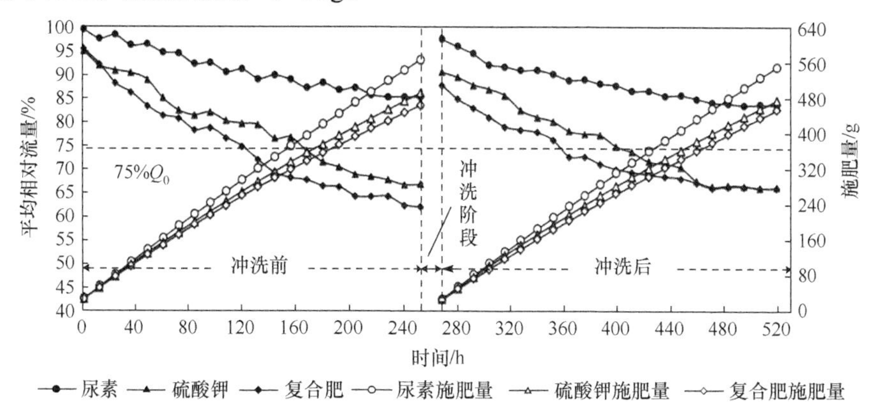

图 3-12　施加不同类型肥料后冲洗前后灌水器平均相对流量和施肥量随时间变化过程

施加复合肥冲洗后，268～460h 为下降阶段，灌水器平均相对流量变化幅度较大，下降了 26%，比冲洗前灌水器平均相对流量平均下降了 4%；460h 后达到稳定阶段，灌水器平均相对流量趋于稳定，灌水器发生再次堵塞时间提前了 24h，施肥量减少了 55g。

施加不同类型肥料后，冲洗可以使微孔陶瓷灌水器平均相对流量恢复到初始流量的 92%以上。冲洗后，施加尿素的灌水器不会发生堵塞，施肥量不发生太大变化；施加硫酸钾和复合肥，冲洗后微孔陶瓷灌水器再次发生堵塞，堵塞时间分别提前了 36h 和 24h，施肥量分别减少了 75g 和 55g，施加复合肥比施加硫酸钾灌水器再次堵塞时间提前了 36h；冲洗后，施加复合肥比施加硫酸钾施肥量减少了 96g 和 77g，在灌溉后期，灌水器平均相对流量均会趋于稳定，复合肥比硫酸钾更易使微孔陶瓷灌水器堵塞。

图 3-13 为施加不同类型肥料后冲洗后灌水器内壁沉积物分布。从图中可以看出，与冲洗前(图 3-9)相比，冲洗后灌水器内壁基本没有沉积物。施加尿素和硫酸钾，冲洗前后灌水器内壁不会有沉积物生成，冲洗后也不会有沉积物生成。施加复合肥，灌水器内壁有沉积物生成，冲洗后灌水器内壁基本没有沉积物。采用冲洗方式可以冲掉沉积在灌水器内壁的沉积物，在灌水器内壁与沉积物接触面处还残留少量沉积物，但并不会对灌水器平均相对流量产生太大影响。

施加不同类型肥料后，采用冲洗方式可以冲掉沉积在微孔陶瓷灌水器内壁的沉积物，冲洗后灌水器内壁基本没有沉积物。施加复合肥，冲洗后灌水器内壁还残留少量的沉积物，灌水器陶瓷微孔中仍会有极少量硫酸钾和复合肥残留。

(a) 施加尿素

(b) 施加硫酸钾

(c) 施加复合肥

图 3-13　施加不同类型肥料后冲洗后灌水器内壁沉积物分布

3.3　肥沙耦合对微孔陶瓷灌水器堵塞的影响

3.3.1　材料与方法

1. 试验装置与材料

试验装置见图 3-1。试验用水为陕西省杨凌区居民自来水。试验选用肥料为尿素[$CO(NH_2)_2$]，N 的质量分数≥46.6%，尿素极易溶于水且无任何杂质，溶液呈透明状。泥沙采用渭河天然河沙，将河床淤泥表面的树枝、草等杂质剔除之后，收集深度为 0～15cm 表层淤泥，将采回的样品混合均匀后，带回实验室风干，过 120 目筛网，收集颗粒粒径小于 0.125mm 的泥沙，泥沙颗粒组成采用激光粒度分析仪(MS2000 型)测定，结果如图 3-14 所示。

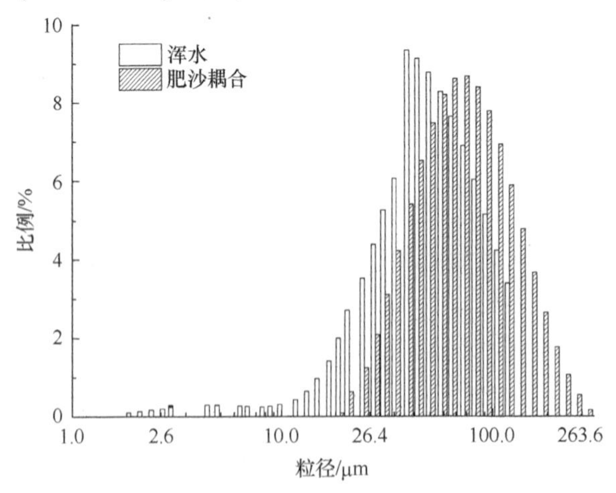

图 3-14　试验所用泥沙粒径分布

2. 试验方法与测定内容

试验分为清水(自来水)试验、浑水(泥沙+自来水)试验、肥水(尿素+自来水)

试验和肥沙耦合(尿素+泥沙+自来水)试验 4 个处理。考虑到黄河水含沙量大，泥沙颗粒小的特点，为了加速灌水器堵塞，缩短试验时间，浑水中泥沙浓度选用 2g/L。根据生产实践，配置质量分数为 3%的肥水溶液。试验采用 1m 工作压力水头，为了获得稳定的灌水器流量，试验前先通清水灌溉 4d，计算微孔陶瓷灌水器平均流量，并将其作为微孔陶瓷灌水器的初始流量，然后开始后续试验处理。试验所用灌水器全部为同一批次制作烧结而成的。处理 1 为清水试验，继续通入清水灌溉 10d；处理 2 为浑水试验，通入泥沙浓度为 2g/L 的浑水灌溉 10d；处理 3 为肥水试验，通入质量分数为 3%的尿素肥水灌溉 10d；处理 4 为肥沙耦合试验，通入尿素(质量分数为 3%)和泥沙(浓度为 2g/L)混合的肥沙水灌溉 10d。试验结束后，对处理 2、3、4 灌溉系统用 10m 工作压力水头冲洗 4h，再在相同处理条件下灌溉 10d。

具体测定内容见 3.1.1 小节。

3. 评价指标与方法

评价指标与方法详见 3.1.1 小节。

3.3.2　肥沙耦合对灌水器平均相对流量的影响

图 3-15 为不同灌溉条件下微孔陶瓷灌水器平均相对流量随时间变化过程。从图中可以看出，清水条件下，灌水器平均相对流量随时间变化幅度很小，维持在 98%附近；肥水条件下，灌水器不发生堵塞；浑水和肥沙耦合条件下发生堵塞。灌水器平均相对流量随时间变化过程可分为两个阶段：下降阶段和稳定阶段。

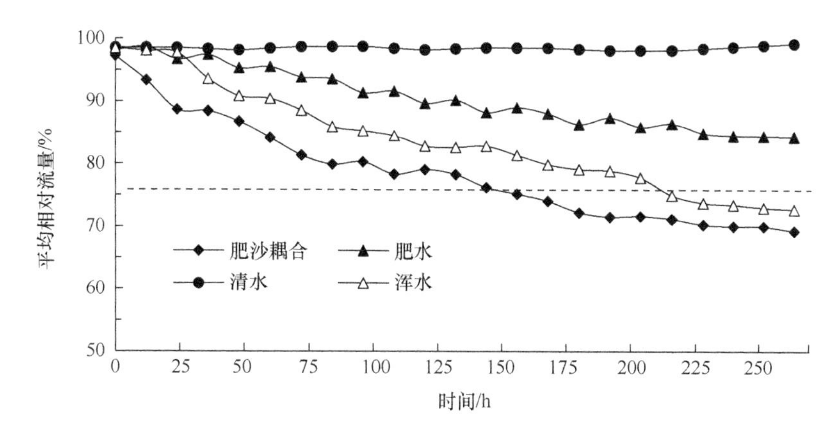

图 3-15　不同灌溉条件下微孔陶瓷灌水器平均相对流量随时间变化过程

浑水条件下，0～216h 为下降阶段，灌水器平均相对流量逐渐减小，下降了 23%，在 24～48h 下降幅度较大，下降了 8%；216h 后达到稳定阶段，灌水器平均相对流量基本趋于稳定，随时间变化幅度很小，平均相对流量在 73%以上，216h 后灌水器发生堵塞。泥沙沉积可能是导致灌水器平均相对流量下降的主要原因。在 0～216h 随着灌溉时间增加，灌水器内壁沉积的泥沙增多至逐渐形成一层膜，但是泥沙膜是一层多孔透水介质，并不会完全阻碍水流通过，对灌水器平均相对流量产生一定影响。在 24～48h 随着灌水时间增加，沉积在灌水器内壁的泥沙逐渐增加，引起灌水器平均相对流量发生突降，下降幅度较大(下降了 8%)。216h 后，随时间变化泥沙对灌水器平均相对流量的影响逐渐减小，灌水器平均相对流量趋于稳定，不会随时间发生太大变化。

肥水条件下，0～228h 为下降阶段，微孔陶瓷灌水器平均相对流量下降幅度较小，下降了 13%；228h 后达到稳定阶段，灌水器平均相对流量随时间趋于稳定，维持在 85%左右，微孔陶瓷灌水器不发生堵塞。由于灌水器内部陶瓷微孔的吸附作用会吸附少量肥料，并且灌溉水通过陶瓷微孔时有一定的阻碍作用，造成灌水器平均相对流量下降。当陶瓷微孔中吸附的尿素达到饱和后，对灌水器平均相对流量的影响减小，并且尿素极易溶于水，灌水器平均相对流量逐渐趋于稳定，微孔陶瓷灌水器不发生堵塞。

肥沙耦合条件下，0～156h 为下降阶段，灌水器平均相对流量下降幅度较大，下降了 26%；190h 后达到稳定阶段，灌水器平均相对流量随时间趋于稳定，维持在 72%左右，156h 后灌水器发生堵塞。泥沙沉积可能是引起灌水器平均相对流量下降的主要原因，施加尿素后，加快了泥沙沉积速率，在 0～56h，灌水器平均相对流量下降速度较快。比浑水条件下灌水器堵塞时间提前了 60h。但是泥沙膜是一层多孔透水介质，同时尿素是一种易溶性肥料，并不会完全堵塞灌水器，灌水器平均相对流量逐渐趋于稳定，不会随时间发生太大变化。

浑水中施加尿素后，微孔陶瓷灌水器堵塞时间提前，比浑水条件下灌水器堵塞时间提前了 60h，但是，在灌溉后期(190h 后)，灌水器平均相对流量仍会趋于稳定，不会随时间发生太大变化。由于微孔陶瓷灌水器灌溉的不间断性，堵塞后依然能够满足灌溉需求。

3.3.3 肥沙耦合条件下沉积物的分布及微观形态

图 3-16 为不同灌溉条件下灌水器内壁沉积物分布情况。从图中可以看出，肥水条件下，灌水器内壁基本没有沉积物。浑水条件和肥沙耦合条件下，沉积在灌水器内壁的沉积物形成一层膜。灌溉结束后，将取样灌水器内壁沉积物的厚度进行统计，浑水条件下，灌水器内壁沉积物厚度为 0.38～3.50mm，沉积物厚度随毛管长度增加而减少，并且支管内壁沉积物厚度为 3～5mm；肥沙耦合条件下，灌水器内壁沉积物厚度为 0.35～3.00mm，沉积物厚度随管道分布比较

均匀，支管内壁沉积物厚度为 2.6～4.0mm。灌溉结束时，支管和毛管前端均被泥沙堵塞。

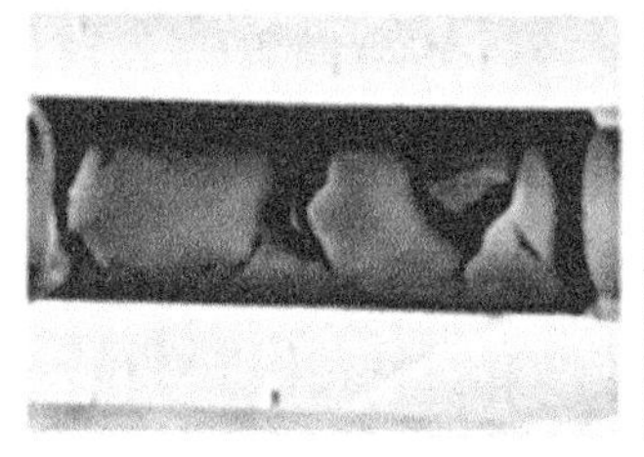

(a) 浑水条件

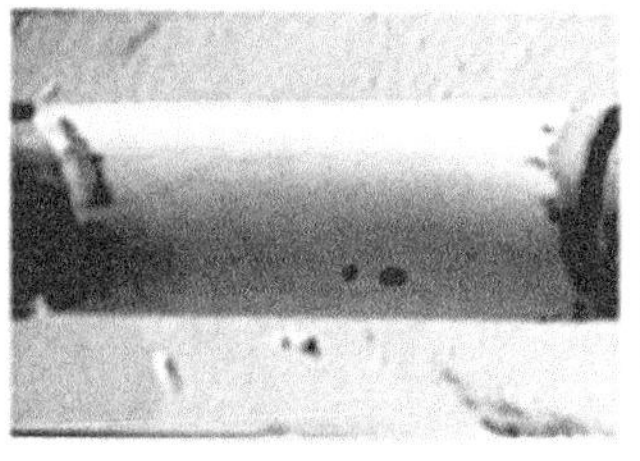

(b) 肥水条件

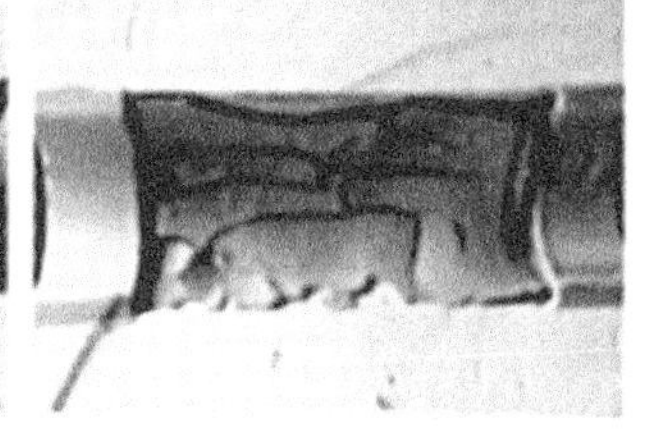

(c) 肥沙耦合条件

图 3-16　不同灌溉条件下灌水器内壁沉积物分布情况

由于管道中水流流速较小，流动过程中随着能量消耗，水流不足以携带浑水中大颗粒泥沙随水流运动，大颗粒泥沙沿管道长度逐渐沉积，沉积物厚度随管道长度逐渐减小。浑水条件和肥沙耦合条件下，泥沙砂粒含量远远高于黏粒、粉粒含量，泥沙颗粒在管道前端沉积较多。肥水条件下，灌水器内壁基本没有沉积物生成。由于灌水器陶瓷微孔吸附作用会吸附少量尿素，导致灌溉水通过灌水器时受到阻碍，对灌水器平均相对流量产生一定的影响，但是尿素是一种极易溶于水且无任何杂质的水溶性肥料，在灌溉过程中灌水器内壁不会有沉积物生成，也不会导致微孔陶瓷灌水器堵塞。

图 3-17 为不同灌溉条件下灌水器微观结构图。浑水条件下，泥沙中 90%以上的泥沙颗粒粒径为 20～120μm，只有不到 10%的泥沙颗粒粒径小于 7μm，小粒径泥沙颗粒由于细小颗粒之间的吸附作用凝聚成粒径较大的团聚体，团聚后泥沙颗粒粒径大于陶瓷微孔孔径，灌水器陶瓷微孔平均孔径为 7μm 左右，泥沙颗粒不会进入灌水器陶瓷微孔中。因此，灌水器平均相对流量下降并不是由于泥沙颗粒进入陶瓷微孔造成的。

(a) 浑水条件　　(b) 肥水条件

(c) 肥沙耦合条件

图 3-17　不同灌溉条件下灌水器微观图

肥水条件下，灌水器微观图与清水条件下基本没有差异，灌水器陶瓷微孔会吸附少量尿素，对灌水器平均相对流量产生一定影响，由于尿素溶解度较大，不会堵塞陶瓷微孔导致微孔陶瓷灌水器堵塞。

肥沙耦合条件下，溶液中泥沙颗粒粒径为 20～120μm，同时浑水中施加尿素后，尿素会破坏水的结构，使灌溉水黏度降低，泥沙颗粒之间相互吸附团聚的能力增强，因此悬浮物容易逐渐形成较大的团聚体，全部沉积在灌水器内壁。灌水器陶瓷微孔平均孔径为 7μm，团聚体粒径大于灌水器陶瓷微孔孔径，泥沙颗粒不会进入灌水器陶瓷微孔中。肥沙耦合条件下，泥沙膜的形成是微孔陶瓷灌水器平均相对流量下降的主要原因。

3.3.4　肥沙耦合条件下沉积物成分分析

图 3-18 为不同灌溉条件下微孔陶瓷灌水器及其沉积物的 XRD 图谱。从图 3-18(a)可以看出，灌溉前后灌水器成分基本不发生变化，灌溉过程中泥沙颗粒不会进入灌水器陶瓷微孔中，陶瓷微孔会吸附少量肥料，但对微孔陶瓷灌水器的流量影响较小。从图 3-18(b)、(c)可以看出，浑水条件和肥沙耦合条件下，沉积物主要成分为二氧化硅、碳酸钙和硅酸钙，其中泥沙主要成分为二氧化硅和硅酸钙；碳酸钙则主要由自来水中的 Ca^{2+}、HCO_3^- 与空气中的 CO_2 反应生成。灌溉过程中，碳酸钙生成比较缓慢，泥沙颗粒先在灌水器内壁沉积，生成的碳酸钙吸附在泥沙颗粒表面，随泥沙颗粒逐渐在灌水器内壁沉积，碳酸钙不会进入灌水器陶瓷微孔中。在浑水中施加肥料后，更容易使浑水中细小泥沙颗粒团聚并沉积在灌水器内壁，灌溉水中的泥沙颗粒不会进入灌水器陶瓷微孔中，浑水中泥沙颗粒的沉积是导致微孔陶瓷灌水器堵塞的主要原因。

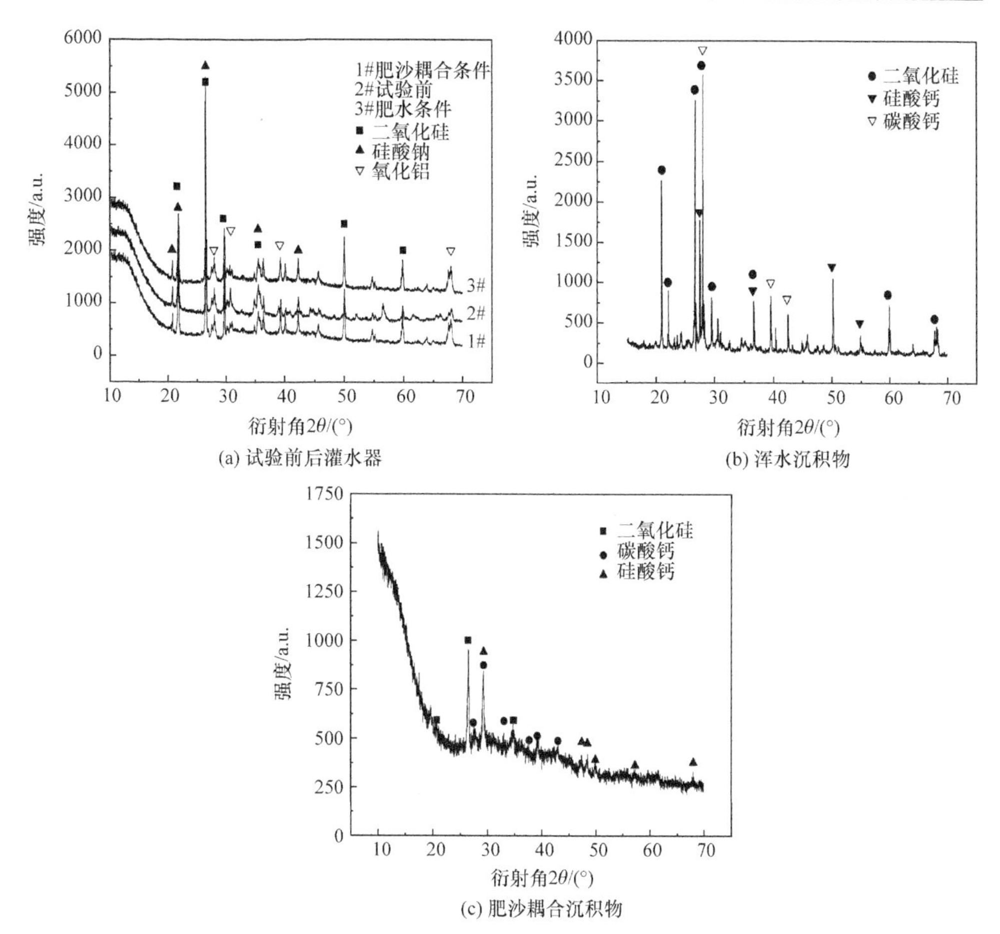

(a) 试验前后灌水器

(b) 浑水沉积物

(c) 肥沙耦合沉积物

图 3-18 不同灌溉条件下微孔陶瓷灌水器及其沉积物的 XRD 图谱

3.3.5 冲洗对微孔陶瓷灌水器出流的影响

图 3-19 为不同灌溉条件下冲洗前后灌水器平均相对流量和沉积量随时间变化过程。从图中可以看出，冲洗后，灌水器平均相对流量均可恢复到灌水器初始流量的 92%以上。灌水器平均相对流量变化过程依然可分为两个阶段：下降阶段和稳定阶段，试验后期灌水器平均相对流量随时间趋于稳定。

浑水条件下，冲洗后，268～472h 为下降阶段，冲洗前后灌水器平均相对流量变化幅度较大，下降了 17%，比冲洗前灌水器平均相对流量下降了 5%；472h 后达到稳定阶段，灌水器平均相对流量随时间变化幅度很小，逐渐趋于稳定，平均相对流量保持在 73%左右。由图可以看出，冲洗前，单个灌水器内壁沉积泥沙量为 30g 时，灌水器再次堵塞。由图 3-16 可知，灌水器内壁沉积物厚度为 0.38～3.50mm。灌溉结束时，单个灌水器内壁实际泥沙沉积量为 2.54～23.39g，由于大部分泥沙

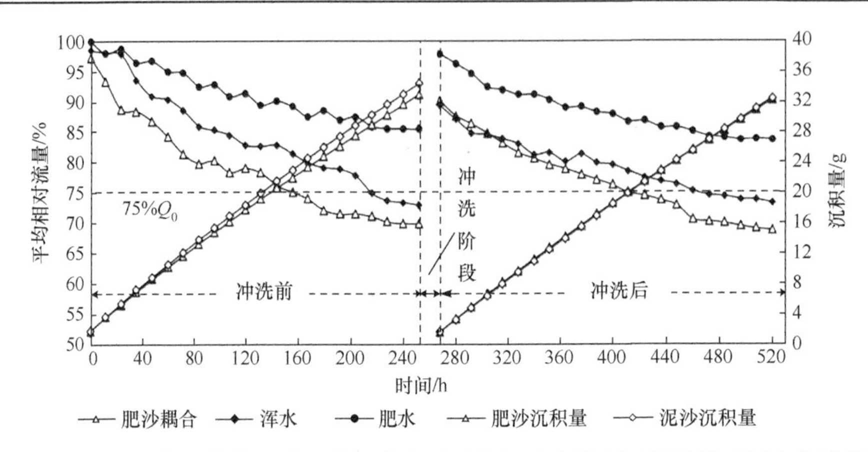

图 3-19　不同灌溉条件下冲洗前后灌水器平均相对流量和沉积量随时间变化过程

沉积在支管和毛管中，沉积在灌水内壁的泥沙量较少。冲洗可以冲掉沉积在灌水器内壁的沉积物。冲洗后，灌水器内壁泥沙沉积量达到 27g 时，灌水器再次发生堵塞，泥沙沉积量比冲洗前减少了 3g，微孔陶瓷灌水器再次堵塞时间提前了 12h。

肥水条件下，冲洗后，268～484h 为下降阶段，冲洗前后灌水器平均相对流量变化幅度较小，下降了 13%；484h 后达到稳定阶段，灌水器平均相对流量趋于稳定，不会随时间发生太大的变化，灌水器平均相对流量为 85%，高于 75%，微孔陶瓷灌水器未发生堵塞。冲洗前后施肥量不发生太大变化，均为 550g 左右。

肥沙耦合条件下，冲洗后，268～448h 为下降阶段，比冲洗前灌水器平均相对流量下降了 2%，灌溉过程中灌水器平均相对流量变化幅度较小；448h 后达到稳定阶段，灌水器平均相对流量趋于稳定，随时间变化幅度很小。冲洗前后灌水器平均相对流量均不会发生太大变化，灌水器再次发生堵塞。在浑水中施加肥料后，冲洗前比浑水单独作用下灌水器堵塞时间提前了 60h，泥沙沉积量减少了 8g；冲洗后比浑水单独作用下灌水器再次堵塞时间提前了 48h，泥沙沉积量减少了 6g。浑水中施加尿素后加快微孔陶瓷灌水器堵塞速度。

肥沙耦合条件下，冲洗可以使微孔陶瓷灌水器平均相对流量恢复到初始流量的 92%以上。冲洗前后，灌溉 180h，灌水器平均相对流量变化幅度较大，下降了 17%；灌溉 180h 后，灌水器平均相对流量在 72%附近趋于稳定，随时间不发生太大变化，冲洗后，微孔陶瓷灌水器再次堵塞时间提前了 12h。

图 3-20 为不同灌溉条件下冲洗后灌水器内壁沉积物分布情况。从图中可以看出，冲洗后灌水器内壁基本没有沉积物。肥水条件下，灌溉过程中灌水器内壁没有沉积物生成，冲洗后也不会有沉积物。浑水和肥沙耦合条件下，由图 3-16 和

图 3-20(a)、(c)可以看出，在灌溉过程中，灌水器内壁会有大量沉积物生成，冲洗后灌水器内壁基本没有沉积物。采用冲洗方式可以冲掉沉积在灌水器内壁的大部分沉积物，灌水器内壁与沉积物接触面处还有少量残留，但是并不会对灌水器平均相对流量产生太大影响。在浑水中施加肥料后，会增大泥沙与微孔陶瓷灌水器内壁的接触。

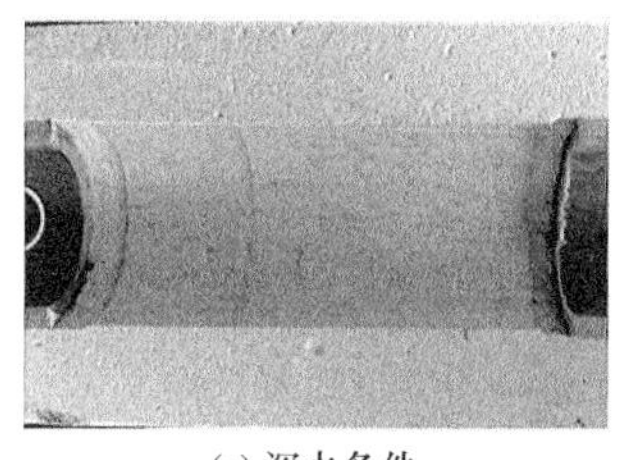
(a) 浑水条件

(b) 肥水条件

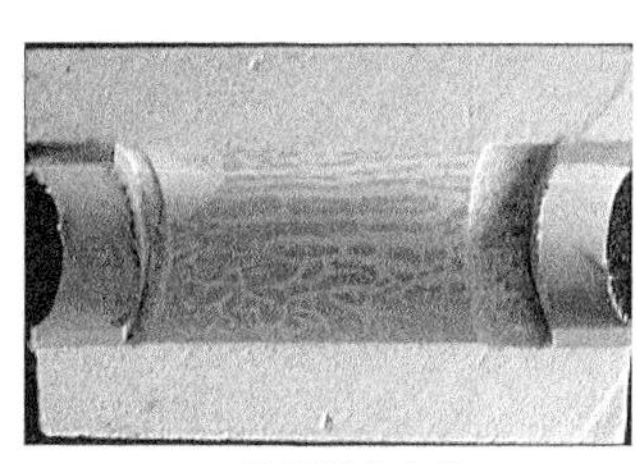
(c) 肥沙耦合条件

图 3-20　不同灌溉条件下冲洗后灌水器内壁沉积物

参 考 文 献

杜军，沈振荣，张达林，2011. 宁夏引黄灌区滴灌水肥一体化冬小麦灌溉施肥技术研究[J]. 节水灌溉，(12): 44-49.

高鹏，简红忠，魏样，等，2012. 水肥一体化技术的应用现状与发展前景[J]. 现代农业科技，(8): 250, 257.

官雅辉，牛文全，刘璐，等，2018. 肥料类型及浓度对水肥一体化浑水滴灌滴头输沙能力的影响[J]. 农业工程学报，34(1): 78-84.

李真朴，刘学军，翟汝伟，等，2017. 宁夏半干旱区玉米滴灌灌溉制度试验研究[J]. 水资源与水工程学报，28(5): 242-246.

刘璐，李康勇，牛文全，2016. 温度对施肥滴灌系统滴头堵塞的影响[J]. 农业机械学报，47(2):98-104.

刘璐，牛文全，ZHOU B, 2012. 细小泥沙粒径对迷宫流道灌水器堵塞的影响[J]. 农业工程学报，28(1):87-93.

王道波，黄维，刘永贤，等，2015. 水肥一体化对红麻生长、纤维产量与品质的影响[J]. 南方农业学报，(2): 204-209.

刘永华，沈明霞，蒋小平，等，2015. 水肥一体化灌溉施肥机吸肥器结构优化与性能试验[J]. 农业机械学报，46(11): 76-81.

王茜，杨建全，2012. 宁夏引黄灌区滴灌冬小麦、玉米灌溉施肥制度研究[J]. 安徽农业科学，(36): 17585-17588.

吴泽广，张子卓，张珂萌，等，2014. 泥沙粒径与含沙量对迷宫流道滴头堵塞的影响[J]. 农业工程学报，30(7): 99-108.

BOUNOUA S, TOMAS S, LABILLE J, et al., 2016. Understanding physical clogging in drip Irrigation: In situ, in lab and numerical approaches[J]. Irrigation Science, 34(4): 327-342.

COELHO F, OR D, 1996. A parametric model for two-dimensional water uptake intensity by corn roots under drip irrigation[J]. Soil Science Society of America Journal, 60(4): 1039-1049.

HILLS D, NAWAR F, WALLER P, 1989. Effects of chemical clogging on drip-tape irrigation uniformity[J]. Transactions of the ASCE, 32(4): 1202-1206.

NAKAYAMA F, BUCKS D, 1991. Water quality in drip/trickle irrigation: A review[J]. Irrigation Science, 12(4): 187-192.

RAVIKUMAR V, VIJAYAKUMAR G, et al., 2011. Evaluation of fertigation scheduling for sugarcane using a vadose zone flow and transport model[J]. Agricultural Water Management, 98(9): 1431-1440.

第4章　微孔陶瓷灌水器出流机理

微孔陶瓷灌水器被埋置于地下，灌溉水通过陶瓷体消能后直接进入作物根系附近的土壤中，进而被作物吸收，因此具有较高的水分利用效率。根据地下滴灌的相关研究，灌水器出流过程中会在其出口处形成一定的正压，抑制出流，使出流量减小。但原有管网系统采用灌水器在空气中的流量作为依据进行设计，有可能达不到系统的设计保证率，从而造成作物减产。陶瓷灌水器同地下滴灌灌水器类似，与地下滴灌同属于地下灌溉技术，但地下滴灌属于点源灌溉技术，其工作压力水头高达 10m；而微孔陶瓷根灌则属于面源灌溉技术，其工作压力水头最大不超过 1m，较多情况下可能为负压、零压或微压(任改萍，2016)。

微孔陶瓷灌水器在灌溉过程中其出流特性如何？与地下滴灌灌水器有何种区别？同时在不同的工作压力水头条件下，灌水器出流过程中土壤水势是否会抑制灌水器出流？以上问题对于以微孔陶瓷灌水器为核心的地下灌溉系统设计至关重要。

基于以上问题，本章的研究内容分为三部分：①探讨微孔陶瓷灌水器与地下滴灌带出流特性的异同(蔡耀辉等，2017a)；②明确微孔陶瓷灌水器在负压和零压条件下的出流机理(蔡耀辉等，2017b)；③明确微孔陶瓷灌水器在微压条件下的出流机理。

4.1　微孔陶瓷灌水器与地下滴灌带出流特性对比

4.1.1　材料与方法

1. 试验装置

试验在西北农林科技大学中国旱区节水农业研究院灌溉水力学试验大厅进行。试验装置由土箱、土壤水分监测系统、称重装置、供水装置和入渗装置组成。试验土箱规格为：45cm×45cm×70cm(长×宽×高)。采用美国 EM50 土壤含水率监测系统对入渗过程中的土壤含水率、湿润锋运移进行实时监测。EC-5 型土壤水分探头的埋设位置如图 4-1(a)所示。称重装置采用精度为 10g 的电子秤，可实时记录土箱的质量变化。供水装置分为两类：当进行微孔陶瓷根灌(以微孔陶瓷灌水器为核心的灌溉技术)土壤水分运移特性试验时，打开闸阀 B、关闭闸阀 A，采用马氏瓶进行供水，马氏瓶横截面直径为 10cm，高度 70cm。当进行地下滴灌土壤水分运移特性试验时，打开闸阀 A、关闭闸阀 B，采用恒压变频柜控制水泵(ISW40-200 型)供水[图 4-1(a)]。入渗装置分别采用微孔陶瓷灌水器和地下滴灌带[图 4-1(b)]。

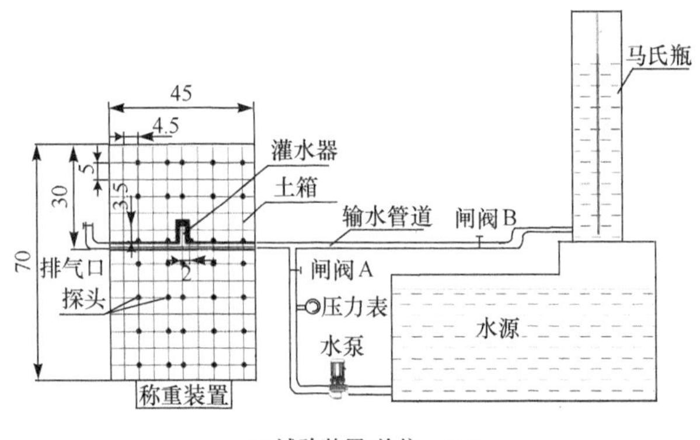

(a) 试验装置(单位：cm)

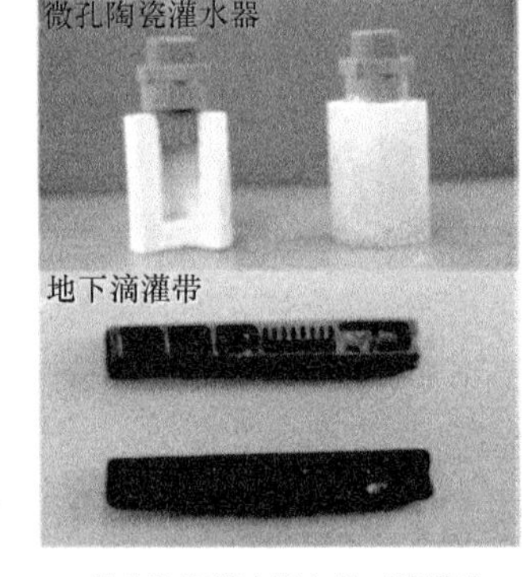

(b) 微孔陶瓷灌水器与地下滴灌带

图 4-1　微孔陶瓷根灌和地下滴灌土壤水分运移特性试验装置

采用管上式砂基微孔陶瓷灌水器，灌水器为圆柱形腔体结构，尺寸为 4cm×2cm×5cm×6.8cm(外径×内径×内孔深×高)，0.2m 工作压力水头下灌水器流量为 0.87L/h。地下滴灌带为耐特菲姆超级台风贴片式滴灌管，额定工作压力水头为 10m，经测定空气中的流量为 1.6L/h。

2. 试验土壤

试验土壤取自陕西省渭河三级阶地，将取得的试验土壤风干、碾压、混合后过 2mm 筛网，制成试验土样。土壤颗粒组成采用沉降法测定；采用环刀法测定田间持水量和饱和含水率。按国际制土壤质地分类标准，试验土壤属于黏壤土，其物理性质见表 4-1。

表 4-1　试验用土壤的物理性质

土壤类型	容重/(g/cm³)	田间持水量/%	饱和含水率/%	土壤颗粒占比/%		
				黏粒 <0.002mm	粉粒 0.002～0.05mm	砂粒 0.05～2mm
黏壤土	1.35	24	46	23	73	4

3. 试验方法及测定内容

微孔陶瓷灌水器埋深为 28.5cm(以灌水器中心计)，工作压力水头为 0m；地下滴灌带埋深为 30cm，工作压力水头为 10m。将试验土样按照容重 1.35g/cm³

分层装入土箱，层间打毛，使土壤颗粒充分接触。表面用塑料薄膜覆盖，防止土壤水分蒸发影响试验结果。试验过程中，采用微孔陶瓷根灌时，当灌水器的流量变化小于 0.01L/h 时停止灌水，记录此时的累计入渗量，地下滴灌时采用与其相同的灌水量。试验过程中检测指标和计算方法如下。

(1) 累计入渗量和流量：根据马氏瓶读数和横截面积计算微孔陶瓷灌水器累计入渗量，流量为单位时间入渗量。地下滴灌带累计入渗量根据电子秤读数记录，流量为单位时间入渗量。

(2) 湿润锋运移：本章将微孔陶瓷灌水器和地下滴灌带埋置于土箱中央，是为了更加真实地模拟实际情况，但势必导致湿润体特征难以直接用肉眼观察，因此采用 EM50 土壤含水率监测系统监测的含水率变化时刻作为湿润锋运移到探头位置的时刻(监测时间间隔 2min，含水率变化超过 0.25%，认为湿润锋到达该探头)，并由此计算湿润体截面面积、垂直湿润锋运移距离和水平湿润锋运移距离。

(3) 土壤含水率：通过 EM50 土壤含水率监测系统实时记录土壤含水率的变化。

4.1.2　累计入渗量和流量随时间变化

图 4-2 为微孔陶瓷根灌与地下滴灌下土壤累计入渗量和流量随时间的变化曲线。由图 4-2(a)可以看出，微孔陶瓷根灌与地下滴灌的累计入渗量随时间不断增加。相同时间下，微孔陶瓷根灌的累计入渗量要明显小于地下滴灌；入渗 600min 时，微孔陶瓷根灌和地下滴灌的累计入渗量分别为 1.42L 和 4.13L。试验结束时，两者的灌水量均为 5.54L，微孔陶瓷根灌用时 3750min 左右，而地下滴灌则用时 820min，仅为微孔陶瓷根灌的 22%。由图 4-2(b)可以看出，微孔陶瓷根灌的流量随时间逐渐减小，由初始的 0.47L/h 逐渐下降至 0.07L/h，降低了 85.1%左右，且仍在不断减小，有减小为 0 的趋势；而地下滴灌的流量则变化较小，基本在 0.4L/h 上下波动。

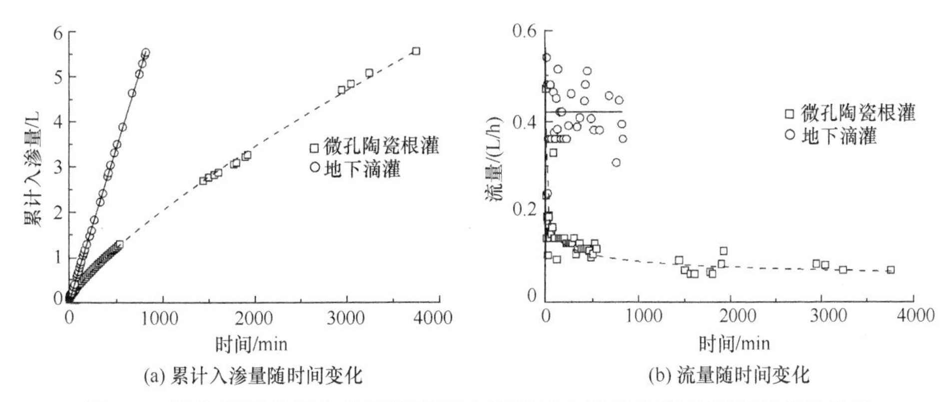

(a) 累计入渗量随时间变化　　(b) 流量随时间变化

图 4-2　微孔陶瓷根灌与地下滴灌下土壤累计入渗量和流量随时间变化曲线

利用 KOSTIAKOV 入渗模型分别对微孔陶瓷根灌和地下滴灌累计入渗量与时间的变化关系进行拟合，可得微孔陶瓷根灌拟合公式为 $I = 0.029t^{0.633}$，地下滴灌为 $I = 0.013t^{0.888}$。由拟合的公式可以看出，微孔陶瓷根灌的入渗系数虽然大于地下滴灌，但其入渗指数却明显小于地下滴灌。微孔陶瓷根灌的入渗指数为 0.633，说明随着时间的增加，累计入渗量的变化将越来越小，最终趋近于某个定值。而对于地下滴灌，其入渗指数为 0.888，更接近于 1，因此地下滴灌的累计入渗量与时间接近于线性关系。说明时间的累计效应对地下滴灌的影响较小，但对于微孔陶瓷根灌的影响则较为显著。

微孔陶瓷根灌与地下滴灌的累计入渗量和流量均有明显的差异，这主要是其不同的工作机理所导致的。微孔陶瓷根灌与地下滴灌工作时其出流的驱动力均为内外的水势差。微孔陶瓷根灌的内部工作压力水头为 0m，因此其主要利用外部土壤的基质势出流。灌溉过程中，微孔陶瓷灌水器周围的土壤会逐步湿润，含水率上升，土壤基质势变大(绝对值减小)，使得驱动微孔陶瓷灌水器出流的势能降低，内外水势差降低，出流量则会相应减小。当土壤含水率增加至饱和含水率时，此时的土壤基质势就为 0，微孔陶瓷灌水器就会停止出流。而地下滴灌带内部工作压力水头为 10m，出流过程中地下滴灌出口处会形成一定的正压抑制其出流，随着灌溉的进行，该正压会基本上稳定在某个定值附近。根据 Gil 等(2008)和仵峰等(2008)的研究，地下滴灌灌水器出流的流量和土壤因素关系密切，灌水器在土壤中的流量为其空气中自由出流量的 25%～50%，因此地下滴灌带在土壤中的流量会小于其在空气中的额定流量，但是会一直以恒定大于 0 的流量出流。

4.1.3　湿润锋运移距离变化

图 4-3 为微孔陶瓷根灌与地下滴灌下水平湿润锋运移距离 X、垂直向下湿润锋

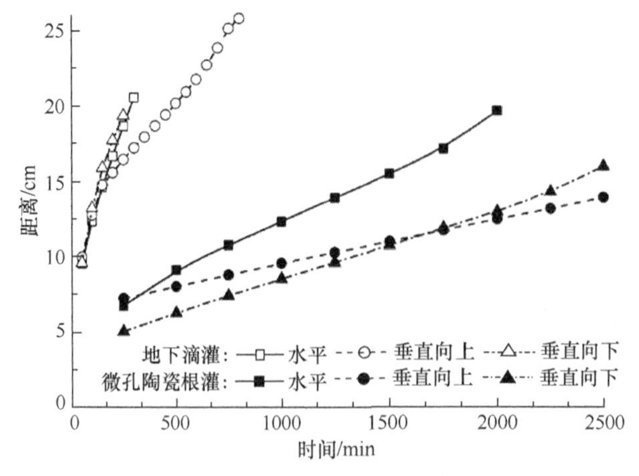

图 4-3　微孔陶瓷根灌与地下滴灌下湿润锋运移距离变化过程

运移距离 Z_1 和垂直向上湿润锋运移距离 Z_2 随时间 t 的变化过程。两种灌溉方式下 X、Z_1、Z_2 均随着 t 的增加而增大，地下滴灌 X、Z_1、Z_2 的变化速率要明显大于微孔陶瓷根灌。有关学者研究表明，X、Z_1、Z_2 和 t 之间的关系可用幂函数表示，即 $X = at^b$ 、$Z_1 = at^b$ 和 $Z_2 = at^b$ ，拟合参数见表 4-2 (肖娟等，2013)。

表 4-2　X、Z_1、Z_2 和湿润体截面积 S 与时间 t 的拟合情况

项目	微孔陶瓷根灌			地下滴灌		
	a	b	R^2	a	b	R^2
Z_2	0.66	0.39	0.95	2.65	0.33	0.98
Z_1	0.25	0.52	0.96	1.74	0.44	1.00
X	0.42	0.50	0.99	1.76	0.43	1.00
S	0.31	0.94	0.98	7.13	0.78	0.99

由表 4-2 可以看出，采用幂函数分别对 X、Z_1、Z_2 和 t 进行拟合，其相关系数均达到 0.95 以上，拟合参数 a、b 均大于 0，说明随着 t 的增加，X、Z_1、Z_2 会一直增加。相同灌溉时间下，微孔陶瓷根灌的 X、Z_1、Z_2 均小于地下滴灌。灌溉过程中，微孔陶瓷根灌的 X 一直大于 Z_1、Z_2；灌溉初期 Z_1 小于 Z_2，后期 Z_1 大于 Z_2。但地下滴灌则一直符合 $Z_1>X>Z_2$。这是因为微孔陶瓷根灌过程中基质势的作用占主导地位，随着灌溉的进行，湿润锋运移受到的重力势的作用逐渐上升，使得垂直向下湿润锋的运移加速，因此在灌溉后期 $Z_1<Z_2$。但是对于地下滴灌而言，由于灌溉初期土壤各向同性，使得 X、Z_1、Z_2 还较为接近，但其出流量较大，受重力势的作用较为明显，因此使得水分向下运移的速率加快，就表现出 $Z_1>X>Z_2$。对拟合方程求导后可以发现，微孔陶瓷根灌和地下滴灌的 $1-b$ 均小于 0，随着时间的延长，其 X、Z_1 和 Z_2 的增长速率会越来越小，当灌溉时间趋于无穷大时，这四个指标均将不再变化。但是结合微孔陶瓷根灌流量可以发现，当灌溉时间达到 3750min 时，流量为 0.07L/h，此时 X、Z_1、Z_2 的变化速率越来越小。通过求导可以发现，3500min 时 X 变化速率是 500min 时的 1/3，随着灌溉时间继续延长，X、Z_1、Z_2 的变化速率将趋近于 0，因此湿润锋也就停止变化，结合图 4-2(b)，此时灌水器的流量变化也接近于 0。而对于地下滴灌而言，其灌溉过程中流量变化较小，湿润体会一直扩展，水分更多地向土壤深层发展。造成两种灌溉方式下湿润锋变化不同的原因为，在微孔陶瓷根灌过程中，灌水器内部工作压力水头为 0m，因此灌水器的流量直接受灌水器外部土壤水势控制(任改萍，2016)，当灌水器周围湿润范围到达极限时，灌水器的流量就会趋于停滞；但对于地下滴灌而言，其工作压力水头为 10m，灌溉过程中由于出流会造成正压的产生，但其正压一般不会超过其工作压力水头

(仵峰等，2003)，因此湿润体扩展的范围以及湿润体内部高含水率区域对于其出流的影响不大，其流量会基本维持在某一定值附近(仵峰等，2004)。这是微孔陶瓷根灌与地下滴灌区别之一。

4.1.4 湿润体形状与面积变化

图 4-4 为微孔陶瓷根灌和地下滴灌下湿润体的变化过程。由图 4-4 可以看出，微孔陶瓷灌水器和地下滴灌带周围湿润体形状均接近为椭圆形，微孔陶瓷根灌湿润体水平方向直径大于垂直方向，但地下滴灌垂直方向要大于水平方向。微孔陶瓷根灌条件下，湿润锋在 3750min 左右到达土壤表层；而地下滴灌条件下，湿润体发展迅速，在埋深 30cm 的条件下，预计 1200min 左右湿润锋就可到达土壤表层。

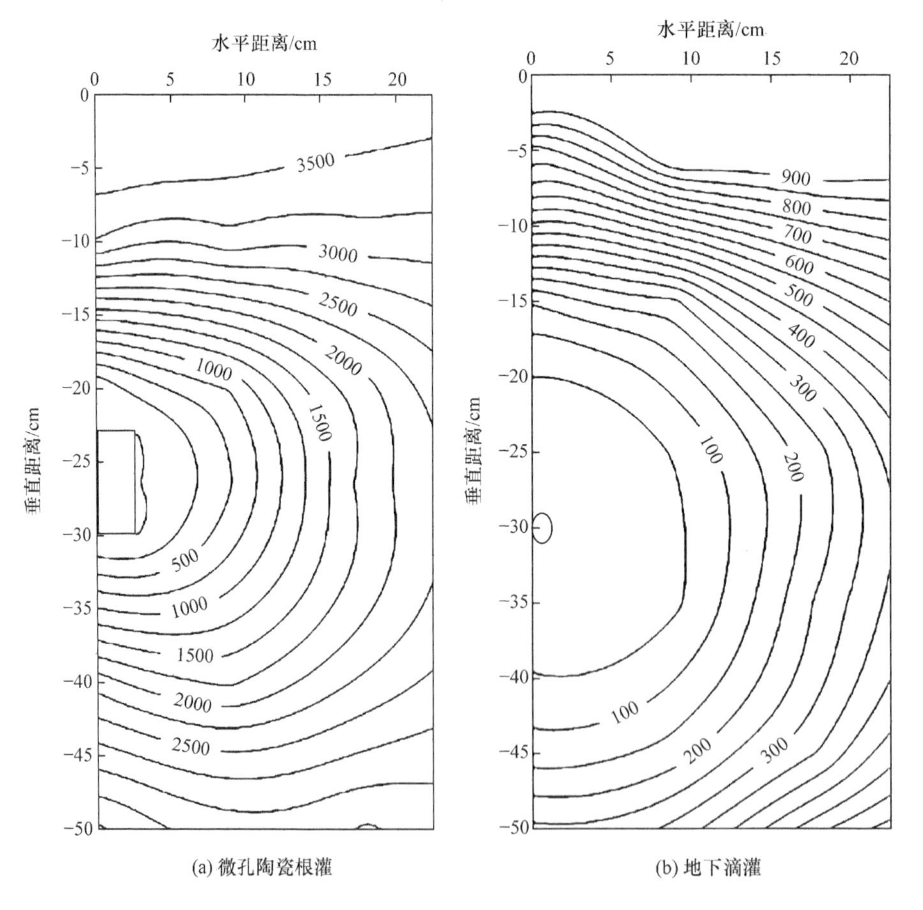

(a) 微孔陶瓷根灌　　(b) 地下滴灌

图 4-4　微孔陶瓷根灌与地下滴灌下湿润体的变化过程(单位：min)

微孔陶瓷根灌与地下滴灌湿润体截面形状差别较小，均为椭圆形。在灌溉前期，微孔陶瓷根灌湿润体截面接近于重心靠上的椭圆形，但是随着入渗进行，椭圆的重心逐渐向下，演变为重心靠下的椭圆形。而地下滴灌周围的湿润体截面形状则一直为重心靠下的椭圆形。这是因为在微孔陶瓷根灌入渗过程中，土壤水分运动的主要驱动力为基质势。在入渗前期，水分在均质土壤中入渗，土壤各方向基质势梯度差别不大，水分在各方向(除下部)发展都较为均衡，但下部由于连接管道作为不透水边界，使得向下运移的水分较少，因此湿润体形状近似为重心向上的椭圆形。在入渗后期，土壤重力势的作用逐渐增大，使得湿润体的形状发生变化，重心逐渐向下移动。因此，在处理微孔陶瓷根灌水分运移特性的问题时，必须对其边界加以考虑，不能当作单纯的点源处理，可以作为柱状面源加以分析。但地下滴灌为点源灌溉方式，在土壤基质势梯度差别不大的情况下，土壤水分受重力势的作用更为明显，因此随着灌溉时间的增加，湿润锋会一直倾向于向下部运移，湿润体的形状也一直体现为重心靠下的椭圆形。微孔陶瓷根灌为连续灌溉，因此其湿润体形状在后期会一直维持椭圆形，且变化较小。但是对于地下滴灌而言，当灌溉停止后，湿润体内水分会重新分布，湿润体形状就会发生变化(肖娟等，2013)。这也是微孔陶瓷根灌与地下滴灌的区别之一。

表 4-2 中给出了微孔陶瓷根灌和地下滴灌条件下湿润体截面积与时间的函数关系，两种灌溉方式下湿润体截面积 S 和时间 t 均符合幂函数关系，相关系数均达到 0.95 以上，拟合效果较好。由拟合公式可以看出，随着灌溉时间的增加，两种灌溉方式下 S 均增大。微孔陶瓷根灌下 S 变化较为缓慢，地下滴灌下 S 变化较快。随着灌溉的进行，S 的变化越来越小。

微孔陶瓷根灌属于连续灌溉，灌溉过程中，湿润体截面积变化会越来越小，而后基本维持不变；在蒸发、作物消耗等因素的作用下，微孔陶瓷灌水器可以实时补充土壤中的水分，因此湿润体截面积的变化较小。对于地下滴灌而言，灌溉过程中，湿润体截面积会一直增大，直至灌溉停止后土壤水分再分布达到最大值；而后由于蒸发、作物消耗的影响，湿润体内含水率逐渐降低，湿润体截面积减小；再次灌溉时则会重复以上过程，以此循环往复。两种灌溉方式下，湿润体形状和截面积变化规律的不同也就直接表明了两者灌溉机理的不同，微孔陶瓷根灌采用的是无压或微压连续灌溉，而地下滴灌采用的则是正压(一般大于 5m)间歇灌溉。

4.1.5　土壤含水率变化

图 4-5 为微孔陶瓷根灌与地下滴灌下，埋深为 28.5cm 探头测得不同水平位置处土壤含水率随时间的变化过程。由图中可以看出，开始灌溉后，微孔陶

瓷灌水器和地下滴灌带周围的土壤含水率都迅速增加。微孔陶瓷灌水器周围土壤含水率在 500min 左右接近饱和含水率，但地下滴灌则仅需 130min 左右。

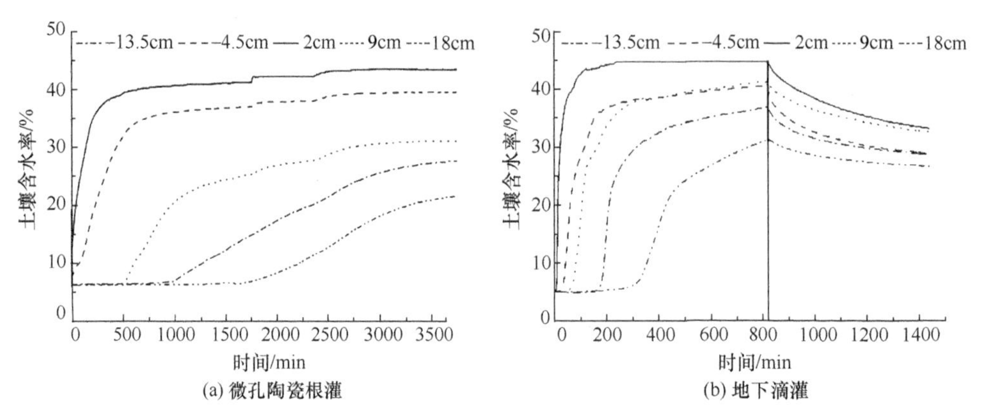

图 4-5　微孔陶瓷根灌与地下滴灌下不同位置土壤含水率随时间的变化过程

微孔陶瓷根灌为连续灌溉方式，灌水器周围湿润体内的含水率在达到某一定值后则会维持不变。对于地下滴灌，在 820min 停止灌溉后，土壤水分有一个再分布的过程，湿润体的土壤含水率降低，土壤水分继续向外扩散，湿润体扩大。从图中还可以看出，开始灌溉时，微孔陶瓷根灌土壤水分的变化速率要明显小于地下滴灌，这是由于地下滴灌带的流量较微孔陶瓷灌水器大，使得土壤含水率快速增加。灌溉 500min 后，距离地下滴灌带 30cm 范围内的土壤含水率均已高于田间持水量，地下滴灌周围土壤含水率均已经达到饱和，产生积水。灌溉停止后，地下滴灌湿润体范围内的土壤水分又重新分布，使得作物生长的水分环境处于干湿交替的循环变化状态(关小康等，2016)。

微孔陶瓷灌水器或地下滴灌带周围形成了一个土壤水库，微孔陶瓷灌水器周围的土壤水库库容较小，但由于其是连续灌溉，具有实时的补给，因此库容可以一直维持不变，为作物提供实时的水分供给；而地下滴灌带周围的土壤水库库容较大，但在一次补给之后则一直处于消耗状态，直至下次灌溉补给之前，因此其库容为一直的变动状态。微孔陶瓷根灌与地下滴灌条件下土壤水分变化的区别在于，微孔陶瓷根灌为作物提供了一个恒定的水分环境，而地下滴灌则使土壤处于干湿交替的循环变化状态。

连续灌溉时，微孔陶瓷灌水器周围土壤会形成高含水率区，灌水器的流量接近于 0，土壤含水率的变化较小。有研究发现，作物生育期内如果土壤水分可以维持在某恒定范围内，则有利于作物根系的分布和生长(孔清华等，2009；王建东等，2008)。El Tilib 等(1995)研究得出灌溉间隔为 5d 较 10d 和 15d，小麦的产量有显著的升高，这是因为稳定的水分环境有助于减少水分胁迫，同时维持表层土壤湿润有助于根系在表层的分布和吸收养分。因此，使用微孔陶瓷根灌进行灌溉，可以为作物提供一个相对稳定的土壤水分环境，同时在其湿润体范围内含水率大多处于田间持水量附近，有助于作物根系在土壤表层生长和分布，对于提高作物产量和水分利用效率具有促进作用。

4.2　无压条件下微孔陶瓷灌水器出流特性

4.2.1　理论模型

微孔陶瓷灌水器属于地下灌水器的一类，灌水器的工作压力水头会对其出流量有较大的影响。灌水器依靠陶瓷微孔出流，水流在微孔中一般以层流状态存在。借鉴灌溉行业对灌水器水力性能的定义，同时结合王佳佳(2016)和 Ashrafi 等(2002)的研究，多孔黏土管和多孔陶土管在地下的流量与工作压力水头呈幂函数关系，其出流情况可以采用工作压力水头-流量关系曲线定量描述，即

$$Q = kH^x \tag{4-1}$$

式中，Q 为微孔陶瓷灌水器的流量；k 为流量系数；H 为工作压力水头，m；x 为灌水器的流态指数。

图 4-6 为微孔陶瓷灌水器实际工作照片。

图 4-6　微孔陶瓷灌水器实际工作照片

对微孔陶瓷灌水器及其周围的土壤进行能量分析。灌水器的工作压力水头为 H'，则灌水器内部单位水所具有的水势 φ_{in} 即为 H'；灌水器外部单位土壤所具有的水势 φ_{out} 为 φ；因此灌水器内外的水势差 $\varphi_{in}-\varphi_{out}$ 即为 $H'-\varphi$，将其代入式(4-1)可得

$$Q = k(\varphi_{in} - \varphi_{out})^x = k(H' - \varphi)^x \tag{4-2}$$

因此，微孔陶瓷灌水器灌溉过程中，出流只需满足：$\varphi_{in}>\varphi_{out}$，即 $H'>\varphi$。

由式(4-2)可知，由于内部工作压力水头维持恒定，因此灌水器流量的变化主要和外部的土壤水势有关，土壤水势越高，灌水器的流量越小。在灌水器出流过程中，灌水器周围水势主要为土壤基质势 φ_m，根据土壤水分特征曲线(雷志栋等，1999)，采用 V-G 模型可得

$$\varphi_m = -\frac{1}{\alpha}\left[\left(\frac{\theta_s-\theta_r}{\theta-\theta_r}\right)^{\frac{1}{m}}-1\right]^{\frac{1}{n}} \tag{4-3}$$

式中，θ_s 为土壤饱和含水率，%；θ为土壤含水率，%；θ_r 为土壤残余含水率，%；n、m 为拟合参数，$m=1-1/n$，$n>1$；α 是与土壤物理性质有关的参数，cm^{-1}；φ_m 为土壤基质势，cm。

土壤基质势为负值，其对灌水器的出流有促进作用。结合式(4-1)、式(4-3)可得

$$Q=k(H'-\varphi_m)^x=k\left(H'+\frac{1}{\alpha}\left[\left(\frac{\theta_s-\theta_r}{\theta-\theta_r}\right)^{\frac{1}{m}}-1\right]^{\frac{1}{n}}\right)^x>kH'^x \tag{4-4}$$

当灌水器内部工作压力水头为 0 时，即无压条件下，式(4-4)可以表述为

$$Q=k\left[-\varphi_m\right]^x=k\left(\frac{1}{\alpha}\left[\left(\frac{\theta_s-\theta_r}{\theta-\theta_r}\right)^{\frac{1}{m}}-1\right]^{\frac{1}{n}}\right)^x \tag{4-5}$$

土壤是由固、液、气三相组成的混合体，灌水器灌水过程中，土壤空隙中的水分逐渐增多，表现为土壤含水率的增加，而土壤中的空气则由于水分的进入被驱动排出，排出空气仍需耗费一定的能量，因此会间接抑制灌水器的出流(梁爱民等，2009；李援农，2007)。张振华等(2005)研究表明，对于无气阻入渗的基准入渗量，容重为 1.3g/cm³ 土壤入渗 10min 后减渗率变化范围最小为 7.37%。邵龙潭等(2000)对非饱和土中水流入渗规律研究表明，气体阻力对水流入渗率的影响主要反映在入渗初期，使得土壤水运动的总势能减弱，使入渗率下降；而随着时间的推移，孔隙气体不断排出，这种影响变得越来越弱。而即使对于渗气阻力较小的标准砂来说，气体阻力也达到入渗水头的 10%。当灌水器内部工作压力水头为 0 时，灌水器出流的主要驱动力为土壤基质势。灌水器在地下工作，水分进入土壤过程中必然导致气体的排出和压缩，为了减少模型

计算中的误差，假定气体阻力为基质势的 5%，因此修正后模型为

$$Q = k\left[-(1-0.05)\varphi_{\mathrm{m}}\right]^{x} = k\left(0.95 \times \frac{1}{\alpha}\left[\left(\frac{\theta_{\mathrm{s}}-\theta_{\mathrm{r}}}{\theta-\theta_{\mathrm{r}}}\right)^{\frac{1}{m}}-1\right]^{\frac{1}{n}}\right)^{x} \tag{4-6}$$

土壤水分饱和后，灌水器外部全部被土壤和水分包围，此时灌水器周围的水势就全为压力势，压力势的大小与饱和区自由水面和灌水器中心点处的高差 c 决定，即

$$Q = k(H' - c)^{x} \tag{4-7}$$

通过式(4-4)、式(4-7)可以看出，当灌溉开始后，灌水器周围土壤含水率迅速增大，灌水器流量逐渐减小。而后灌水器周围土壤含水率缓慢增加趋近于饱和含水率，此时灌水器流量逐渐降低但变化较小。最终灌水器周围土壤含水率达到饱和含水率，灌水器相当于淹没出流。

4.2.2　模型验证

1. 模型验证试验

试验用灌水器采用管下式砂基微孔陶瓷灌水器(图 4-7)。该灌水器为圆柱形腔体结构，尺寸为 4cm×2cm×5cm×6.8cm(外径×内径×内孔深×高)。将 20 个同一批次的灌水器安装在灌水器水力性能测试试验平台上，试验平台共 4 条毛管，每条毛管上布置 5 个灌水器。利用恒压水箱供水，分别测试灌水器在 0.2m、0.4m、1.0m、1.5m 和 2m 工作压力水头下的流量，求平均值，按照幂函数拟合灌水器的工作压力水头-流量关系曲线为 Q=3.65$H^{1.35}$(Keller et al.，1974)。

图 4-7　管下式砂基微孔陶瓷灌水器

微孔陶瓷灌水器入渗与蒸发试验于 2015 年 9 月在西北农林科技大学中国旱区节水农业研究院灌溉水力学试验大厅进行，试验期间，试验大厅温度维持在 24～30℃。试验装置由土桶、闸阀、微孔陶瓷灌水器和蒸发装置组成(图 4-8)。土桶规格为 37cm×29cm×42cm(上直径×下直径×高)。土桶壁有直径为 20mm 的对称小孔(距离土桶上边缘 16cm)用以通过供水管。供水装置为马氏瓶，其直径为 15cm，高为 66cm。灌水器通过聚氯乙烯(polyvinyl chloride,PVC)三通与输水管道相连接，垂直埋置于土桶中，埋深为 20cm。

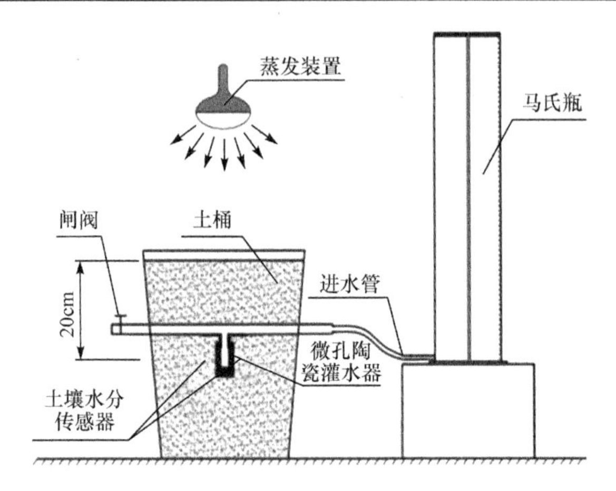

图 4-8　微孔陶瓷灌水器入渗与蒸发试验装置

试验用塿土取自陕西省渭河三级阶地，将取得的试验土壤风干、碾压、混合后过 2mm 筛网备用。土壤颗粒组成采用激光粒度分析仪(MS2000 型)测定，其中黏粒、粉粒和砂粒占比分别为 20.19%、41.75%和 38.06%，土壤质地为黏壤土。土壤水分特征曲线采用瞬时释放和吸入法土水特征曲线测试系统(TRIM 型，Soil Water Retention. LLC)测定，根据 V-G 模型，利用 HYDRUS-1D 程序反演模拟土样在脱湿路径与吸湿路径下的土壤水分特征曲线及其参数，如图 4-9 所示。

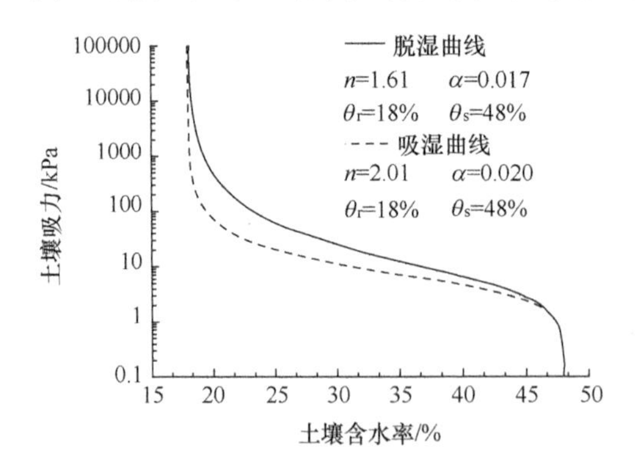

图 4-9　土壤水分特征曲线

将试验土样按照容重为 $1.35g/cm^3$ 分层装入土桶，分层界面处打毛，使土壤颗粒充分接触。试验装土深度为 40cm。灌水器工作压力水头为 0m(灌水器中心点与马氏瓶出口齐平)。在灌水器中心点周围 4cm 处均匀布置 3 个标定后的土壤水分传感器探头(EC-5 型)，每隔 1min 测定土壤含水率，土壤含水率数据取 3 个重复值，共 9 个探头的平均值。

试验分为四个阶段：

入渗阶段Ⅰ(0～2780min)，3 个重复的土桶试验同时开展(土桶 1、2、3)，试验装置充满水后，立刻采用秒表记录灌水时间，同时记录灌水开始时刻(与土壤水分传感器时刻一致)；按照先疏后密的原则，记录不同时刻马氏瓶的水位线。土桶表面采用 0.5mm 塑料薄膜覆盖，以减小土壤水分蒸发损失对试验的影响。根据单位时间马氏瓶刻度和横截面积乘积计算灌水器的流量，流量数据取 3 次重复的平均值。

入渗蒸发阶段Ⅱ(2780～3360min)，3 个重复土桶均去除土桶表面塑料薄膜，通过蒸发装置对土桶表层蒸发，土桶 2 和土桶 3 继续灌水，并实时记录马氏瓶水位线，流量数据取 2 次重复的平均值(土桶 2、3)。土桶 1 停止灌水，通过称重得出蒸发量，室温对蒸发的影响忽略不计。

入渗阶段Ⅲ(3360～4320min)，土桶 2 和土桶 3 继续灌水，去除蒸发装置，并在土桶表面覆盖 0.5mm 塑料薄膜，实时记录马氏瓶水位线。流量数据取 2 次重复的平均值(土桶 2、3)。土桶 1 停止试验。

入渗蒸发阶段Ⅳ(4320～4500min)，2 个重复土桶试验(土桶 2、3)均去除表面塑料薄膜，通过蒸发装置对土桶表层蒸发。土桶 3 继续灌水，并实时记录马氏瓶水位线，流量数据取土桶 3 试验值。土桶 2 停止灌水，去除土桶表面塑料薄膜，通过蒸发装置对土桶 2 进行表层蒸发，蒸发量通过称重得出。

采用均方根误差(root mean square error，RMSE)和残差聚集系数(residual aggregation coefficient，CRM)对理论模型进行评价(吴立峰等，2015)。

$$\mathrm{RMSE}=\sqrt{\frac{1}{n}\sum_{i}^{n}(S_i-O_i)^2} \tag{4-8}$$

$$\mathrm{CRM}=\frac{\sum_{i}^{n}O_i-\sum_{i}^{n}S_i}{\sum_{i}^{n}O_i} \tag{4-9}$$

式中，n 为样本容量；S_i 为理论值；O_i 为实测值。RMSE 和 CRM 数值越小，表明理论模拟效果越好。

2. 模型验证结果

微孔陶瓷灌水器流量与土壤含水率的变化曲线如图 4-10(a)所示。由图中可以看出，阶段Ⅰ开始后，随着灌溉的进行，灌水器的流量由 2L/h 左右逐渐波动下降至 0，2000min 左右灌水器流量极小，约为 0.03L/h，直至 2780min，灌水器已不出流。阶段Ⅱ(2780～3360min)增加蒸发措施后，灌水器又逐渐恢复出流，3000min 时灌水器的流量约为 0.05L/h。阶段Ⅲ(3360～4320min)蒸发停止，灌水器的流量逐渐降低，4000min 时灌水器流量约为 0.02L/h，最终降低为 0。而 4320min 后增加蒸发措施，又使得灌水器的流量逐渐增大，而后稳定在 0.05L/h 附近。对于灌水器周围土壤含水率而言，在 0m 工作压力水头下，随着灌溉时间的增加，土壤含水率先是急速增加至 40.0%左右，而后缓慢增加趋近于土壤的饱和含水率，2000min 时灌水器周围土壤含水率为 47%，最终到达饱和含水率 48%。

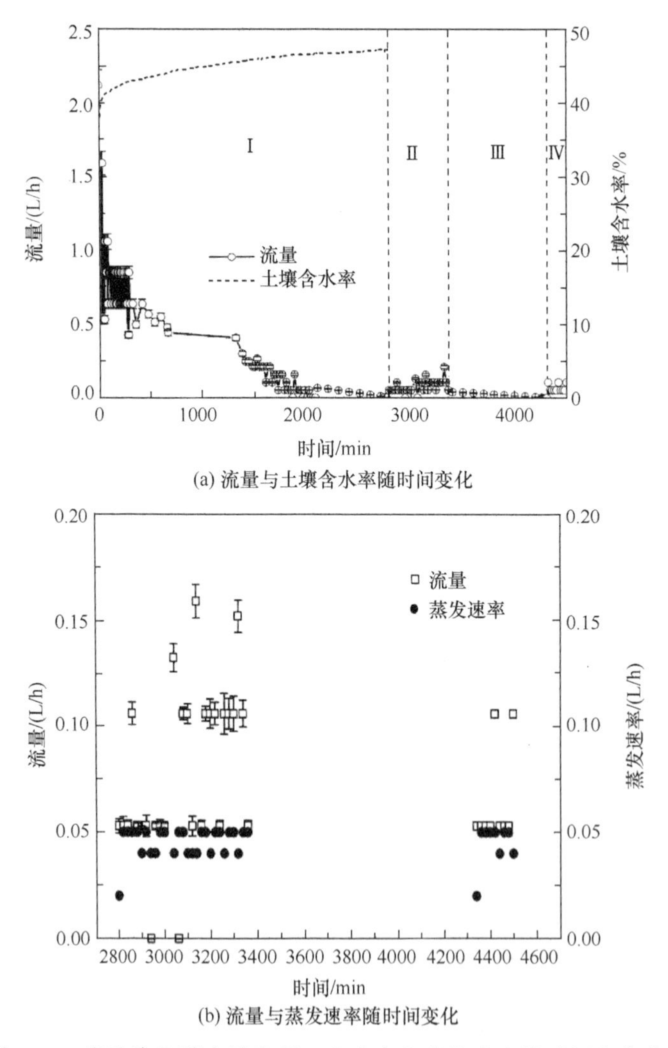

图 4-10　微孔陶瓷灌水器流量、含水率和蒸发速率随时间变化曲线

阶段Ⅰ、Ⅲ，即 0～2780min、3360～4320min，灌水器流量逐渐降低，这是由于灌溉水进入土壤中，灌水器周围土壤基质势逐渐降低，使得灌水器内外水势差逐渐降低。阶段Ⅱ、Ⅳ，即 2780～3360min 及 3360～4500min，灌水器

流量恢复则是由于增加蒸发措施使得土壤含水率发生微小变化，灌水器周围土壤的水势也随之发生变化，导致灌水器内外水势差发生变化，因此灌水器会重新出流。由图 4-10(a)可以看出，在 0m 工作压力水头下，灌水器在 2780min 和 4320min 时已经停止出流，但在 2780～3360min 和 4320～4500min 通过人工增加蒸发措施，使得灌水器重新恢复出流。

图 4-10(b)给出了阶段Ⅱ、Ⅳ灌水器流量与蒸发速率的关系。由图可以看出，利用蒸发装置对土桶进行蒸发时，土桶的蒸发速率迅速增大而后维持稳定，换算为流量基本上维持在 0.05L/h 左右，而此时灌水器的流量则在 0.05～0.11L/h 波动。3000min 时，灌水器的流量约为 0.052L/h，而此时的蒸发速率约为 0.05L/h，灌水器的流量稍大于蒸发速率。这是因为蒸发速率测试过程中，灌水器并未出流实时补充土壤水分，所以蒸发速率稍小于实际值。

若假定试验中蒸发量为实际灌溉过程中作物的需水量及土壤的蒸发量之和，利用微孔陶瓷灌水器进行灌溉则可实时调整流量以适应土壤水分的变化。当土壤饱和时，灌溉停止；作物需水时吸收其根部附近土壤水分，灌水器则会根据土壤含水率的变化自动调整其流量，补充土壤中缺失的水分。因此，利用微孔陶瓷灌水器进行灌溉不需要人力进行控制，也不需要人为地制定灌溉制度和灌溉时间，始终以适应土壤含水率变化为前提，因此这种灌溉方式是一种连续的、主动的灌溉方式。

图 4-11 为灌水时间 0～2780min，微孔陶瓷灌水器周围土壤含水率与灌水器流量的关系。由图 4-11 可以看出，灌水器周围土壤含水率越大，灌水器的流

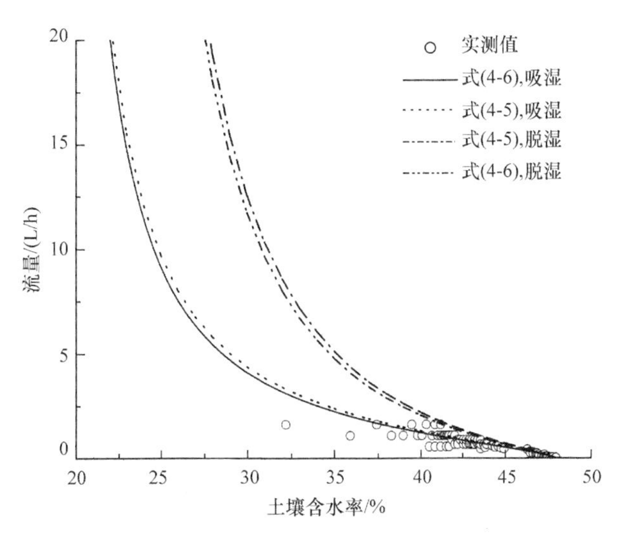

图 4-11 微孔陶瓷灌水器周围土壤含水率与灌水器流量关系曲线

式(4-6)表示入渗过程中考虑 5%气体阻力影响；式(4-5)表示入渗过程中不考虑空气阻力影响；脱湿表示公式中水分特征参数采用脱湿曲线拟合参数；吸湿表示公式中水分特征参数采用吸湿曲线拟合参数

量越小，当含水率为饱和含水率时，灌水器的流量为 0。这是因为灌水器内部工作压力水头为 0m，外部土壤水势为基质势和空气阻力，基质势为负值，促进灌水器出流；气体阻力为正值，抑制灌水器出流。灌溉过程中，土壤含水率的增大则意味着土壤基质势绝对值的降低，灌水器内外水势差的减小，因此使得灌水器的流量减小。

将本节中土壤水分特征曲线参数、灌水器水力特征参数及结构参数代入式(4-5)和式(4-6)，可得吸湿过程与脱湿过程中土壤含水率与灌水器流量的关系曲线，如图 4-11 所示。由图 4-11 可以看出，随着土壤含水率的增大，灌水器流量呈逐渐减小的趋势，当土壤含水率达到其饱和含水率时，其土壤基质势为 0、灌水器外气体阻力也为 0，此时灌水器内外水势差为 0，因而使得灌水器流量也就为 0。

表 4-3 为理论值与实测值的 RMSE 和 CRM。当采用吸湿曲线并考虑 5%气体阻力时，理论值与实测值的 RMSE 为 0.06，CRM 为 0.12，均为最小，可较好反映灌水器流量随土壤含水率变化的情况。由模拟曲线可以看出，在灌水前期，灌水器周围的土壤含水率迅速增加，土壤水势迅速降低，使得灌水器的流量发生明显的变化；灌水后期，灌水器周围土壤含水率变化较小，基本处于土壤饱和含水率附近，因此灌水器的流量变化较小，接近于 0。灌水器的流量是随土壤含水率动态变化的，当灌水器外部的土壤含水率小于土壤饱和含水率时，在土壤基质势和气体阻力的共同作用下，灌水器就可以保证出流。因此，使用微孔陶瓷灌水器灌溉时，可在不采用任何加压设备的情况下利用土壤的基质势使得灌水器出流和停止出流，系统能耗较低。

表 4-3　理论值与实测值的 RMSE 和 CRM

统计指标	式(4-6)，脱湿	式(4-5)，脱湿	式(4-6)，吸湿	式(4-5)，吸湿
RMSE	0.60	0.75	0.06	0.07
CRM	0.71	0.83	0.12	0.20

表 4-3 表明，本节建立的无压条件下微孔陶瓷灌水器出流模型可以较好地描述微孔陶瓷灌水器在土壤中的出流过程。目前研究中，对于微孔陶瓷管在土壤中的出流规律也有通过基于 Richards 方程的数值模型，利用 HYDRUS-2D 软件求解得出。相比而言，本节所建立的模型形式较为简单，参数较少，物理意义明确，仅需土壤物理参数和灌水器水力参数便可求解。由模型建立过程可知，灌水器的内边界为无压边界，当内边界为负压边界时，灌水器出流的驱动力仍为土壤基质势，因此该模型仍可适用。但是当灌水器工作压力水头大于 0 且灌水器出流量远大于土壤入渗能力时，灌水器周围土壤中就可能产生正压(Shani et al.，1996)。正压的出现会直接影响灌水器的出流，正压的大小与土壤含水率

之间是否存在联系，能否应用该模型进行扩展等问题仍需进一步检验。

由无压条件下灌水器的出流模型可知，微孔陶瓷灌水器灌溉过程中流量与其周围的土壤含水率相耦合，灌溉一段时间后灌水器周围湿润体内的土壤含水率基本维持稳定，土壤水分消耗后又可连续补水，达到连续、主动灌溉的目的。

4.3　微压条件下微孔陶瓷灌水器出流特性

4.3.1　理论模型

微孔陶瓷灌水器为圆柱形腔体结构，其渗流面可以分为两部分，一为底部渗流区，二为环形渗流区，根据达西定律，灌水器的流量为

$$Q = Q_{ec} + Q_{eb} = \frac{K_e \cdot 2\pi \cdot H \cdot L_{ec}}{\ln(r_2 / r_1)} + \frac{K_e \cdot A \cdot H}{L_{eb}} = aK_eH \tag{4-10}$$

式中，Q 为固定工作压力水头下灌水器流量；Q_{ec} 为固定工作压力水头下灌水器上部圆管部分流量；Q_{eb} 为固定工作压力水头下灌水器底部流量；K_e 为灌水器渗透系数；L_{eb} 为灌水器底部厚度；L_{ec} 为灌水器上部圆管部分长度；A 为灌水器底部渗流面积；H 为灌水器内外水势差，如果在空气中，则为灌水器工作压力水头；r_2 为灌水器上部圆管部分外径；r_1 为灌水器上部圆管部分内径；a 为形状系数，可有灌水器结构尺寸计算而来。

图 4-12 为微孔陶瓷灌水器灌溉示意图。与无压条件下灌水器出流特性类似，灌水器的工作压力水头为 H'，则灌水器内部单位水所具有的水势 φ_{in} 即为 H'。因此，灌水器的设计流量(即设计压力水头下灌水器在空气中的流量) $Q' = aK_eH'$ 。

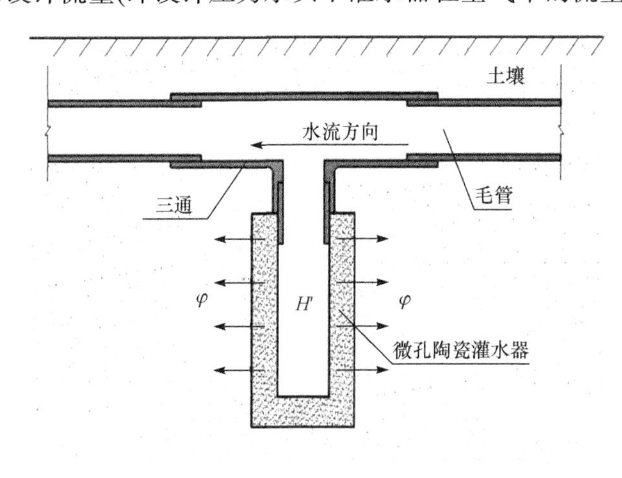

图 4-12　微孔陶瓷灌水器灌溉示意图

当工作压力水头为正时，灌水器出流的驱动力为工作压力水头和灌水器外土壤水势。此时土壤水势可能会出现由负转零，甚至正的过程。灌水器外单位土壤所具有的水势 φ_{out} 为 φ。依据灌水器外水势变化将入渗分为三个阶段。

1. 基质势作用阶段

入渗刚开始时，灌水器外土壤含水率小于土壤饱和含水率，此时土壤水势就为基质势，为负值。土壤水势对灌水器出流有促进作用，灌水器的流量大于其在空气中的流量。土壤水势随含水率增加逐渐减小，直至达到饱和。因此，灌水器的流量变化则同无压条件下灌水器出流量一致(同 4.2.1 小节)。其出流过程为

$$q = aK_{\mathrm{e}}\left(H' + 0.95 \times \frac{1}{\alpha}\left[\left(\frac{\theta_{\mathrm{s}} - \theta_{\mathrm{r}}}{\theta - \theta_{\mathrm{r}}}\right)^{\frac{1}{m}} - 1\right]^{\frac{1}{n}}\right) \tag{4-11}$$

当土壤达到水分饱和的瞬间，灌水器外土壤水势变为 0，而灌水器工作压力为正，因此灌水器的流量 q 就为

$$q = Q = aK_{\mathrm{e}}H' \tag{4-12}$$

2. 压力势作用阶段

土壤继续进水，工作压力水头下的流量 Q 继续进入到土壤中，而土壤的导水能力已经变为饱和导水率 K_{s}，此时产生正压的大小就与灌水器单位面积的流量 Q'、土壤的饱和导水率 K_{s} 和饱和区半径的比值有关。此阶段开始后，灌水器的流量将会迅速降低。饱和区范围增大，使得灌水器流量继续下降，最终趋于稳定。稳定的时间与灌水器的工作压力水头、渗透系数以及土壤性质有关。

当灌水器单位面积的设计流量(与工作压力水头、渗透系数呈线性关系)小于等于土壤的饱和导水率时，土壤对灌水器的出流无抑制作用，灌水器周围为负压或零压。当单位面积设计流量大于土壤的导水率时，土壤对灌水器的出流有抑制作用，灌水器周围土壤水势则以正压为主。当灌水器单位面积的设计流量远远大于土壤导水率时，可能会破坏土壤结构，灌水器周围的土壤水势可能为正压，也可能为负压。

灌水器外表面积为

$$S = 2\pi r_2 (L_{\mathrm{ec}} + L_{\mathrm{eb}}) + \pi r_2^2 \tag{4-13}$$

灌水器单位面积的流量就为

$$Q' = \frac{Q}{S} = \frac{Q}{2\pi r_2 (L_{\mathrm{ec}} + L_{\mathrm{eb}}) + \pi r_2^2} \tag{4-14}$$

根据 Shani 等(1996)对地下滴灌的研究发现，地下滴灌灌水器出口处的正压符合以下关系

$$\varphi_{\mathrm{P}}=\left(\frac{2-\alpha\cdot r}{8\pi\cdot K_{\mathrm{s}}\cdot r}\right)\cdot Q'-\frac{1}{\alpha_{\mathrm{G}}} \tag{4-15}$$

式中，φ_{P} 为压力势；r 为土壤水分饱和区半径，随时间变化；α 和 α_{G} 为土壤参数。

3. 稳定出流阶段

当饱和区半径 r 趋于稳定值 r_0,此时灌水器周围土壤的水势就会成为定值，如式(4-16)所示。

$$\varphi_{\mathrm{P}}=\left(\frac{2-\alpha\cdot r_0}{8\pi\cdot K_{\mathrm{s}}\cdot r_0}\right)\cdot Q'-\frac{1}{\alpha_{\mathrm{G}}} \tag{4-16}$$

但是饱和区半径稳定值 r_0 在实际测量过程中难度很多，目前较多采用估计值。本书采用水力半径的概念。

$$r_0=\frac{A'}{\chi} \tag{4-17}$$

式中，A' 为过水断面面积，此处为灌水器的截面积，即 $A'=r_2(L_{\mathrm{ec}}+L_{\mathrm{eb}})$；$\chi$ 为湿周，$\chi=2(L_{\mathrm{ec}}+L_{\mathrm{eb}}+r_2)$。

因此，r_0 为

$$r_0=\frac{A}{\chi}=\frac{r_2(L_{\mathrm{ec}}+L_{\mathrm{eb}})}{2(L_{\mathrm{ec}}+L_{\mathrm{eb}}+r_2)} \tag{4-18}$$

压力势与灌水器设计流量 Q、灌水器外表面积 S、土壤饱和导水率 K_{s} 的比值有关，因此灌水器内外水势差 $\varphi_{\mathrm{in}}-\varphi_{\mathrm{out}}$ 即为 $H'-\varphi_{\mathrm{P}}$，将其代入式(4-10)可得

$$q=aK_{\mathrm{e}}\left(H'+\frac{1}{\alpha_{\mathrm{G}}}-\frac{2-\alpha r_0}{8\pi K_{\mathrm{s}} r_0}\cdot\frac{aK_{\mathrm{e}}H'}{S}\right) \tag{4-19}$$

由式(4-19)可知，由于内部工作压力水头维持恒定，土壤水势越高，灌水器的流量越小。综上所述，可以得出微压条件下微孔陶瓷灌水器流量随时间和土壤含水率的变化曲线如图 4-13 所示。

图 4-13(b)为微孔陶瓷灌水器流量随时间的变化曲线。由图可知，灌水器流量变化分为三个阶段，一为灌水器流量逐渐下降，最终降为灌水器设计流量；二为灌水器流量由设计流量降至稳定流量阶段；三为灌水器稳定出流阶段。根据以上分析，灌水器流量变化是由于灌水器外土壤基质势和压力势共同作用所致。灌水器出流第一阶段，灌水器流量变化是由于基质势变化所致，其原因在于土壤含水率的变化[图 4-13(a)]。灌水器出流第二阶段，灌水器流量变化是由于压力势变化所致(归根结底是饱和区面积变化)，其与土壤含水率的关系较小。灌水器出流第三阶段，灌水器流量为稳定值 q_{s}，此时压力势为定值，其值大小

与灌水器设计流量、土壤质地等有关。因此，利用土壤含水率和压力势的变化，在工作压力水头合适的条件下，同时配合作物的根系吸水，可以自动调节灌水器的流量，实现主动灌溉。

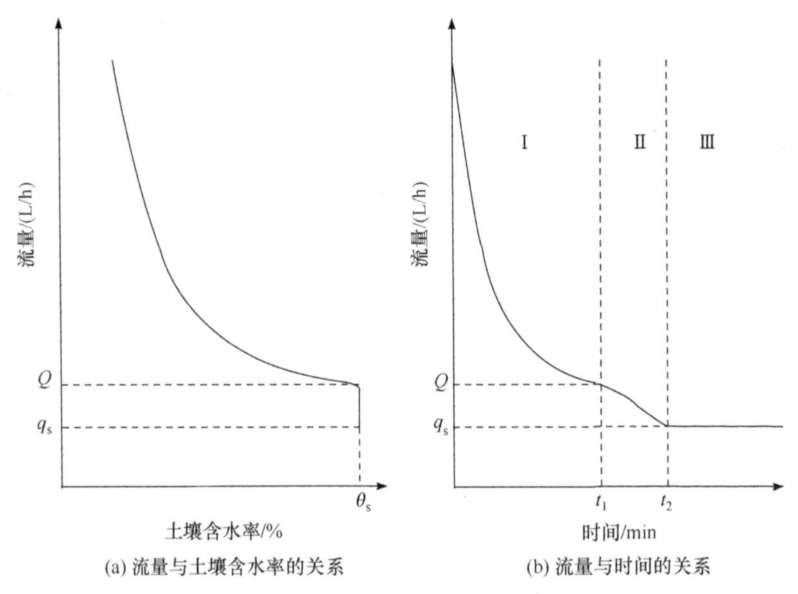

图 4-13　微压条件下微孔陶瓷灌水器流量随土壤含水率和时间的变化曲线

4.3.2　模型验证

1. 模型验证试验

验证试验装置由土桶、马氏瓶、排气稳压管、微孔陶瓷灌水器和土壤水分传感器等组成，如图 4-14。土桶规格为 37cm×29cm×42cm(上直径×下直径×高)。土桶上有直径为 20mm 的对称小孔(距离土桶上边缘 16cm)用以通过进水管。供

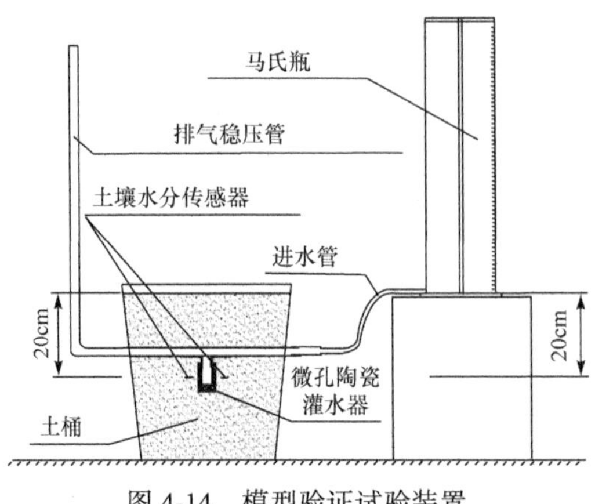

图 4-14　模型验证试验装置

水装置为马氏瓶，其直径为 15cm，高为 66cm。灌水器通过 PVC 三通与输水管道相连接，垂直埋置于土桶中，埋深为 20cm。试验采用管下式砂基微孔陶瓷灌水器。

试验用灌水器的特征参数如表 4-4 所示。设计流量为空气中 0.2m 压力水头下的测定值。

表 4-4　试验用灌水器的特征参数

编号	烧结温度/℃	密度 /(g/cm³)	外径×内径×内孔深×高 /(mm×mm×mm×mm)	设计流量 /(L/h)	渗透系数 /(cm/h)
S	1200	2.46	39.53×19.88×4.98×6.81	0.72	0.69
M	1250	2.40	39.37×19.82×4.97×6.80	1.87	1.80
B	1300	2.34	39.51×19.87×4.98×6.82	4.40	4.24

试验选择塿土和黄绵土两种不同类型的土壤。塿土取自陕西省杨凌区渭河三级阶地小麦耕地，黄绵土取自陕西省榆林市清涧县店则沟镇红枣林地；取土深度均为 30cm，将取得的试验土壤风干、碾压、混合后过 2mm 筛网分别留样。土壤颗粒组成采用激光粒度分析仪(MS2000 型)测定，土壤饱和导水率采用 RETC 软件，利用容重和土壤颗粒分布参数得出(表 4-5)。土壤水分特征曲线采用高速冰冻离心机(CR21G PF 型)测定，结果如图 4-15 所示。

表 4-5　试验用土壤的物理性质

土质	土壤类型	土壤颗粒组成占比/%			容重 /(g/cm³)	土壤水力参数	
		黏粒	粉粒	砂粒		饱和含水率/%	饱和导水率/(cm/d)
塿土	黏壤土	20.19	41.75	38.06	1.35	40.2	17.12
黄绵土	壤质砂土	9.00	18.75	72.25	1.35	35.5	101.55

注：此处含水率指质量含水率。本小节中的土壤含水率均为质量含水率。

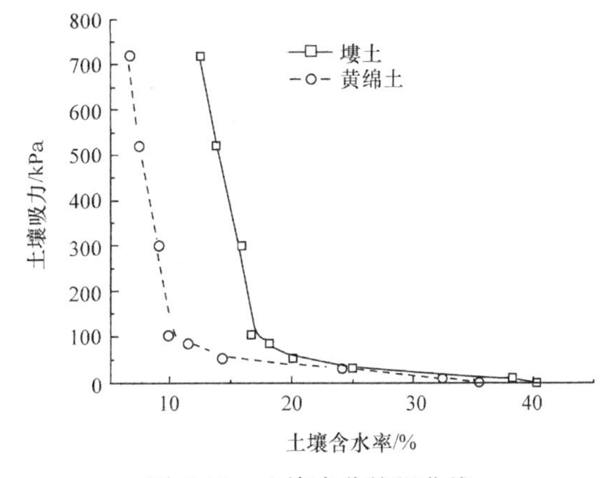

图 4-15　土壤水分特征曲线

本试验包括灌水器设计流量和土壤质地两个因素。应用三种不同设计流量的灌水器(S 型、M 型、B 型)分别在两种土壤(塿土、黄绵土)中进行入渗试验，试验共 6 个处理，各处理重复 3 次，共进行 18 组试验。将试验土样(容重为 1.35g/cm^3；填土时风干塿土含水率为 7%左右，风干黄绵土含水率为 5%左右)分层(每层 5cm)装入土桶，分层界面处打毛，使土壤颗粒充分接触。试验装土深度为 40cm。土桶表面采用 0.5mm 塑料薄膜覆盖，以减小土壤水分蒸发损失对试验的影响。通过马氏瓶出口与灌水器中心点处高差决定灌水器工作压力水头，为 0.2m。试验装置充满水后，立刻采用秒表记录灌水时间，同时记录灌水开始时刻(与土壤水分传感器时刻一致)；按照先 2min 后 10min 的原则，记录不同时刻马氏瓶的水位线。灌水时间达到 5h 时停止供水，灌水器的入渗流量根据单位时间马氏瓶刻度和横截面积乘积计算，试验数据取 3 次重复的平均值。在灌水器中心点周围 4cm 处均匀布置 3 个标定后的土壤水分传感器探头(EC-5 型)，每隔 1min 测定土壤含水率，试验数据取 3 个探头所测得数据的平均值。

2. 模型验证结果

图 4-16 为不同设计流量和土质条件下灌水器入渗流量随时间的变化过程。不同处理下灌水器入渗流量随时间的变化也较为类似。灌水器入渗流量随时间的变化趋势可分为两个阶段：①初始阶段(开始灌水 0.5h 左右)，灌水器的入渗流量随灌水时间的增加迅速减小；②稳定阶段，随着灌水时间的继续增加，灌水器的入渗流量缓慢减小至趋于稳定。但 B 型灌水器在黄绵土中的出流规律略有不同，在灌溉 4h 后，灌水器的累计入渗量为 10.4L，造成土桶中灌水器下部已经完全饱和，进而淹没灌水器，此时灌水器相当于淹没出流，灌水器的累计入渗量越大，其周围的水位越高，因此在 4h 后其入渗流量会出现明显的降低。

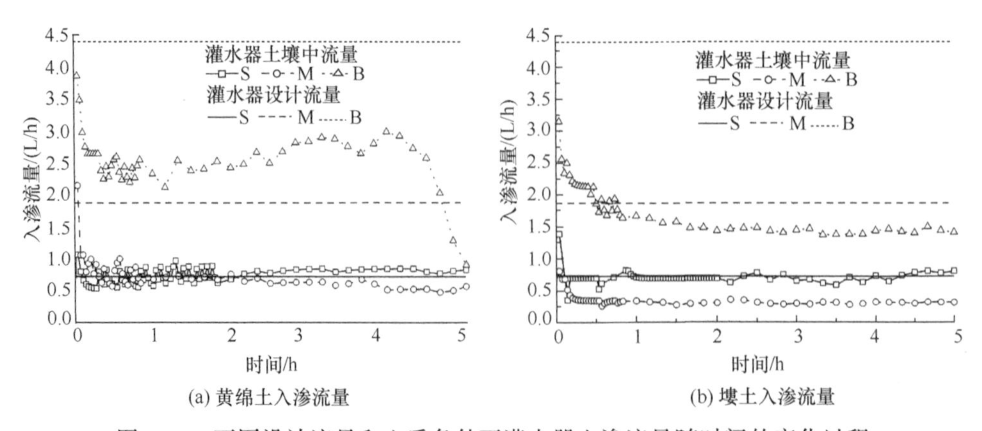

图 4-16 不同设计流量和土质条件下灌水器入渗流量随时间的变化过程

表 4-6 为灌水器在不同土质中设计流量与不同时段平均流量的关系。从表中看出，土壤质地不同会对灌水器的入渗流量造成影响，黄绵土中灌水器的入渗流量均大于塿土中。设计流量对灌水器的实际出流有显著影响($P<0.05$)。随着灌水器设计流量增大，灌水器在土壤中的平均流量出现先减小后增大的趋势。

表 4-6　灌水器在不同土质中设计流量与不同时段平均流量的关系

土质	设计流量/(L/h)	前 0.5h 平均流量/(L/h)	5h 平均流量/(L/h)
塿土	0.72(S)	0.71	0.70
	1.87(M)	0.44	0.35
	4.40(B)	2.26	1.76
黄绵土	0.72(S)	0.78	0.74
	1.87(M)	0.90	0.73
	4.40(B)	2.72	2.47

图 4-17 为不同设计流量和土质下灌水器周围土壤含水率随时间的变化过程。由图可知，不同设计流量和土质下灌水器周围土壤含水率随时间的变化规律基本一致。灌水器周围土壤含水率在短时间内迅速增加，接近饱和。B 型灌水器周围土壤含水率增加速率最快，M 型次之，S 型最慢。灌水 300min 时，灌水器周围土壤含水率均接近于土壤饱和含水率。结合图 4-16 和图 4-17 可以看出，初始阶段，灌溉水经由灌水器消能进入土壤，灌水器周围的土壤含水率由 10%以下迅速增长，导致灌水器周围土壤水势迅速由负压转变为零压和正压，因此土壤对灌水器的出流由促进作用迅速转变为抑制作用，使得灌水器入渗流量随时间迅速减小。稳定阶段，灌水器周围的土壤含水率趋于饱和，土壤水势变化较小，土壤水分扩散达到稳定阶段，灌水器的入渗流量基本维持稳定。

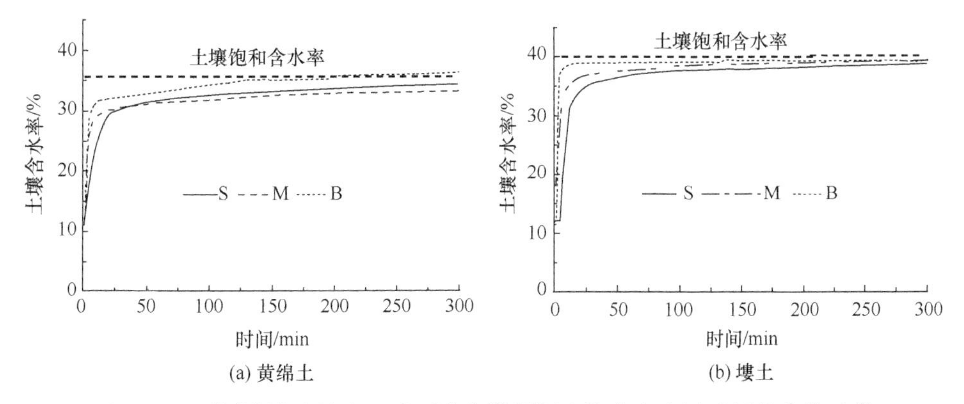

图 4-17　不同设计流量和土质下灌水器周围土壤含水率随时间的变化过程

根据式(4-2)计算不同设计流量和土质下灌水器周围土壤水势随时间的变化过程，如图 4-18 所示。由图 4-18 可以看出，灌水初期，灌水器周围的土壤水势迅速增大，随着灌水时间延长，土壤水势逐渐趋于稳定。土壤质地不同会对灌水器周围土壤水势造成影响。随着灌水器设计流量增大，灌水器周围的土壤水势出现先增大后减小的趋势。

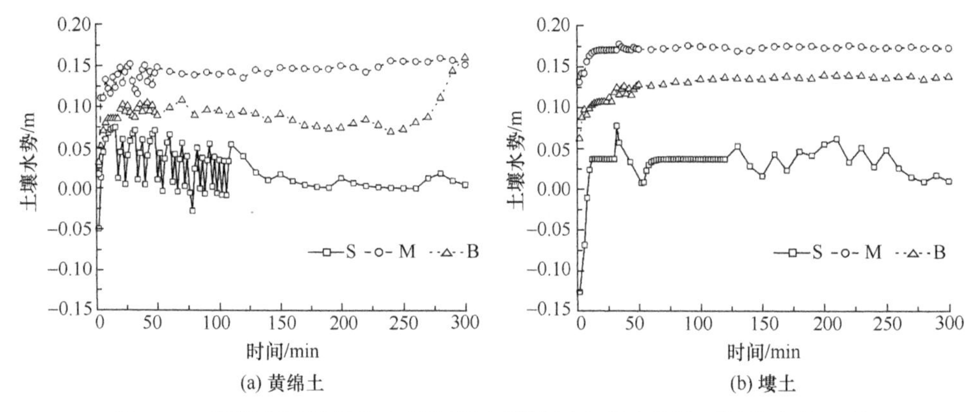

图 4-18　不同设计流量和土质下灌水器周围土壤水势随时间的变化过程

结合表 4-6 可以看出，在两种土质中，B 型、M 型灌水器的平均流量均小于灌水器的设计流量，这是由于 B 型、M 型灌水器设计流量较大，在灌水器周围形成正压区，阻碍灌水器的出流，使得灌水器的入渗流量降低。由于 S 型灌水器的设计流量较小，其设计流量接近于塿土的饱和导水率，小于黄绵土的饱和导水率，因此在塿土中，土壤对其出流的阻碍作用较小，其入渗流量与设计流量较为接近。但在黄绵土中，S 型灌水器的入渗流量小于黄绵土的饱和导水率，微孔陶瓷灌水器周围土壤逐渐湿润，土壤对灌水器出流的抑制作用尚不明显，因此其入渗流量稍大于设计流量。

图 4-19 为不同设计流量和土质下灌水器周围土壤含水率与入渗流量的关系曲线。从图中可以看出，各处理灌水器入渗流量均随土壤含水率的增大而减小。以塿土中 M 型灌水器为例，当土壤含水率由 13%增大至 40%时，灌水器入渗流量由 1.4L/h 下降至 0.3L/h 左右，土壤含水率的增大使得土壤水势由负压逐渐转变为正压，因此对灌水器出流也由促进转变为抑制，使得灌水器的入渗流量逐渐降低。在没有淹没出流的情况下(如黄绵土中 B 型灌水器灌水 240min 后)，土壤含水率越高，灌水器的入渗流量就越小。灌水器周围土壤含水率对灌水器入渗流量具有反作用。

灌水器土壤中入渗流量发生变化的直接原因是土壤水势的变化，但根本原因是土壤含水率的变化。王佳佳(2016)、邹朝望等(2007)、雷廷武等(2005)利用

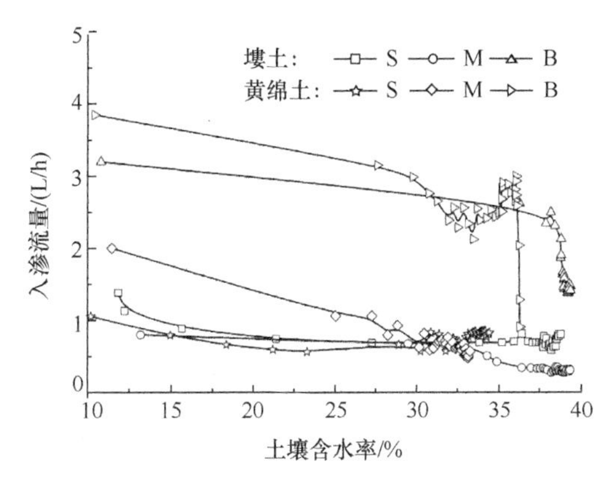

图 4-19　不同设计流量和土质下灌水器入渗流量与周围土壤含水率关系曲线

陶土头进行负压灌溉的试验结果表明，只需要灌水器内部工作压力水头大于外部水势，灌溉水即可由灌水器流入土壤；灌水器停止出流的条件为内部工作压力水头等于外部水势。在负工作压力水头条件下，该工况较易出现。当灌水器内部工作压力水头为正，灌水器外部土壤水势为正压；或者当灌水器内部工作压力水头为 0，灌水器外部土壤水势为 0，均可使灌水器停止出流。本小节中，当 S 型灌水器内部工作压力水头为 0，随着灌溉进行，灌水器周围土壤达到饱和，土壤水势为 0，此时灌水器就会停止出流。当 M 型灌水器内部工作压力水头为小于 0.2m 的某一正值，随着灌溉进行，灌水器周围土壤达到饱和，土壤水势为正值，此时灌水器也会停止出流。因此采用微孔陶瓷灌水器作为灌溉系统的核心部件，在内部工作压力水头适宜(低压或零压)的情况下，通过灌水器入渗流量与土壤含水率的耦合作用，即可实现土壤水分的自动调控，达到主动灌溉的目的。

灌水器周围土壤水势(150～300min 平均值)与灌水器设计流量关系如图 4-20 所示。随着灌水器设计流量的增大，其外部土壤水势逐渐由负压向零压、正压转变，而后正压值出现先增大后减小的趋势。当灌水器的设计流量小于土壤的

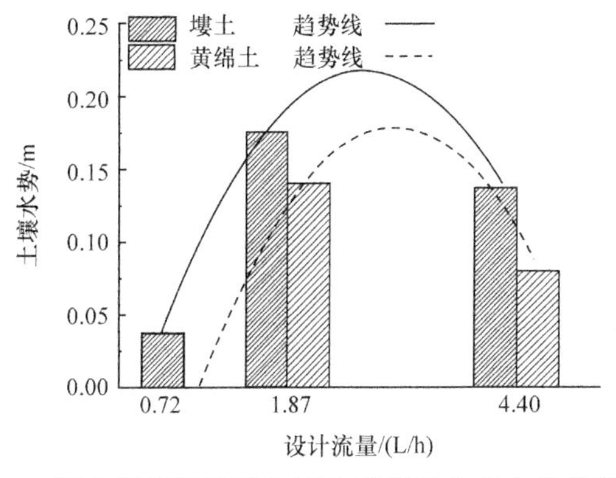

图 4-20　灌水器设计流量与灌水器周围土壤水势关系曲线

饱和导水率时，土壤对于灌水器的出流有促进作用，灌水器周围则以负压为主；当设计流量等于土壤的饱和导水率时，土壤对灌水器的出流无抑制作用，灌水器周围则以零压为主；当设计流量大于土壤的饱和导水率时，土壤对灌水器的出流有抑制作用，灌水器周围则以正压为主；当灌水器的设计流量远远大于土壤的饱和导水率时，灌水器周围的土壤水势仍为正压，但土壤对灌水器的出流影响较为复杂。

图 4-21 为灌水器设计流量为 9.5L/h 时塿土中灌水器出流情况照片。可以看出，当灌水器设计流量远远大于土壤饱和导水率时，出流过程中，土壤水分会优先在大孔隙中形成通道，灌水器周围的土壤结构可能就会受到破坏，形成空穴、渗流通道等。此时若渗流通道与地表联通，则灌水器周围的正压就下降到与此处的重力势相等；若形成空穴，则灌水器周围的正压就与空穴内部自由水面与灌水器中心点的高差有关，称为积水深度(仵峰等，2008，2004)。

图 4-21　灌水器设计流量为 9.5L/h 时塿土中灌水器出流情况图片

参 考 文 献

蔡耀辉, 吴普特,张林, 等, 2017a. 微孔陶瓷渗灌与地下滴灌土壤水分运移特性对比分析[J]. 农业机械学报, 48(4), 242-249.

蔡耀辉, 吴普特, 张林, 等, 2017b. 无压条件下微孔陶瓷灌水器入渗特性模拟[J]. 水利学报, 48(6): 730-737.

关小康, 杨明达, 白田田, 等, 2016. 适宜深播提高地下滴灌夏玉米出苗率促进苗期生长[J]. 农业工程学报, 13: 75-80.

孔清华, 李光永, 王永红, 等, 2009. 地下滴灌施氮及灌水周期对青椒根系分布及产量的影响[J]. 农业工程学报, 25(S2): 38-42.

李援农, 2007. 不同灌溉方式入渗条件下的土壤空气阻渗特性试验研究[D]. 西安: 西安理工大学.

梁爱民, 邵龙潭, 2009. 土壤中空气对土结构和入渗过程的影响[J]. 水科学进展, 20(4): 502-506.

雷廷武, 江培福, 肖娟, 2005. 负压自动补给灌溉原理及可行性试验研究[J]. 水利学报, 36(3): 298-302.

雷志栋, 杨诗秀, 谢森传, 1999. 土壤水动力学[M]. 北京: 清华大学出版社.

任改萍, 2016. 微孔陶瓷渗灌土壤水分运移规律研究[D]. 杨凌:西北农林科技大学.

邵龙潭, 王助贫, 2000. 非饱和土中水流入渗和气体排出过程的求解[J]. 水科学进展, 11(1): 8-13.

王佳佳, 2016. 负压灌溉下不同质地土壤水盐运移规律研究[D]. 北京: 中国农业大学.

王建东, 龚时宏, 于颖多, 等, 2008. 地面灌水频率对土壤水与温度及春玉米生长的影响[J]. 水利学报, 39(4): 500-505.

仵峰, 范永申, 李辉, 等, 2004. 地下滴灌灌水器堵塞研究[J]. 农业工程学报, 20(1): 80-83.

仵峰, 李王成, 李金山, 等, 2003. 地下滴灌灌水器水力性能试验研究[J]. 农业工程学报, 19(2): 85-88.

仵峰, 吴普特, 范永申, 等, 2008. 地下滴灌条件下土壤水能态研究[J]. 农业工程学报, 24(12): 31-35.

吴立峰, 张富仓, 范军亮, 等, 2015. 不同灌水水平下 CROPGRO 棉花模型敏感性和不确定性分析[J]. 农业工程学报, 31(15): 63-72.

肖娟, 江培福, 郭秀峰, 等, 2013. 负水头条件下水质对湿润体运移及水盐分布的影响[J]. 农业机械学报, 44(5): 101-107.

张振华, 谢恒星, 刘继龙, 等, 2005. 气相阻力与土壤容重对一维垂直入渗影响的定量分析[J]. 水土保持学报, 19(4): 36-39.

邹朝望, 薛绪掌, 张仁铎, 等, 2007. 负水头灌溉原理与装置[J]. 农业工程学报, 23(11): 17-22.

ASHRAFI S, GUPTA A D, BABEL M S, et al., 2002. Simulation of infiltration from porous clay pipe in subsurface irrigation[J]. Hydrological Sciences Journal, 47(2): 253-268.

EL TILIB A, EL MAHI Y E, MAGID H, et al., 1995. Response of wheat to irrigation frequency and manuring in a salt-affected semi-arid environment[J]. Journal of Arid Environments, 31(1): 115-125.

GIL M, RODRÍGUEZ-SINOBAS L, JUANA L, et al., 2008. Emitter discharge variability of subsurface drip irrigation in uniform soils: Effect on water-application uniformity[J]. Irrigation Science, 26(6): 451-458.

KELLER J, KARMELI D, 1974. Trickle irrigation design parameters[J]. Transactions of the ASCE, 17(4): 678-684.

SHANI U, XUE S, GORDIN-KATZ R, et al., 1996. Soil-limiting flow from subsurface emitters. I: Pressure measurements[J]. Journal of Irrigation and Drainage Engineering, 122(5): 291-295.

第5章　微孔陶瓷根灌土壤水分运动规律

在土壤水分入渗过程中，土壤初始含水率是改变土壤入渗速率的重要因素之一(付强等，2018)。初始含水率是通过对基质势产生影响，进而影响土壤水分的入渗(金世杰等，2016；曾辰等，2010)。基质势决定入渗速率，较低初始含水率的土壤基质势大，故土壤入渗能力强(张强伟等，2018)。田间实际应用中，若灌水器埋深较浅，易造成表层土壤含水率过高，从而造成水分的无效损失，这将不利于灌溉水利用效率的提高。如果表土始终保持干燥状态，便可起到表层覆膜的作用，有效减少表层土壤水分的无效蒸发，从而提高灌溉水利用率；若灌水器埋深较深，将会影响到湿润体内土壤含水率及其位置，进而影响作物对水分的吸收，且埋深较深甚至会造成水分的深层渗漏(李朝阳等，2018)。微孔陶瓷根灌技术若要应用于不同作物，为了提高灌溉水利用率，应尽可能减少表土蒸发所引起土壤水分的无效损失(江津清，2019)。目前，田间大部分采取的是覆盖地膜、秸秆和干草等措施来降低表层土壤的水分蒸发，但这种措施削弱了大气与土壤的热交换，不利于作物生长(单小琴等，2018)。因此，本章研究土壤初始含水率、灌水器埋深和大气蒸发力对微孔陶瓷根灌入渗特性的影响，分析累计入渗量、湿润锋运移距离和湿润体内土壤含水率随时间的变化，以期为微孔陶瓷灌水器的田间应用技术参数确定提供一定的科学依据。

5.1　土壤初始含水率对微孔陶瓷根灌入渗特性的影响

5.1.1　材料与方法

试验在西北农林科技大学中国旱区节水农业研究院灌溉水力学试验大厅进行。试验装置由供水装置、土箱和微孔陶瓷灌水器等组成(图5-1)。供水装置为能够提供恒定工作压力水头的马氏瓶，其横截面直径为10cm，高度90cm。试验土箱由有机玻璃制作，尺寸为45cm×45cm×75cm(长×宽×高)。土壤水分监测系统采用EM50，探头埋设位置在微孔陶瓷灌水器的正下方，可对入渗过程中的土壤含水率进行实时监测，监测间隔为1min。试验土壤按设计容重1.35g/cm^{3}分层装入土箱，每层5cm，共填15层，为使土壤颗粒之间充分接触，两层之间进行打毛，装完土后使其自然沉降1d。土壤表面用塑料薄膜覆盖，防止土壤水分蒸发影响试验结果。微孔陶瓷灌水器的埋深为距土壤表面30cm处，其两端用管道连接，一端连接至马氏瓶，另一端尾部设有排气阀(试验开始时进行排气处理，从而使管道充满水)。马氏瓶出水口与水平放置的灌水器中心齐平，即微孔陶瓷灌水器工作压力水头为0。时间为50h，通过人为设定不同土壤初始含水率(3%、9%、12%和15%)，分析累计入渗量、湿润锋运移距离和土壤含水率随时间的变化规律。累计入渗量通过观察马氏瓶的读数进行换算得出。试验中，对湿润锋的运移轨迹在土箱表面画出，并记录好相对应的时刻，待试验结束后，以灌水器为中心通过尺子在土箱表面对所画湿润锋进行测量。

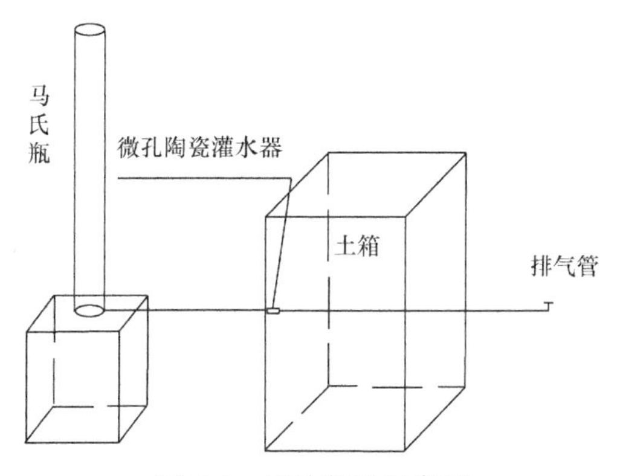

图5-1　试验装置示意图

试验用管间式微孔陶瓷灌水器为圆管形，尺寸为4.0cm×2.0cm×8.0cm(外径×内径×长)(图5-2)。试验土壤取自陕西省渭河三级阶地，将试验土壤风干、碾压、混合后过2mm筛网备用。土壤颗粒组成采用激光粒度分析仪(MS2000型)测定，其中黏粒占比23.14%，粉粒占比34.01%，砂粒占比42.85%。按国际制土壤质地分类标准，试验土壤属于黏壤土。

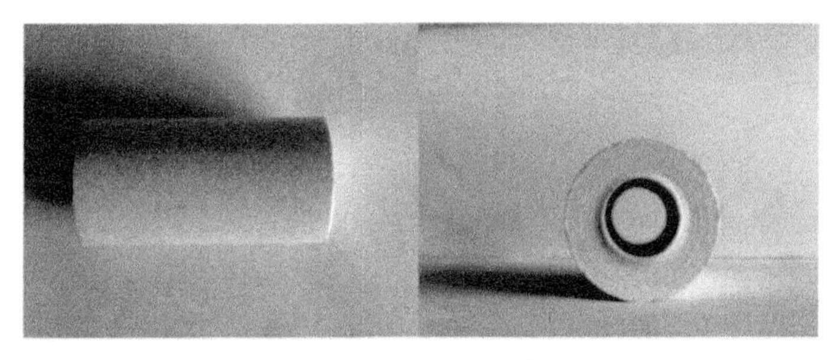

图5-2　试验用管间式微孔陶瓷灌水器

5.1.2　土壤初始含水率对累计入渗量的影响

图5-3为不同土壤初始含水率(3%、9%和15%)下累计入渗量随时间的变

化。从图中可以看出，不同初始含水率条件下微孔陶瓷根灌累计入渗量随时间的变化关系具有相似规律：随着时间增加，累计入渗量增大幅度均逐渐放缓，最后趋于稳定。这是由于无压条件下，微孔陶瓷灌水器出流的驱动力为土壤水势，即累计入渗量随时间的变化关系是由土壤水势决定。开始入渗时，土壤初始含水率较低，土壤水分主要受到土壤颗粒的吸力(最小值为 31 个大气压)和颗粒之间孔隙的毛细管力(最小值为 0.3 个大气压)作用(雷志栋等，1999)，此时的基质吸力非常大，促进微孔陶瓷灌水器出流；随着时间增加，湿润体不断扩大，灌水器附近一定区域内的土壤含水率高于田间持水量，此时土壤中毛管悬着水达到最大，毛管力为 0，从而减缓了微孔陶瓷灌水器出流。因此，随着时间增加，累计入渗量增大幅度均逐渐放缓，最后趋于稳定。同时，不同土壤初始含水率下累计入渗量增大幅度趋于稳定的时间不同，如土壤初始含水率分别为 15%、9%和 3%时累计入渗量增大幅度最终趋于稳定的时间分别为 16h、21h 和 23h 左右。这是由于土壤初始含水率不同导致基质吸力不同造成的。相同时间内，土壤初始含水率越大，累计入渗量越小。这是因为土壤初始含水率越大，基质吸力越小，土壤储水能力越弱。对于入渗前 10h，相同时间内，不同初始含水率条件下累计入渗量相差不大。例如，在入渗 8h 时，土壤初始含水率分别为 15%、9%和 3%的累计入渗量分别为 4.4L、5.2L 和 6.1L。这是因为入渗 10h 内，湿润体的湿润范围较小，且微孔陶瓷灌水器周围土壤含水率较低，所以土壤基质吸力全部作用在灌水器上促进其出流。随着时间增加，湿润体湿润范围的不断扩大，湿润锋干湿交界处的基质吸力对微孔陶瓷灌水器出流的作用逐渐减弱，导致不同初始含水率条件下微孔陶瓷根灌累计入渗量差异越来越明显。例如，在入渗结束时，土壤初始含水率分别为 15%、9%和 3%的累计入渗量分别为 10.3L、13.2L 和 17.5L。由此可见，土壤初始含水率对微孔陶瓷根灌的累计入渗量影响显著。

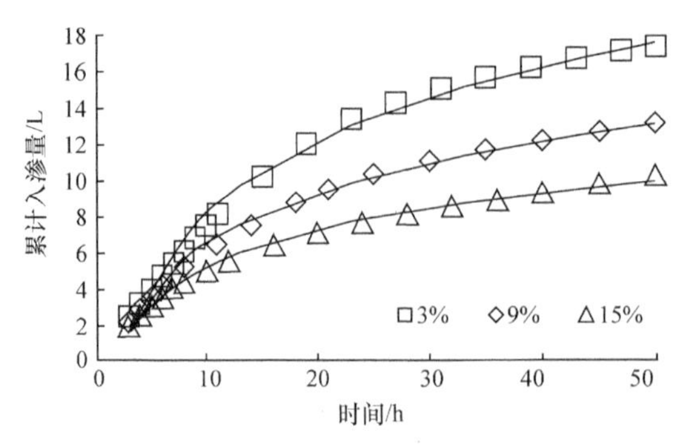

图 5-3　不同土壤初始含水率下累计入渗量随时间的变化

为了进一步定量分析微孔陶瓷根灌累计入渗量与时间的变化关系，通过统计分析发现，不同土壤初始含水率下累计入渗量 I 与时间 t 呈较好的对数关系，且可以用 $I=a\ln t-b$ 来表示。表 5-1 给出了不同土壤初始含水率下累计入渗量 I 与时间 t 的对数关系式。由表 5-1 可知，拟合公式的相关系数 R^2 均达到 0.98 以上，能较好地说明不同土壤初始含水率下累计入渗量随时间的变化关系。在非饱和土壤水分运动中，土壤水势只需考虑基质势和重力势，且基质势是土壤含水率的函数。入渗初期，灌水器周围的土壤含水率低于田间持水量，土壤水分主要受到土壤颗粒的吸力和颗粒之间孔隙的毛细管力，二者之和远大于其所受重力。故在入渗初期，累计入渗量随时间的变化是由基质势决定，即累计入渗量随时间的变化与土壤初始含水率有关。随着时间的增加，微孔陶瓷灌水器周围的土壤含水率高于田间持水量，但此时形成可自由流动的重力水仍是受基质势控制。由于整个土箱内的土壤初始含水率均一，且均低于田间持水量，随着时间的增加，在湿润锋干湿交界处的土壤水分仍是受到土壤颗粒的吸力和颗粒之间所形成孔隙的毛细管力的共同作用。因此，在入渗整个过程，累计入渗量随时间的变化关系一直由基质势决定，而基质势是土壤含水率的函数。基于此，可知系数 a 和 b 与土壤初始含水率 θ_0 有关。

表 5-1 不同土壤初始含水率下累计入渗量与时间的对数关系式

土壤初始含水率/%	拟合公式	R^2
3	I=5.8794ln$t$–5.4069	0.9897
9	I=4.1313ln$t$–3.0336	0.9952
15	I=2.9808ln$t$–1.6702	0.9961

从表 5-1 可知，系数 a 和 b 均随着土壤初始含水率的增大而减小，经统计分析发现，系数 a 和 b 与土壤初始含水率 θ_0 呈较好的幂函数关系：

$$a=1.448\theta_0{}^{-0.406}\ (R^2=0.966) \tag{5-1}$$

$$b=0.490\theta_0{}^{-0.697}\ (R^2=0.954) \tag{5-2}$$

将式(5-1)和式(5-2)代入 $I=a\ln t-b$ 中，可得出以时间和土壤初始含水率为自变量，微孔陶瓷根灌的累计入渗量为应变量的入渗模型：

$$I=1.448\theta_0{}^{-0.406}\ln t-0.490\theta_0{}^{-0.697} \tag{5-3}$$

式中，I 为累计入渗量；θ_0 为土壤初始含水率；t 为时间。

为检验入渗模型的可靠性，配置土壤初始含水率为 12%的土样，按相同的标准进行试验，选取 8 个时间点进行分析，将其实测值与拟合值进行对比分析，结果见表 5-2。

表 5-2　累计入渗量实测值与拟合值对比

累计入渗量	时间/h							
	5	6	8	10	20	30	40	50
实测值/L	3.46	4.06	4.86	5.53	8.52	9.73	10.78	11.75
拟合值/L	3.36	3.99	4.97	5.74	8.11	9.50	10.49	11.25
相对误差/%	−2.77	−1.75	2.35	3.77	−4.78	−2.35	−2.72	−4.25

由表 5-2 可知，累计入渗量实测值和拟合值的相对误差均在±5%范围内，说明该模型对无压条件下微孔陶瓷根灌的累计入渗量预测精度较好。综上所述，由于式(5-3)是在微孔陶瓷灌水器长度为 8cm 时推导求出，故可知单位长度下微孔陶瓷根灌的累计入渗量和土壤初始含水率与时间的关系。

5.1.3　土壤初始含水率对湿润锋运移距离的影响

图 5-4 为不同土壤初始含水率下，垂直向下湿润锋运移距离、水平运移距离和垂直向上运移距离随时间的变化。从图 5-4 中可看出，湿润锋在三个方向上的运移距离都具有相同的规律：在相同的时间内，土壤初始含水率与湿润锋运移距离成正比例关系。这是由于土壤初始含水率越大，土壤的储水能力越小，土体不能够吸持更多的水分，从而更有利于湿润锋的推进。例如，时间为 10h 时，土壤初始含水率为 3%和 15%的水平湿润锋运移距离分别为 20.5cm 和 32.8cm。在同一土壤初始含水率下，垂直向下湿润锋运移距离最大，水平湿润锋运移距离次之，垂直向上湿润锋运移距离最小。例如，在入渗结束时，土壤初始含水率为 15%的垂直向下湿润锋运移距离、水平运移距离和垂直向上运移距离分别为 38.1cm、34.8cm 和 28.1cm，这是因为垂直向下湿润锋运移与重力方向一致，水平湿润锋运移不受重力影响，而垂直向上湿润锋运移需要克服重力作用。

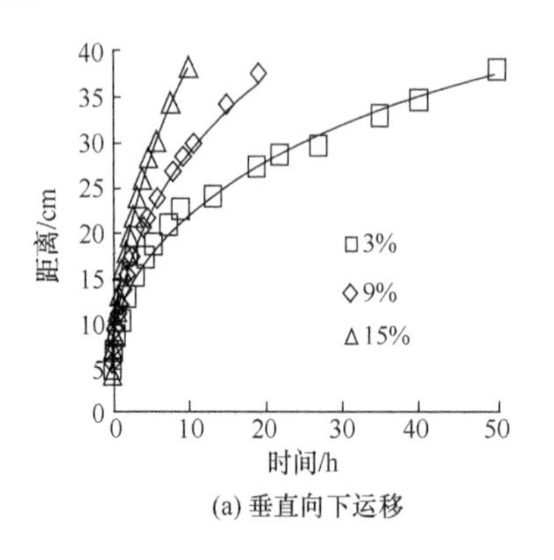

(a) 垂直向下运移

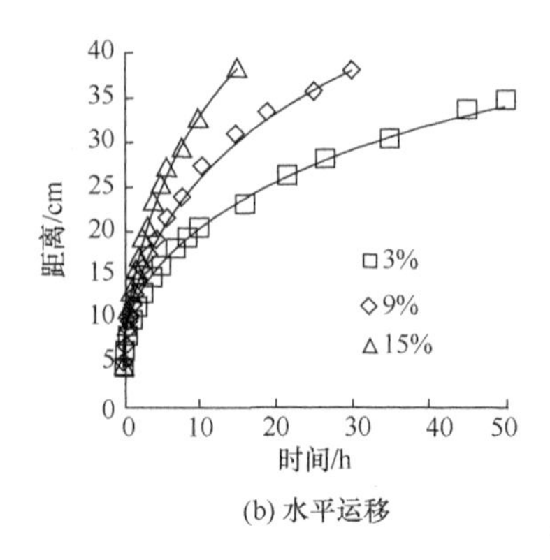

(b) 水平运移

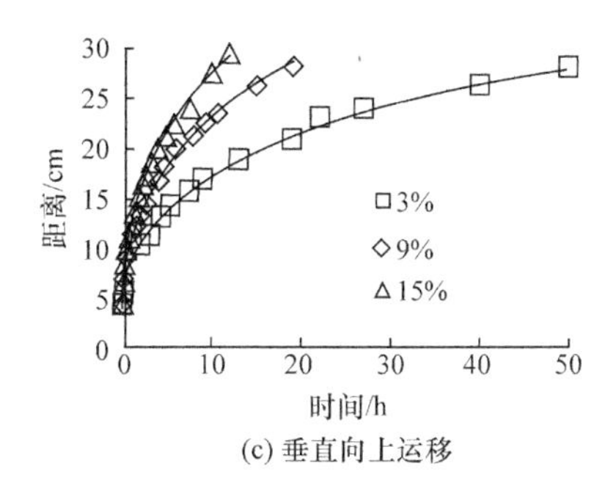

(c) 垂直向上运移

图 5-4　不同土壤初始含水率下湿润锋运移距离随时间变化

为了定量分析土壤初始含水率对湿润锋运移距离的影响，对其进行统计分析，结果表明：垂直向下湿润锋运移距离、水平运移距离和垂直向上运移距离随时间的变化关系均符合幂函数关系，结果见表 5-3。

表 5-3　湿润锋运移距离随时间变化的幂函数关系式

土壤初始含水率/%	垂直向下湿润锋运移距离 Z_1 (R^2)	垂直向上湿润锋运移距离 Z_2 (R^2)	水平湿润锋运移距离 X (R^2)
3	Z_1=10.607$t^{0.322}$(0.9971)	Z_2=8.798$t^{0.295}$(0.9962)	X=9.811$t^{0.318}$(0.9975)
9	Z_1=12.348$t^{0.366}$(0.9942)	Z_2=10.781$t^{0.330}$(0.9975)	X=11.555$t^{0.351}$(0.9942)
15	Z_1=13.882$t^{0.438}$(0.9961)	Z_2=12.223$t^{0.349}$(0.9971)	X=13.248$t^{0.392}$(0.9976)

从表 5-3 中可发现，所有公式的 R^2 均达到 0.99 以上，说明湿润锋运移距离随时间的变化关系符合幂函数关系，且在同一方向上幂函数的指数相差不大。故假设指数对湿润锋运移距离影响不大，取其平均值，建立如下方程，其中 c、d、e 为系数。

垂直向下湿润锋运移距离 Z_1 随时间 t 变化的运移方程为

$$Z_1 = ct^{0.375} \tag{5-4}$$

垂直向上湿润锋运移距离 Z_2 随时间 t 变化的运移方程为

$$Z_2 = dt^{0.325} \tag{5-5}$$

水平湿润锋运移距离 X 随时间 t 变化的运移方程为

$$X = et^{0.354} \tag{5-6}$$

将式(5-4)～式(5-6)结合图 5-4 的数据重新进行统计分析，可得不同土壤初始含水率下湿润锋运移距离随时间变化的运移方程，结果见表 5-4。

表 5-4　湿润锋运移距离随时间变化的运移方程

土壤初始含水率/%	垂直向下湿润锋运移距离 Z_1 (R^2)	垂直向上湿润锋运移距离 Z_2 (R^2)	水平湿润锋运移距离 X (R^2)
3	Z_1=9.058$t^{0.375}$(0.9831)	Z_2=8.145$t^{0.325}$(0.9942)	X =8.872$t^{0.354}$(0.9953)
9	Z_1=12.261$t^{0.375}$(0.9982)	Z_2=10.854$t^{0.325}$(0.9985)	X =11.579$t^{0.354}$(0.9972)
15	Z_1=15.192$t^{0.375}$(0.9806)	Z_2=12.637$t^{0.325}$(0.9952)	X =14.154$t^{0.354}$(0.9892)

从表 5-4 可知，不同土壤初始含水率下微孔陶瓷根灌的湿润锋运移距离与时间的关系均符合幂函数关系，相关系数均达到 0.98 以上，说明之前假设指数对运移距离影响不大的结论成立。因此，运移方程能较好地说明湿润锋运移距离随时间的关系。运移方程中的系数 c、d 和 e 均随土壤初始含水率的增大而增大，进行统计分析发现，系数 c、d 和 e 与土壤初始含水率 θ_0 呈较好的幂函数关系。

$$c = 26.968\theta_0^{0.314} \ (R^2 = 0.9881) \tag{5-7}$$

$$d = 21.017\theta_0^{0.271} \ (R^2 = 0.9990) \tag{5-8}$$

$$e = 23.647\theta_0^{0.283} \ (R^2 = 0.9839) \tag{5-9}$$

式(5-7)～式(5-9)中的 R^2 均在 0.98 以上，能较好地说明系数 c、d 和 e 与土壤初始含水率 θ_0 的关系。

将式(5-7)～式(5-9)结合表 5-4，可得垂直向下湿润锋运移距离随时间变化的运移方程为

$$Z_1 = 26.968\theta_0^{0.314}t^{0.375} \tag{5-10}$$

垂直向上湿润锋运移距离随时间变化的运移方程为

$$Z_2 = 21.017\theta_0^{0.271}t^{0.325} \tag{5-11}$$

水平湿润锋运移距离随时间变化的运移方程为

$$X = 23.647\theta_0^{0.283}t^{0.354} \tag{5-12}$$

为检验式(5-10)～式(5-12)的可靠性，在土壤初始含水率为 12%下，按相同的标准进行试验，选取 8 个时间点进行分析，将其实测值和拟合值进行对比分析，结果见表 5-5。

表 5-5 湿润锋运移距离实测值与拟合值对比

湿润锋运移距离		时间/h							
		1	2	3	4	6	10	14	16
Z_1	实测值/cm	14.1	17.5	20.5	22.8	26	32.1	36.5	37.9
	拟合值/cm	13.9	18.0	20.9	23.3	27.1	32.9	37.3	39.2
	相对误差/%	−1.72	2.69	2.06	2.22	4.36	2.38	2.14	3.42
Z_2	实测值/cm	11.2	14.5	17.3	19.3	21.5	24.3	26.7	27.8
	拟合值/cm	11.8	14.8	16.9	18.6	21.2	25.0	27.9	29.1
	相对误差/%	5.63	2.21	−2.27	−3.81	−1.49	2.90	4.47	4.79
X	实测值/cm	12.7	15.8	18.6	20.5	23.9	30.1	33.9	35.6
	拟合值/cm	13.0	16.6	19.1	21.2	24.5	29.3	33.0	34.6
	相对误差/%	2.18	4.97	2.93	3.41	2.39	−2.59	−2.57	−2.73

由表 5-5 可知，水平湿润锋运移距离、垂直向下运移距离和垂直向上运移距离的实测值和拟合值相对误差均在±6%，说明用式(5-10)～式(5-12)对无压条件下微孔陶瓷根灌的湿润锋运移距离预测精度较好。上述方程可在微孔陶瓷灌水器进行田间应用时，根据田间土壤初始含水率和作物根系的分布，为微孔陶瓷灌水器的布置方式提供一定的参考。

5.1.4　土壤含水率随时间的变化

图 5-5 为不同土壤初始含水率下灌水器周围的土壤含水率随时间的变化。从图 5-5 可以看出，虽初始土壤含水率不同，但灌水器周围的土壤含水率随时间的变化规律类似：土壤含水率随时间的增大而迅速增大，最终维持稳定。入渗开始时土壤含水率迅速增大，这是因为灌水器周围的土壤含水率低，基质吸力大，促进灌水器出流。无压条件下，微孔陶瓷灌水器出流取决于其周围的基质势。在整个试验过程中土壤初始含水率均一，湿润体内的土壤含水率并未达到饱和，甚至离灌水器较远的区域土壤含水率仍为初始含水率。土壤中水分流动的速度一般都比较小，虽存在滞后，但仍可假定微孔陶瓷灌水器的出流量即为湿润锋干湿交界处干土层所吸收的水分，因此土壤含水率最终会维持稳定。

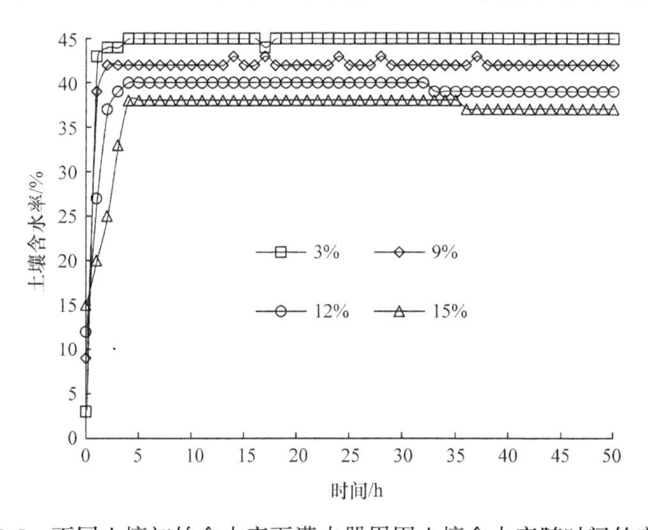

图 5-5　不同土壤初始含水率下灌水器周围土壤含水率随时间的变化

由图 5-5 可以发现，相同时间内，土壤初始含水率越低，土壤含水率稳定值越大，且用时越短。例如，当土壤初始含水率为 3%时，在 1h 时土壤含水率瞬间变为 43%，随着时间的推移，最终稳定的土壤含水率为 45%；当土壤初始含水率为 15%时，在 1h 时土壤含水率仅为 20%，在 4h 时土壤含水率才达到 38%，随着时间增加，最终土壤含水率稳定在 38%；而土壤初始含水率 9%和

12%分别在 2h 和 3h 时含水率才达到 42%和 39%，含水率最终稳定在 42%和 37%。这是由于土壤初始含水率低，基质吸力大，土壤储水能力强造成的。由此可见，土壤初始含水率对湿润体内水分分布的影响显著。

5.2 灌水器埋深对微孔陶瓷根灌入渗特性的影响

5.2.1 材料与方法

1. 试验装置与土壤

图 5-6 为埋深 20cm 的试验装置示意图，装置由供水装置、土箱、微孔陶瓷灌水器和土壤水分监测系统组成。供水装置为能提供恒定工作压力水头的马氏瓶，其横截面直径为 10cm，高度 90cm。试验土箱由有机玻璃制作，尺寸为 45cm×45cm×75cm(长×宽×高)。微孔陶瓷灌水器尺寸为 4.0cm×2.0cm×8.0cm(外径×内径×高)。土壤水分监测系统采用 EM50。试验土壤取自陕西省渭河三级阶地，将试验土壤风干、碾压、混合后过 2mm 筛网备用。土壤颗粒组成采用激光粒度分析仪(MS2000 型)测定，其中黏粒占比 31.58%，粉粒占比 34.88%，砂粒占比 33.54%。按国际制土壤质地分类标准，试验土壤属于壤质黏土。

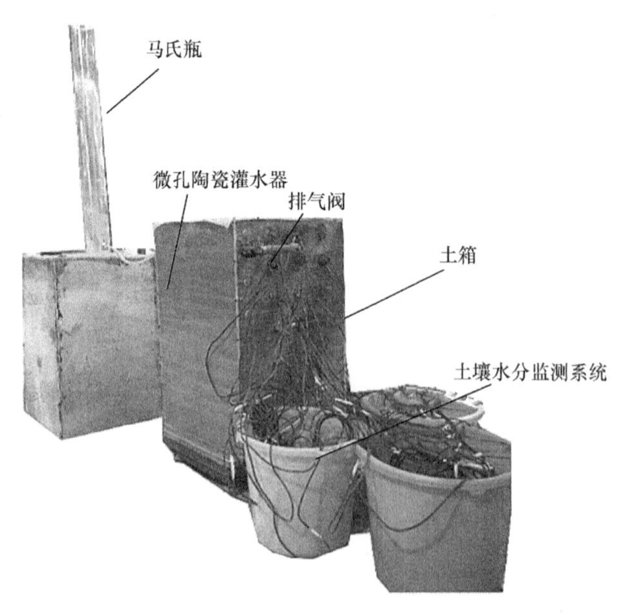

图 5-6　试验装置示意图

2. 试验方法及测定内容

试验在西北农林科技大学中国旱区节水农业研究院灌溉水力学试验大厅进行。试验土壤按设计容重 1.35g/cm^3 分层装入土箱，每层 5cm，共 15 层，为使土壤颗粒充分接触，两层之间进行打毛，装土完成后让其自然沉降 1d。土壤表面用塑料薄膜覆盖，防止土壤水分蒸发影响试验结果。微孔陶瓷灌水器水平放置，分别埋于距土壤表面 5cm、10cm、20cm、30cm 处，灌水器两端用管道连接，一端连接至马氏瓶，另一端尾部设有排气阀(试验开始时进行排气处理，从而使管道充满水)。马氏瓶出水口与水平放置的灌水器中心齐平，即微孔陶瓷灌水器工作压力水头为 0。试验灌溉时间为 144h，分析流量、累计入渗量、湿润锋运移距离和湿润体内平均土壤含水率随时间的动态变化规律，其中流量和累计入渗量通过观察马氏瓶的读数进行换算得出。试验中，对湿润锋的运移轨迹在土箱表面画出，并记录相对应的时刻，待试验结束后，以微孔陶瓷灌水器为中心通过尺子在土箱表面对所画湿润锋进行量测。土壤含水率的变化由 EM50 监测系统获得，监测点埋设位置如图 5-7 所示。

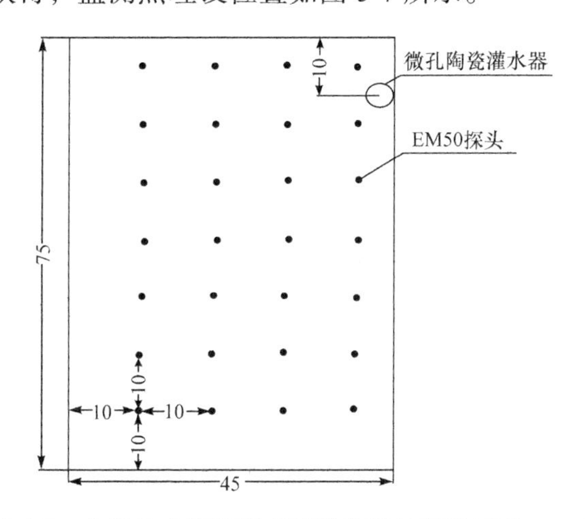

图 5-7　土壤含水率监测点埋设位置示意图(单位：cm)

5.2.2　埋深对灌水器流量的影响

图 5-8 为不同埋深下微孔陶瓷灌水器流量随时间的变化。从图 5-8 中可以看出，不同的埋深导致微孔陶瓷根灌初始流量不同，如埋深为 5cm、10cm、20cm 和 30cm 对应的初始流量分别为 0.66L/h、1.01L/h、1.22L/h 和 1.32L/h。这是因为微孔陶瓷灌水器的结构为圆管形，随着埋深增加，微孔陶瓷灌水器周围的基质吸力对其作用均在变化，灌水器下方和水平方向的土壤基质吸力区域对其作用是在不变，故不会导致其流量的增加；而灌水器上方的土壤基质吸力的范围

对其作用是增加。随着埋深的改变，灌水器上方土壤基质吸力的范围变化分别是从 5cm、10cm、20cm 最后到 30cm 的土层。因此，不同灌水器埋深下，导致微孔陶瓷根灌的初始流量不同的根本原因是灌水器上方的土壤基质吸力区域不同。

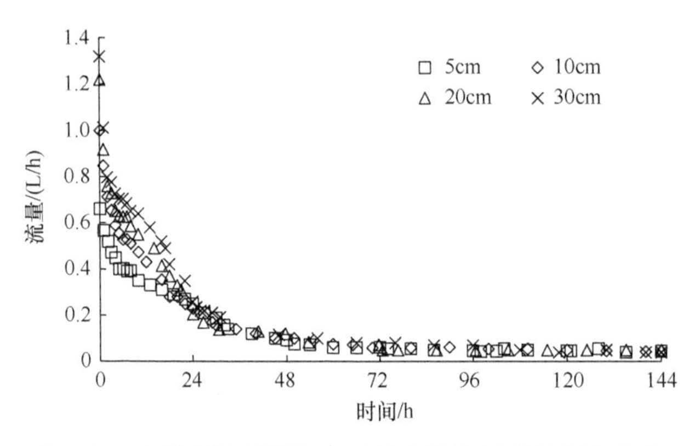

图 5-8 不同埋深下微孔陶瓷灌水器流量随时间的变化

从图 5-8 中还可以发现，不同灌水器埋深下，流量随时间的增加而逐渐减小，最后趋近于 0。这是因为入渗初始，灌水器周围土壤含水率较低，基质吸力较大，随着时间的增加，灌水器周围的土壤含水率增大，甚至接近饱和含水率，此时基质吸力趋近 0，故灌水器流量减小，甚至趋近于 0。入渗的 24h 内，不同灌水器埋深下流量随时间的变化曲线有差异：在相同时间内，埋深越大流量也越大。这是因为埋深越大，灌水器上方的基质吸力范围对其作用越大。例如，当灌水器埋深为 5cm 时，其上方的土层只有 5cm，在入渗初始，湿润锋很快到达土壤表层，即基质吸力很快减小；而当埋深为 30cm 时，灌水器上方的土层有 30cm，湿润锋要达到土壤表面需要一定的时间，即湿润锋处干湿交界处的基质吸力对灌水器出流的作用一直是持续的。入渗 24h 后，不同灌水器埋深下流量随时间的变化曲线基本重合，这可能是因为随着时间的增加，湿润体在不断扩大，湿润锋干湿交界处的基质吸力对灌水器出流的作用减弱，即影响微孔陶瓷灌水器出流的土壤基质吸力存在一定的区域。

为探究该区域大小，分别以灌水器埋深为 5cm、10cm 和 20cm 的初始流量为基准，分析埋深为 10cm、20cm 和 30cm 的流量增幅，如表 5-6 所示。

表 5-6 不同灌水器埋深下的流量增幅

初始流量/(L/h)	埋深 10cm 流量增幅/%	埋深 20cm 流量增幅/%	埋深 30cm 流量增幅/%
0.66	52	85	100
1.01	—	22	32
1.22	—	—	8

从表 5-6 可看出，若以灌水器埋深为 5cm 的初始流量 0.66L/h 为基准，埋深为 10cm、20cm 和 30cm 的流量增幅分别为 52%、85%和 100%。若以埋深为 10cm 的初始流量 1.01L/h 为基准,埋深为 20cm 和 30cm 的流量增幅分别为 22%和 32%。由此可见，随着埋深的增加，其流量增幅会减小。若以埋深为 20cm 的流量为基准，埋深为 30cm 的流量增幅仅为 8%，因试验误差的影响，可认为埋深为 20cm 的初始流量与埋深为 30cm 的初始流量近似。故可推断，影响微孔陶瓷灌水器出流的土壤基质吸力区域是以灌水器为中心，最大半径为 20cm 的球体。

5.2.3 埋深对累计入渗量的影响

为进一步分析灌水器埋深对微孔陶瓷根灌出流量的影响，定量分析其差异，以 24h 为分段点，分析累计入渗量随时间的变化关系。图 5-9 为不同灌水器埋深下累计入渗量在入渗 24h 内随时间的变化。从图 5-9 可以看出，相同时间内，灌水器埋深越大，累计入渗量也越大。例如，在时间为 24h 时，埋深 30cm 的累计入渗量最大，达到 14.16L，而埋深为 5cm 的累计入渗量最小，仅为 8.66L。这是因为灌水器埋深越大，初始流量也越大，即使灌水器流量随时间增加逐渐变小，但累计入渗量是增加的。

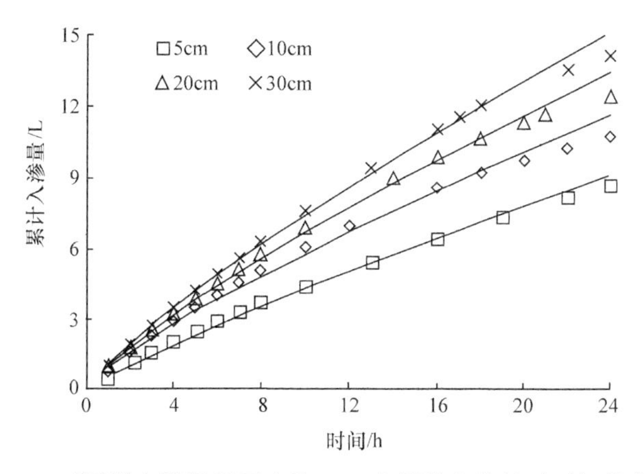

图 5-9　不同灌水器埋深下入渗 24h 内累计入渗量随时间的变化

从图 5-9 还可以发现，入渗 24h 时，灌水器埋深为 30cm 的累计入渗量 14.16L 要比埋深为 5cm 的累计入渗量 8.66L 大 63.5%，埋深为 10cm 的累计入渗量 10.74L 比埋深为 20cm 的累计入渗量 12.45L 小 13.7%。当要满足累计入渗量为 6L 时，埋深 5cm 所需要的时间为 16h 左右，而埋深 30cm 所需要的时间只要 8h 左右。由此可见，灌水器埋深对微孔陶瓷根灌累计入渗量的影响显著。

土壤水分入渗指在灌溉时，水分从地表进入土壤内部的过程(李昊哲等，

2017)。国内外学者对此进行了大量的研究，提出了许多入渗模型。目前，应用较广的入渗模型有 Green-Ampt 模型、Kostiakov 模型、Philp 模型和 Horton 模型等。Kostiakov 模型以形式简单、适用性好、计算方便被广泛使用(郭华等，2017)。因此，本节选用 Kostiakov 模型：

$$I = kt^{\alpha} \tag{5-13}$$

式中，I 为累计入渗量；k 为经验入渗系数；α 为经验入渗指数；t 为时间。

为进一步定量分析灌水器埋深的影响，采用 Kostiakov 入渗模型，对不同埋深下微孔陶瓷根灌的累计入渗量随时间的变化关系进行验证，结果如表 5-7 所示。

表 5-7　不同灌水器埋深下的 Kostiakov 入渗模型

埋深/cm	Kostiakov 入渗模型	R^2	k	α
5	$I=0.616t^{0.847}$	0.998	0.616	0.847
10	$I=0.946t^{0.790}$	0.996	0.946	0.790
20	$I=1.048t^{0.803}$	0.998	1.048	0.803
30	$I=1.118t^{0.821}$	0.999	1.118	0.821

从表 5-7 可看出，不同灌水器埋深下，微孔陶瓷根灌累计入渗量随时间的变化关系均符合 Kostiakov 入渗模型，其 R^2 均达到 0.99 以上，且经验入渗系数 k 随着灌水器埋深的增加而增大，而不同埋深条件下的经验入渗指数α相差不大。又由于本试验只改变微孔陶瓷灌水器埋深，故对经验入渗指数α取其平均值，提出 24h 内累计入渗量的预测模型为

$$I_1 = kt^{0.815} \tag{5-14}$$

式中，I_1 为入渗 24h 内的累计入渗量；k 为经验入渗系数；t 为时间。

将图 5-9 中的数据代入式(5-14)中，可得出不同灌水器埋深条件下经验入渗系数 k 的值，结果见表 5-8。

表 5-8　不同灌水器埋深下的经验入渗系数

埋深/cm	k	R^2
5	0.656	0.999
10	0.862	0.988
20	0.998	0.992
30	1.121	0.996

从表 5-8 还可以发现，通过式(5-14)重新计算的经验入渗系数 k，其 R^2 均

达到0.98以上，说明经验入渗指数α对累计入渗量随时间变化的影响不大的假设成立。且k随着灌水器埋深h的增大而增大，经统计分析发现，k与h之间符合幂函数关系：

$$k = 0.422h^{0.291}\ (R^2=0.982) \tag{5-15}$$

将式(5-15)代入式(5-14)中，得出不同灌水器埋深下微孔陶瓷根灌24h内累计入渗量的预测模型为

$$I_1 = 0.422h^{0.291}t^{0.815} \tag{5-16}$$

由图5-8可发现，不同灌水器埋深下，24h之后的流量随时间变化的曲线基本重合，将其取平均值后，可得出入渗24h后平均累计入渗量随时间的变化，如图5-10所示。从图5-10可以看出，入渗24h后的平均累计入渗量随时间的增加而逐渐增大，且增大幅度稳定。这是因为入渗24h后的湿润体体积较大，湿润锋干湿交界处的干土层的基质吸力只对附近的土壤水分有吸附作用，并不能促进灌水器出流，且土壤初始含水率均一，导致入渗24h后的平均累计入渗量的增大幅度稳定。经统计分析发现，入渗24h后的平均累计入渗量随时间的变化符合幂函数关系：

$$I_2 = 0.424\left(t-24\right)^{0.652}\ (R^2=0.992) \tag{5-17}$$

式中，I_2为入渗24h后的平均累计入渗量；t为时间。

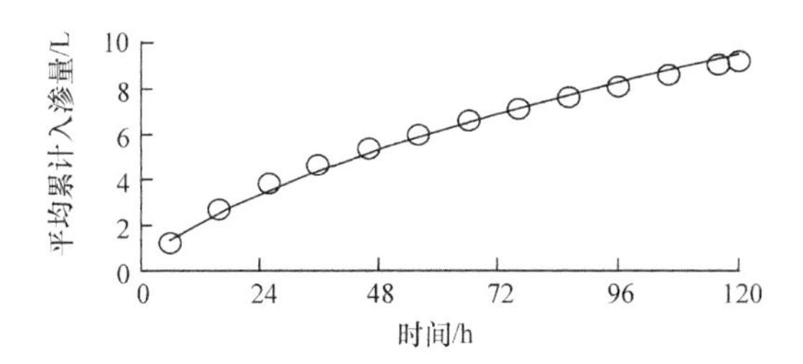

图5-10 入渗24h后平均累计入渗量随时间的变化

综上所述，无压条件下，以灌水器埋深和时间为自变量，累计入渗量为因变量的微孔陶瓷根灌入渗模型为：

$$I = \begin{cases} 0.422h^{0.291}t^{0.815}, & t \geqslant 24 \\ 5.626h^{0.291} + 0.424(t-24)^{0.652}, & t \leqslant 24 \end{cases} \tag{5-18}$$

式中，I为累计入渗量；h为灌水器埋深；t为时间。

5.2.4 埋深对湿润锋运移距离的影响

图5-11为不同灌水器埋深下水平湿润锋运移距离随时间的变化。从图5-11

中可看出，不同灌水器埋深下微孔陶瓷根灌水平湿润锋运移距离随入渗时间变化曲线基本重合，原因可能有三：一是不同埋深导致围绕微孔陶瓷灌水器上下方的土壤基质势不同；二是水平方向湿润锋运移不受重力势作用的影响；三是土箱内土壤初始含水率均一，故土壤水分在湿润锋干湿交界处受到的基质吸力相同。

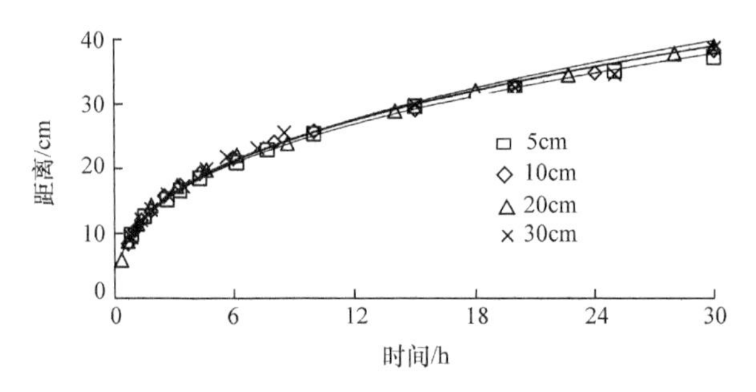

图 5-11　不同灌水器埋深下水平湿润锋运移距离随时间的变化

从图 5-11 中还可发现，湿润锋运移速率即曲线的斜率随时间的增加逐渐减小，最后趋于稳定。入渗初始，水平湿润锋运移速率较大，这是因为微孔陶瓷灌水器周围的土壤含水率较低，土壤基质的吸力较大，促进了微孔陶瓷灌水器的出流。随着时间的增加，水平湿润锋运移速率逐渐减小，这是因为湿润体不断扩大，水平方向湿润长度的增加，减缓了湿润锋干湿交界处土壤吸力对微孔陶瓷灌水器出流的作用。湿润锋运移速率趋于稳定可能是由于在湿润锋干湿交界处，土壤颗粒更容易保持仅有的水分，而干的土壤的基质吸力对灌水器出流的作用随水平湿润锋运移的增加而减弱，且土壤初始含水率均一，因此在湿润锋干湿交界处的基质吸力不变，如此循环往复，致使水平湿润锋运移速率趋于稳定。

为定量分析不同灌水器埋深下的变化，经统计分析发现，湿润锋水平运移距离随时间的变化规律呈较好的幂函数关系，结果见表 5-9。

表 5-9　不同灌水器埋深下水平湿润锋运移距离随时间变化的幂函数关系

埋深/cm	幂函数关系式	R^2
5	$X=10.650t^{0.373}$	0.999
10	$X=10.639t^{0.381}$	0.995
20	$X=10.352t^{0.396}$	0.992
30	$X=10.835t^{0.377}$	0.993

从表 5-9 可看出，幂函数关系式的 R^2 均达到 0.99 以上，能较好地说明水平湿润锋运移距离与时间的关系。因图 5-11 中四条曲线基本重合，故对幂函数

各系数取平均值后，得出了不同埋深下水平湿润锋运移距离随时间的变化关系为

$$X = 10.619t^{0.382} \tag{5-19}$$

式中，X 为水平湿润锋运移距离；t 为时间。

图 5-12 为不同灌水器埋深下垂直湿润锋运移距离随时间的变化。从图 5-12 可看出，当湿润锋垂直运移距离为 40cm 时，灌水器埋深为 5cm 和 30cm 对应的时间分别为 24h 和 11.5h 左右，由此可见，灌水器埋深对垂直湿润锋运移距离的影响显著。从图 5-12 还可发现，埋深为 10cm、20cm 和 30cm 的垂直湿润锋运移距离随时间变化曲线基本重合，而埋深为 5cm 的湿润锋垂直运移距离随时间变化曲线与其他曲线不同。这可能是因为垂直方向在重力势的作用下，埋深为 5cm 的初始流量较小，小于土壤入渗能力，而其他埋深的初始流量均在 1L/h 以上，大于等于土壤入渗能力。

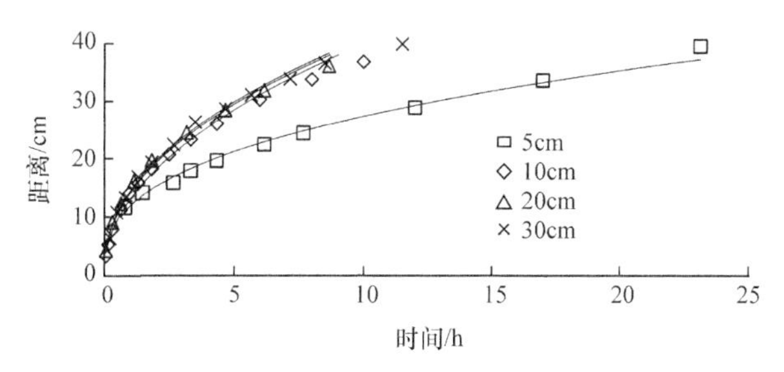

图 5-12　不同灌水器埋深下垂直湿润锋运移距离随时间的变化

为定量分析不同灌水器埋深下的变化，经统计分析发现，垂直向下湿润锋运移距离随时间变化规律呈较好的幂函数关系，结果见表 5-10。

表 5-10　不同灌水器埋深下垂直向下湿润锋运移距离随时间变化的幂函数关系

埋深/cm	幂函数关系式	R^2
5	$Z_1=11.760t^{0.366}$	0.990
10	$Z_1=12.844t^{0.492}$	0.992
20	$Z_1=14.281t^{0.456}$	0.994
30	$Z_1=13.496t^{0.462}$	0.986

从表 5-10 可看出，幂函数关系式的 R^2 均达到 0.98 以上，能较好地说明微孔陶瓷根灌在不同埋深下湿润锋垂直运移距离随时间的变化关系。埋深为 20cm 和 30cm 的幂函数关系式相差不大，考虑试验误差的影响，可认为埋深 20cm 和 30cm 的垂直湿润锋运移距离随时间的变化规律一致。

5.2.5 埋深对土壤含水率的影响

图 5-13 为不同灌水器埋深下湿润体内平均土壤含水率随时间的变化。由图 5-13 可以看出，不同埋深下，湿润体平均土壤含水率均随时间的增大而逐渐增大，最后趋于稳定。例如，埋深为 5cm 的平均土壤含水率从开始的 5%要达到稳定值 27%，需要经历 23h。湿润体平均土壤含水率均随时间的增大而逐渐增大，是因为入渗开始时，土壤初始含水率较低，湿润体体积小，基质吸力大，促进灌水器出流。平均土壤含水率最后趋于稳定是由于湿润体的不断扩大，湿润锋干湿交界处干土层的基质吸力促进灌水器出流的作用减弱。例如，在 24h 后，不同埋深下湿润体平均土壤含水率都趋于稳定，而此时不同埋深下灌水器流量均在 0.2L/h 左右。

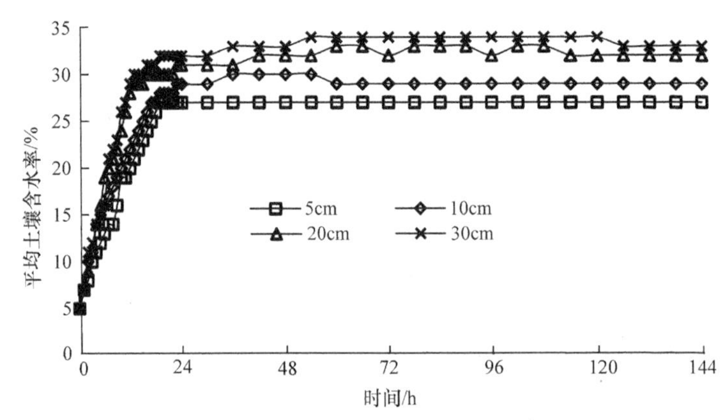

图 5-13　不同灌水器埋深下平均土壤含水率随时间的变化

从图 5-13 还可以发现，相同时间内，灌水器埋深越大，湿润体内平均土壤含水率也越大。例如，在入渗结束时，灌水器埋深为 5cm、10cm、20cm 和 30cm 的平均土壤含水率分别为 27%、29%、32%和 33%。这是因为埋深不同导致灌水器初始流量不同，最终导致累计入渗量不同，埋深越大，累计入渗量也越大，故湿润体平均土壤含水率也越大。由此可见，微孔陶瓷根灌能提供一个稳定的水分环境，有利于作物生长。

5.3 大气蒸发力对微孔陶瓷根灌入渗特性的影响

5.3.1 材料与方法

1. 试验装置与土壤

图 5-14 为微孔陶瓷灌水器埋深为 5cm 时，蒸发装置距土壤表面 30cm 的试验装置图，由供水装置(马氏瓶)、土箱(下方含有电子秤)、微孔陶瓷灌水器、土壤

水分监测系统、蒸发装置和排气阀组成。试验土壤属于壤质黏土，其土壤颗粒组成同 5.1 节。

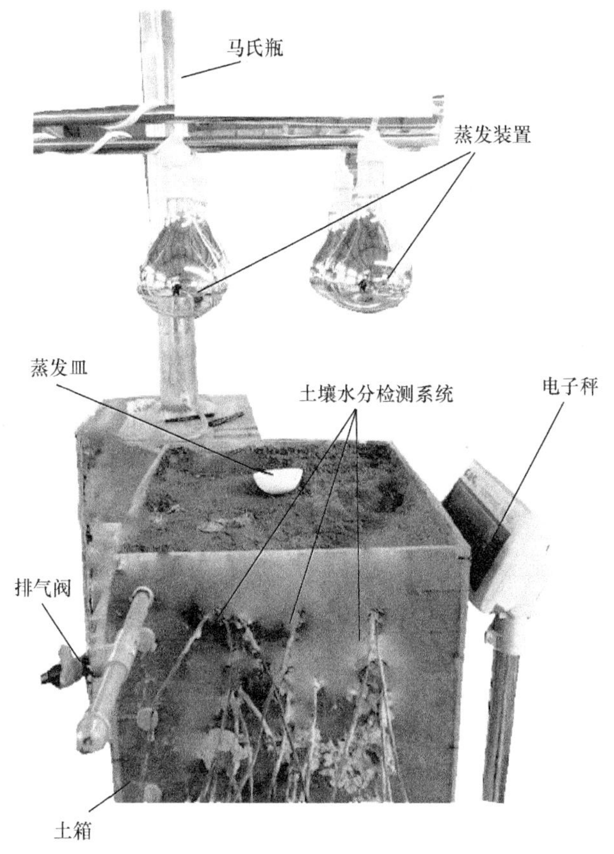

图 5-14　试验装置图

2. 试验方法及测定内容

试验在西北农林科技大学中国旱区节水农业研究院灌溉水力学试验大厅进行。本节是在 5.1 节基础上，待微孔陶瓷灌水器流量达到稳定后(几乎接近于 0)进行的试验。本试验通过调节蒸发装置距土壤表面的距离，来实现不同的大气蒸发力。用蒸发皿测定水面蒸发量，即大气蒸发力。此次试验共设置 4 个灌水器埋深(5cm、10cm、20cm、30cm)，每一个埋深共分为四个蒸发阶段，分别为蒸发阶段 1(自然蒸发即无蒸发装置)，为对照组，时间段为 0～12h，大气蒸发力为 1.1mm/d；蒸发阶段 2(蒸发装置距土壤表面高度为 30cm)，时间段为 24～36h，大气蒸发力为 19.9mm/d；蒸发阶段 3(蒸发装置距土壤表面高度为 20cm)，时间段为 48～60h，大气蒸发力为 25.5mm/d；蒸发阶段 4(蒸发装置距土壤表面高度为 10cm)，时间段为 72～84h，大气蒸发力为 28.0mm/d。每个蒸发阶段持续 12h，各蒸发阶段之间间隔 12h(其目的是待灌水器流量稳定，更好反映下一阶段的试验结果)，试验共历时 96h。观测土壤蒸发强度、流量、累计入渗量和土壤含水率随时间的动态变化规律，其中，土壤蒸发强度是根据水量平衡原理，通过土箱下方电子秤读数与对应时刻下的累计入渗量反推出来；流量和累计入渗量通过观察马氏瓶读数进行换算得出；土壤含水率的变化选取微孔陶瓷灌水器正下方的点为代表，由 EM50 监测获得，监测间隔为 1min。

5.3.2　土壤蒸发强度随时间的变化

图 5-15 为不同灌水器埋深下各蒸发阶段土壤蒸发强度随时间的变化。从图 5-15 中可以看出，对于蒸发阶段 1，不同埋深下，土壤蒸发强度随时间的变化曲线基本重合，其值均在 1.0mm/d 左右。这是因为该阶段为自然蒸发阶段，且在室内进行，土壤表层温度并不高。由此可知，当土壤表面温度不高时，灌水器埋深对土壤蒸发强度的影响不大。对于蒸发阶段 2，不同埋深下，土壤蒸发强度随时间的变化均是先增大后减小。这是因为一开始土壤表层含水率较高，在大气蒸发力的作用下，土壤水分蒸发较快，随着时间增加，土壤表层形成干土层，此时的蒸发其实是与干土层接触的下方土壤的表层蒸发，而干土层此时起到一个保护作用，减缓了土壤蒸发强度。在相同时间内，埋深越小，土壤蒸发强度的增大幅度越大，如灌水器埋深为 5cm 的土壤蒸发强度从初始的 1.0mm/d 达到了 7.1mm/d，增大了 6.1mm/d，而埋深为 10cm 的土壤蒸发强度从初始的 1.0mm/d 增加到了 4.7mm/d，仅增大了 3.7mm/d。这是因为在相同大气蒸发力条件下，埋深越小，土壤表面距离灌水器越近，而离灌水器越近的土壤含水率越高。蒸发阶段 3 和蒸发阶段 4 同蒸发阶段 2 有类似的规律，其不同在于土壤蒸发强度的峰值不同，如灌水器埋深为 5cm 在蒸发阶段 2、蒸发阶段 3 和蒸发阶段 4 的峰值分别为 7.1mm/d、9.4mm/d 和 11.9mm/d，而埋深为 10cm 在蒸发阶段 2、蒸发阶段 3 和蒸发阶段 4 的峰值分别为 4.7mm/d、5.9mm/d 和 9.5mm/d。灌水器埋深为 20cm 与 30cm 的土壤蒸发强度随时间变化的规律几乎一致。这是由于埋深为 20cm 与 30cm 的灌水器流量随时间变化曲线类似(图 5-3)，进而导致表层土壤的含水率分布相差不大。因此，在田间实际应用中，若将微孔陶瓷灌水器埋深设置在 20cm 以上，可以减少表层土壤蒸发强度，有效避免田间蒸发带来无效水分的损失，从而提高灌溉水利用效率。

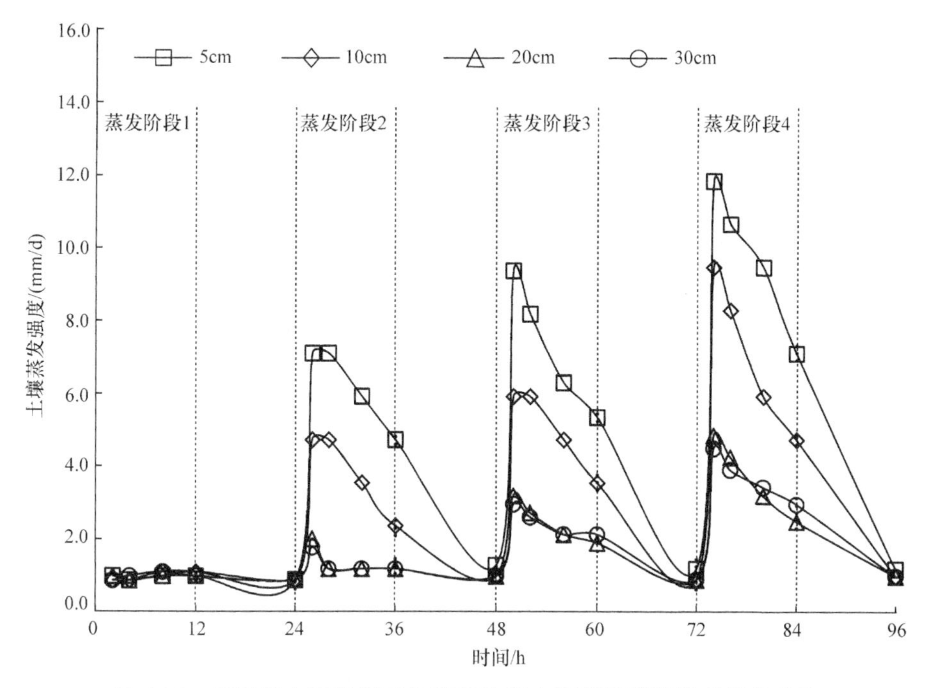

图 5-15　不同灌水器埋深下各蒸发阶段土壤蒸发强度随时间的变化

5.3.3　微孔陶瓷灌水器流量随时间的变化

图 5-16 为不同灌水器埋深下各蒸发阶段灌水器流量随时间的变化。从图 5-16 中可以看出，对于蒸发阶段 1，不同灌水器埋深下其流量相差均不大，为 0.05L/h 左右。这是因为试验在室内进行，且该阶段无蒸发装置，其土壤蒸发量较小，对灌水器周围的土壤水势并未形成较大影响，未形成水势梯度。由此可知，灌水器流量与其周围土壤水势具有耦合作用。对于蒸发阶段 2，埋深越小，灌水器的流量增大幅度越大，随着灌水器埋深的增加，其流量的增大幅度变小，这是由于埋深越小，微孔陶瓷灌水器离土壤表面越近，从而使表层土壤含水率越高，大气蒸发力对微孔陶瓷灌水器周围的土壤水势作用越大，土壤水分蒸发散失也就越多，从而基质吸力变大促进微孔陶瓷灌水器出流。例如，埋深分别为 5cm 和 10cm，微孔陶瓷灌水器受到大气蒸发力的作用显著，其周围土壤水势变化越大，从而促进其出流，随着埋深的增加，微孔陶瓷灌水器离土壤表面越远，土壤此时起到一定的缓冲作用，灌水器周围土壤水势变化较小，其出流也就减缓了。同时，埋深为 20cm 与 30cm 的流量随时间变化曲线几乎一致，且相对于蒸发阶段 1，其增幅均不大。这是因为随着灌水器埋深的增加，虽土壤表面温度较高，但由于微孔陶瓷灌水器距土壤表面有 20～30cm 的距离，未影响到微孔陶瓷灌水器周围一定范围内的土壤水势，这也进一步验证了之前

的推论，影响灌水器出流的基质吸力区域是以微孔陶瓷灌水器为中心，最大半径为 20cm 的球体。对于蒸发阶段 3 和蒸发阶段 4，相比于蒸发阶段 2 来说，增大的只是大气蒸发力，其规律与蒸发阶段 2 类似，区别在于微孔陶瓷灌水器流量随大气蒸发力的增加而增大，尤其在埋深 5cm 时，效果显著。由此说明，微孔陶瓷根灌是一种主动灌溉方式，其流量的变化与灌水器周围的土壤水势具有耦合作用。

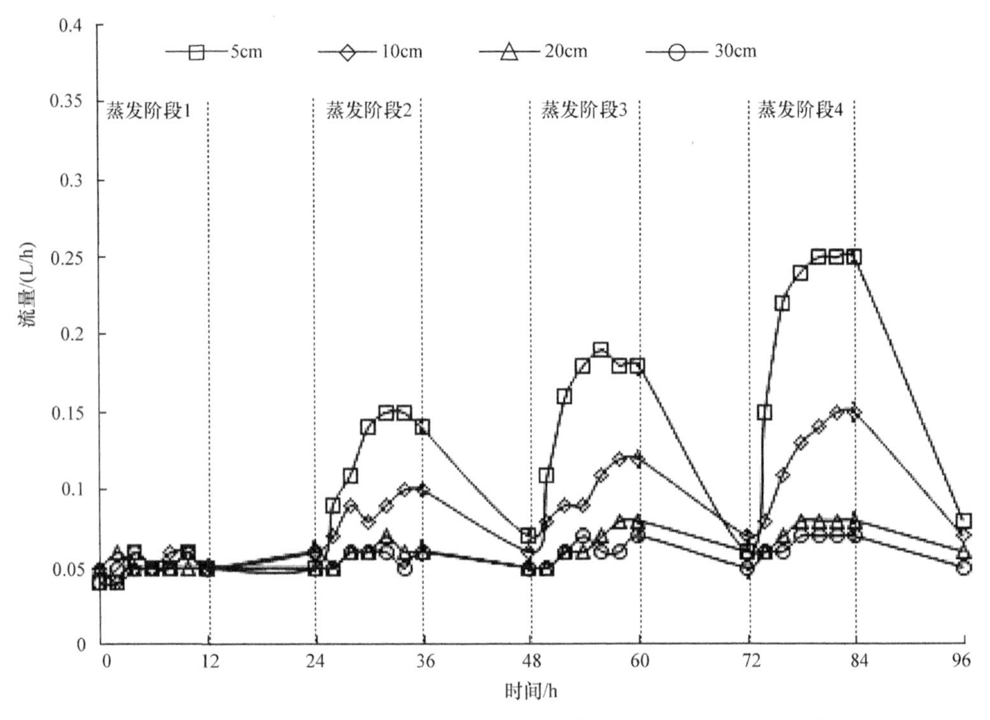

图 5-16　不同灌水器埋深下各蒸发阶段灌水器流量随时间的变化

5.3.4　累计入渗量随时间的变化

图 5-17 为不同灌水器埋深下各蒸发阶段累计入渗量随时间的变化曲线。从图 5-17(a)可以发现，蒸发阶段 1 从开始到结束，不同灌水器埋深下累计入渗量随时间变化曲线基本重合，最终累计入渗量均在 0.6L 左右。从图 5-17(b)可以看出，该蒸发阶段在 2h 时，不同埋深的累计入渗量相差不大，随着蒸发的继续进行，累计入渗量差距越来越明显。在蒸发阶段 2 结束时，埋深为 30cm 的累计入渗量仅为 0.68L，而埋深为 5cm 的累计入渗量达到了 1.56L，两者相差近 1.3 倍。由此可见，在同一蒸发阶段，灌水器埋深不同会导致其累计入渗量不同，埋深越小，累计入渗量就越大。这是因为埋深小，灌水器距离土表近，而土表受到

大气蒸发力的作用导致土表温度高，从而改变了灌水器周围的土壤水势，促进灌水器出流。由图 5-17(c)可知，蒸发阶段 3 结束时，埋深为 5cm 的累计入渗量为 2L，是埋深为 30cm 的累计入渗量 0.74L 的 2.7 倍。同时也可以看出，埋深为 20cm 和 30cm 的累计入渗量随时间的变化曲线基本重合，这可能是因为灌水器距土表较远，虽土表温度较高，但 20～30cm 的土层起到了一定的保护作用，并未改变灌水器周围的土壤水势。从图 5-17(d)能发现，不同埋深下累计入渗量随时间增大。例如，在蒸发结束时，埋深为 5cm 的累计入渗量为 2.72L，而埋深为 30cm 的累计入渗量仅有 0.80L。综上可知，同一灌水器埋深下，累计入渗量随着大气蒸发力的增大而增大；同一蒸发阶段，埋深越小，累计入渗量越大。

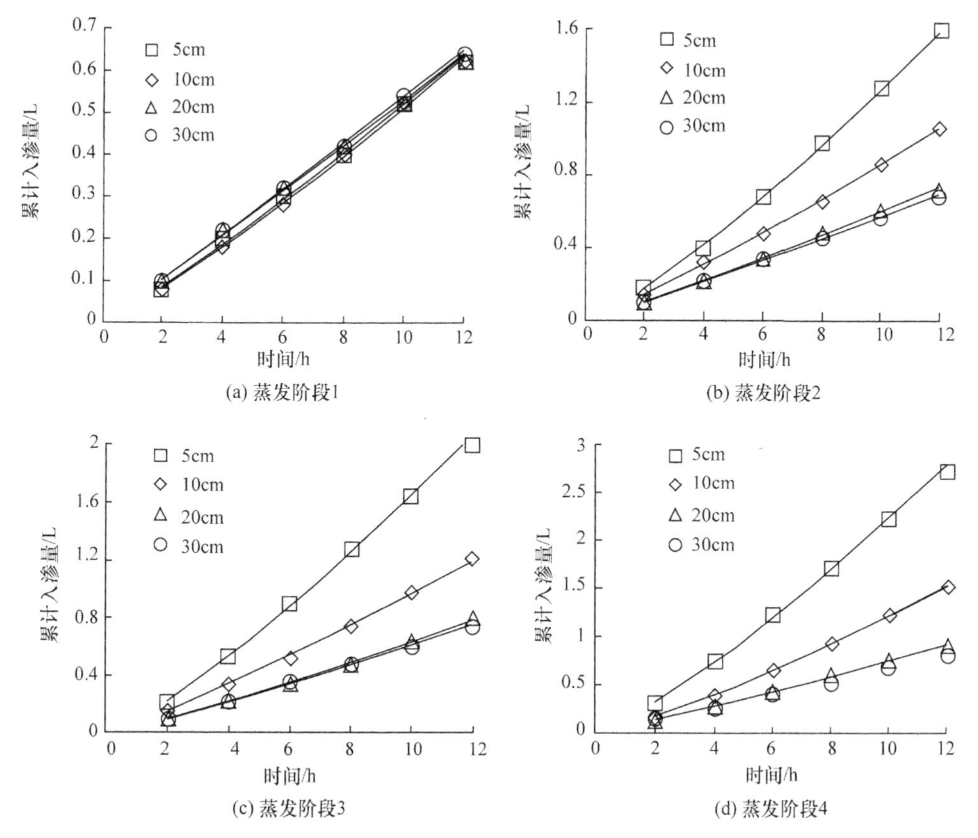

图 5-17　不同灌水器埋深下各蒸发阶段累计入渗量随时间的变化

为定量分析不同灌水器埋深下各蒸发阶段累计入渗量随时间的变化规律，选用 Kostiakov 模型对其进行验证，结果见表 5-11。

表 5-11　不同灌水器埋深下各蒸发阶段累计入渗量随时间变化的 Kostiakov 模型

埋深/cm	蒸发阶段 1(R^2)	蒸发阶段 2(R^2)	蒸发阶段 3(R^2)	蒸发阶段 4(R^2)
5	I=0.037$t^{1.131}$(0.9961)	I=0.076$t^{1.220}$(0.9994)	I=0.096$t^{1.237}$(0.9991)	I=0.131$t^{1.232}$(0.9992)
10	I=0.052$t^{1.009}$(0.9978)	I=0.065$t^{1.119}$(0.9993)	I=0.071$t^{1.131}$(0.9988)	I=0.067$t^{1.261}$(0.9998)
20	I=0.049$t^{0.971}$(0.9978)	I=0.047$t^{1.107}$(0.9996)	I=0.044$t^{1.155}$(0.9992)	I=0.055$t^{1.130}$(0.9999)
30	I=0.051$t^{1.027}$(0.9984)	I=0.049$t^{1.067}$(0.9987)	I=0.047$t^{1.116}$(0.9991)	I=0.056$t^{1.066}$(0.9995)

从表 5-11 可以发现，各关系式的 R^2 均达到 0.99 以上，说明 Kostiakov 模型能较好地模拟不同灌水器埋深下各蒸发阶段累计入渗量随时间的变化规律。

5.3.5　土壤含水率随时间的变化

图 5-18 为不同灌水器埋深下各蒸发阶段土壤含水率随时间的变化。从图 5-18 可以看出，在蒸发阶段 1，不同埋深的土壤含水率随时间的变化几乎保持不变，这可说明灌水器下方的土壤水势并未发生变化，进一步说明不同埋深下蒸发阶段 1 的流量随时间变化的幅度不大，其原因是微孔陶瓷灌水器出流与其周围的土壤含水率具有耦合作用，当灌水器周围土壤含水率变化不大时，其流量的变化幅度也不大。因此，微孔陶瓷根灌是一种主动灌溉方式，这与以往的滴灌出流机理是不同的。

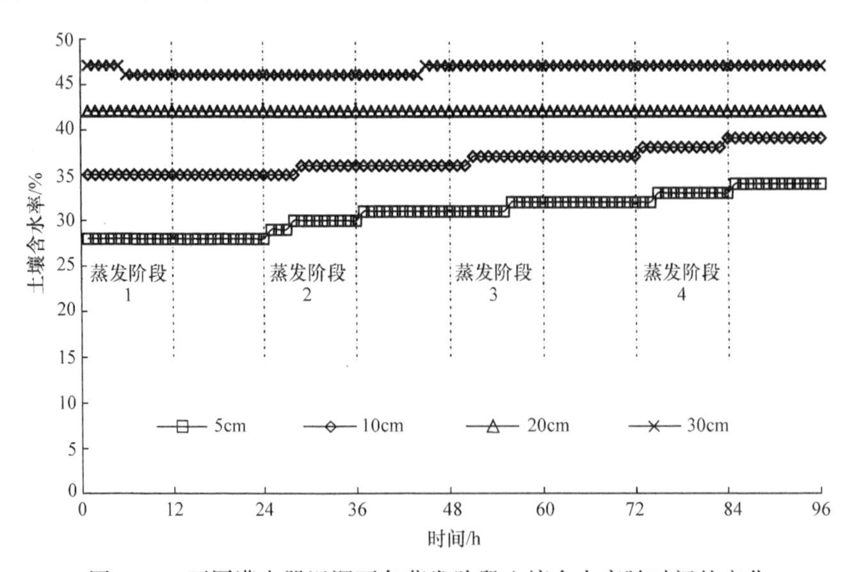

图 5-18　不同灌水器埋深下各蒸发阶段土壤含水率随时间的变化

从图 5-18 还可以发现，灌水器埋深为 5cm 和 10cm 时，土壤含水率在蒸发阶段 2、3 和 4 随着时间的增加呈增大的变化规律，这是由于灌水器埋深距离土表只有5cm和10cm，在大气蒸发力的作用下，土表温度急剧上升，土壤表面所保持的水分散失较快，在一定时间内表层的土壤形成干土层，此时灌水器上方的基质吸力变大，促使灌水器出流。这也说明微孔陶瓷根灌不会产生蒸发大于出流的现象，能较好地补充灌水器周围土壤的水分，有利于作物生长。而埋深为20cm和30cm的土壤含水率在蒸发阶段2、3和4随着时间的增加几乎不变，这是因为灌水器的埋深离土表有20cm和30cm，土壤表面到灌水器之间的土层对灌水器出流起到了保护作用。因此，不管大气蒸发力多大，埋深为20cm和30cm的土壤含水率在各蒸发阶段随着时间的推移都不发生变化。因此，田间实际应用时，若将微孔陶瓷灌水器埋深设置在20cm以上，能有效地避免田间蒸发带来的无效水分损失，从而达到节水灌溉的目的。

参考文献

付强，蒋睿奇，2018. 冻融土壤入渗特性及其影响因素研究进展[J]. 水利科学与寒区工程，1(6): 35-41.

郭华，樊贵盛，2017. 备耕头水地土壤水分入渗参数非线性预报模型[J]. 人民黄河，39(4): 140-144，148.

江津清，2019. 中国水资源现状分析与可持续发展对策研究[J]. 智能城市，5(1): 44-45.

金世杰，费良军，傅渝亮，等，2016. 土壤初始含水率对浑水膜孔灌自由入渗特性影响[J]. 水土保持学报，30(5): 235-239.

李昊哲，樊贵盛，2017. 盐碱土壤Kostiakov入渗模型参数的BP预报模型[J]. 中国农村水利水电，(7): 49-53, 58.

李朝阳，张强伟，王兴鹏，2018. 埋设深度对微润灌土壤水盐运移的影响[J]. 北方园艺，(14): 118-123.

雷志栋，杨诗秀，谢森传，1999. 土壤水动力学[M]. 北京：清华大学出版社.

单小琴，郑秀清，2018. 地表覆盖对季节性冻融期土壤水分特征的影响[J]. 水电能源科学，36(7): 99-103.

曾辰，王全九，樊军，2010. 初始含水率对土壤垂直线源入渗特征的影响[J]. 农业工程学报，26(1): 24-30.

张强伟，亢勇，2018. 初始含水率对微润灌土壤水盐运移的影响[J]. 现代农业科技，(13): 183-186.

第 6 章　微孔陶瓷根灌技术参数确定

微孔陶瓷灌水器田间应用过程中，工作压力水头、设计流量、埋深的取值直接关系到灌溉系统的使用效果。因此，本章以旁通式微孔陶瓷灌水器为例，通过室内试验和数值模拟相结合的方法，分析灌水器工作压力水头、设计流量、埋深以及土壤参数对微孔陶瓷灌水器渗流量、湿润锋运移距离和土壤水分分布的影响。结合作物根系分布，基于作物需水要求和深层渗漏风险的考虑，提出一种微孔陶瓷灌水器田间应用参数取值方法。同时，针对蔬菜和经济林果，确定不同土壤质地中灌水器应用技术参数(埋深、工作压力水头、设计流量)(Cai et al.，2018；蔡耀辉等，2017)。

6.1　微孔陶瓷根灌土壤水分运动模型

灌溉参数的取值需要考虑多方面的因素，如作物、土壤、灌水器特性等。以往，灌水器工作参数一般通过试验明确土壤水分运移规律后加以确定。试验法耗时耗力，数值模拟逐渐被研究人员所重视。HYDRUS-2D 作为一款成熟的土壤水分数值模型软件逐渐得到认可(Mohammad et al.，2014)。本章在模型应用过程中，根据作物种类的不同，将其分为两类进行处理：一类是如粮食、蔬菜等行株距较小、根系相互交叉的大田作物，灌水器出流形成的湿润体可以相互叠加形成湿润带，其水分运动就是线源灌溉条件下的土壤水分运动；另一类是果树、园林树种等行株距较大、根系一般不会交叉的林果作物，灌溉形成的湿润体不会交汇，其水分运动就为点源灌溉条件下的土壤水分运动。

6.1.1　点源灌溉条件下土壤水分运动模型

针对大株行距作物，如果树、景观树木等，毛管和灌水器间距一般与树木的株行距相关。湿润体不连续便于树木充分利用灌溉水，避免无效损失。因此，该情况下微孔陶瓷灌水器入渗模型的建立需从单个灌水器入手。

1. 建立入渗模型

微孔陶瓷灌水器入渗属于轴对称三维面源入渗。假定土壤为各向同性的均质土壤，忽略温度和土壤水滞后效应等对水分入渗的影响，入渗模型可简化为二维土壤水运动，采用 Richards 方程进行描述(Celia et al.，1990)。

$$\frac{\partial\theta}{\partial t}=\frac{1}{r}\frac{\partial}{\partial r}\left[rK(h)\frac{\partial h}{\partial r}\right]+\frac{\partial}{\partial z}\left[K(h)\frac{\partial h}{\partial z}\right]+\frac{\partial K(h)}{\partial z} \tag{6-1}$$

式中，θ为土壤含水率(体积含水率)；t 为时间；r 为径向距离；z 为垂直距离，向上为正；h 为水势；$K(h)$为土壤导水率。

土壤水分特征曲线与土壤非饱和导水率均采用 V-G 模型进行拟合。

$$\theta(h)=\begin{cases}\theta_{\mathrm{r}}+\dfrac{-\theta_{\mathrm{r}}}{\left(1+|\alpha h|^{n}\right)^{m}}, & h<0\\ \theta_{\mathrm{s}}, & h\geqslant 0\end{cases} \tag{6-2}$$

$$K(h)=K_{\mathrm{s}}S_{\mathrm{e}}^{0.5}\left[1-\left(1-S_{\mathrm{e}}^{1/m}\right)^{m}\right]^{2} \tag{6-3}$$

式中，θ_{r} 为土壤残余含水率；θ_{s} 为土壤饱和含水率；K_{s} 为土壤饱和导水率；α 为土壤进气值的倒数；m、n 为经验拟合参数(曲线形状参数)，m=1−1/n，n>1；S_{e} 为相对饱和度。

一般果树根系的活跃层约为 100cm(Ma et al，2013；Tanasescu et al.，2004)。因此，模拟中使用了深度 Z 为 100cm 的土壤模拟区域。通过考虑半径 R 为 50cm 的土壤剖面，在对称平面深度 d 处放置一个带有顶盖(0.5cm 不透水层)的陶瓷灌水器(d=45cm)。本章定义的模拟区域与边界条件如图 6-1 所示。

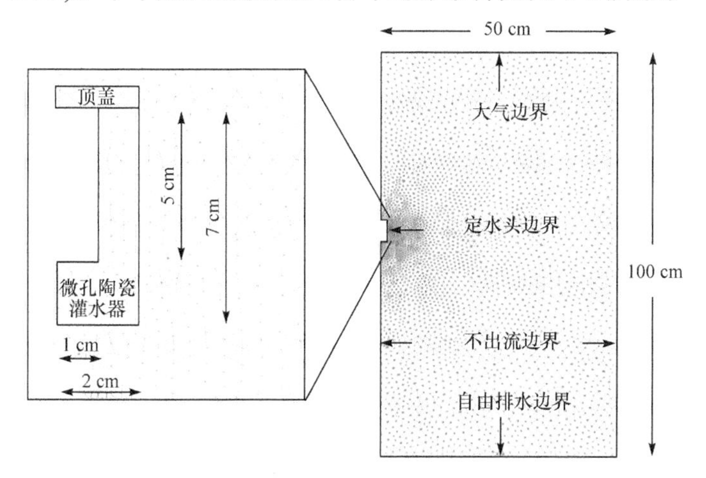

图 6-1　模拟区域与边界条件

将陶瓷灌水器内部边界设置为定水头边界，与土箱试验中设置的压力水头值相同。底部边界采用自由排水边界。上表面边界条件为大气边界，其中水分蒸发速率为 0.4cm/d，不考虑每日变化的蒸发速率。在水分运动的左右两侧边界上，采用不出流边界条件。在整个模拟过程中，初始含水率均设置在 $0.15\text{cm}^3/\text{cm}^3$ 左右，利用式(6-2)将土壤含水率转换为土壤水势，约为–6800cm。陶瓷灌水器最初是饱和的，因此将其初始含水率设置为饱和含水率，其水势为0。工作压力水头分别同验证试验设置为一致。

陶瓷材料的结构(孔隙)与土壤结构相似，陶瓷灌水器可以像土壤一样排出或吸收水分。因此，陶瓷材料的水力特征曲线也可以用 V-G 模型来描述。在模型中，陶瓷灌水器有 6 个参数(θ_s，θ_r，α，n，K_s，l)(l 为经验拟合参数)，较小数值的 α($1.00\times10^{-8}\text{cm}^{-1}$)用于维持陶瓷灌水器在整个模拟过程中处于饱和状态。由于其他非饱和参数(θ_r，n 和 l)对结果不敏感，θ_r、n 和 l 分别取 $0.078\text{cm}^3/\text{cm}^3$、1.900、0.5。

不同工作压力水头与灌水器流量的关系可以由达西定律推导出来(贝尔等，1983)：

$$
\begin{aligned}
Q = Q_{\text{ec}} + Q_{\text{eb}} &= \frac{K_{\text{e}} \cdot 2\pi \cdot H \cdot L_{\text{ec}}}{\ln(r_2 / r_1)} + \frac{K_{\text{e}} \cdot A \cdot H}{L_{\text{eb}}} \\
&= \frac{K_{\text{e}} \cdot 2\pi \cdot H \cdot 5}{\ln(2/1)} + \frac{K_{\text{e}} \cdot 2^2 \cdot \pi \cdot H}{2} = 57.9 \cdot H \cdot K_{\text{e}}
\end{aligned}
\tag{6-4}
$$

式中，Q_{ec} 为固定工作压力水头下灌水器流量；Q_{eb} 为固定工作压力水头下灌水器底部的流量；K_{e} 为微孔陶瓷灌水器渗透系数；L_{ec} 为灌水器上部圆管部分长度，为 5cm；r_2 为灌水器上部圆管部分外径，为 2cm；r_1 为灌水器上部圆管部分内径，为 1cm；L_{eb} 为微孔陶瓷灌水器底部厚度，为 2cm；A 为微孔陶瓷灌水器底部渗流面积，为 12.56cm^2；H 为灌水器内外水势的差值。

$$
H = H' - h \tag{6-5}
$$

式中，H'为陶瓷灌水器工作压力水头；h 为土壤水势。

本试验中采用灌水器的渗透系数为 0.179cm/h。

2. 模型室内试验有效性验证

1) 模型验证试验

土箱试验在西北农林科技大学水力学灌溉试验大厅进行。试验装置如图 6-2 所示，由马氏瓶、输水管、土箱、微孔陶瓷灌水器和土壤水分传感器等组成。

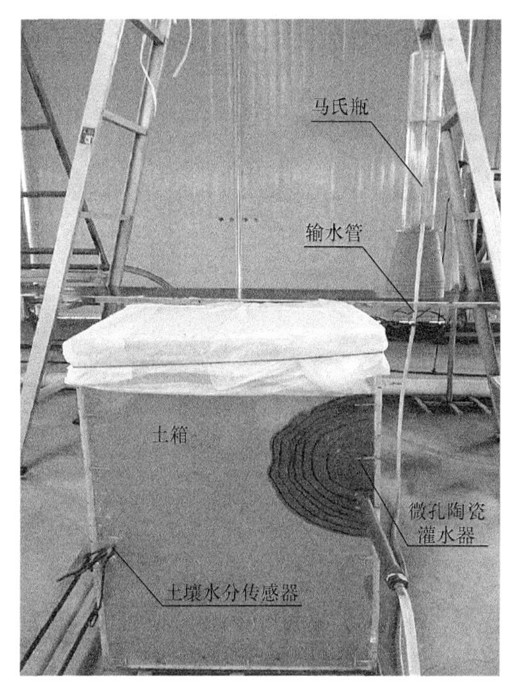

图 6-2　模型验证土箱试验装置图

土箱由有机玻璃加工而成，其长、宽、高分别为 45cm、45cm 和 70cm。试验时微孔陶瓷灌水器埋深为 25cm，灌水器放置于土箱一角处，因此可以模拟微孔陶瓷灌水器的 1/4 湿润土体。将试验土样按照设计容重 $1.3g/cm^3$ 分层装入土箱，表面用塑料薄膜覆盖，防止水分蒸发影响试验结果。试验时打开止水夹并且开始计时，前 120min 内每 10min 读一次马氏瓶刻度并画出相应的湿润锋，后 600min 每 30min 读一次马氏瓶刻度并画出湿润锋。灌溉 720min 后结束试验。通过实时读取马氏瓶水位线计算微孔陶瓷灌水器的流量。微孔陶瓷灌水器由石英砂、滑石粉和硅溶胶制备而成，并在隧道炉中烧结成型，见第 2 章管下式砂基微孔陶瓷灌水器。

入渗试验中采用了两种不同类型的土壤，塿土和黄绵土。塿土取自陕西省渭河三级阶地小麦田，黄绵土取自陕西省榆林市苹果林地。取土深度均为 30cm，将取得的试验土壤风干、碾压、混合后过 2mm 筛网分别留样。土壤颗粒组成采用激光粒度分析仪(MS2000 型)测定，按照美国农业部土壤质地分类方法，塿土(砂粒：43%，粉粒：31%，黏粒：26%)属于黏壤土，黄绵土(砂粒：72%，粉粒：19%，黏粒：9%)属于砂质壤土。土壤水分特征曲线采用高速冰冻离心机(CR21G PF 型)测定，土壤水力参数(van Genuchten，1980)采用 RETC 软件进行拟合。土壤饱和导水率采用变压力水头法测定，结果如表 6-1 所示。为了便于区分，本章采用 L-soil 代表塿土，H-soil 代表黄绵土。

表 6-1 L-soil 和 H-soil 的水力参数

土质	残余含水率 θ_r /(cm³/cm³)	饱和含水率 θ_s /(cm³/cm³)	进气值倒数 α /(1/m)	经验拟合参数 n	饱和导水率 K_s /(cm/h)	田间持水量 /(cm³/cm³)	初始水势 /cm
L-soil	0.08	0.46	0.006	1.61	0.08	0.37	−3000
H-soil	0.08	0.49	0.007	2.22	0.68	0.25	−8562

2) 模型有效性评估

使用极差(mean absolute error，MAE)、均方根误差(RMSE)、相对均方根误差(normalized root mean square error，NRMSE)和相关系数(R^2)等评估模拟与实测数据的一致性(Kandelous et al.，2011；Skaggs et al.，2004)。

$$\mathrm{MAE}=\frac{\sum_{i=1}^{N}P_i-O_i}{N} \tag{6-6}$$

$$\mathrm{RMSE}=\sqrt{\frac{\sum_{i=1}^{N}(P_i-O_i)^2}{N}} \tag{6-7}$$

$$\mathrm{NRMSE}=\frac{1}{\overline{O}}\sqrt{\frac{1}{N}\sum_{i=1}^{N}(P_i-O_i)^2} \tag{6-8}$$

$$R^2=1-\frac{\sum_{i=1}^{N}(P_i-O_i)^2}{\sum_{i=1}^{N}(O_i-\overline{O})^2} \tag{6-9}$$

式中，P_i 为模拟值；O_i 为实测值；N 为数值个数；$\overline{O}$ 为平均实测值。

MAE 简单地反映了模拟和实测结果之间的差异，若 MAE 绝对值小于 15%，说明模型具有良好的稳定性和适用性。RMSE 的取值越小说明模拟值和实测值越接近。若 NRMSE 小于 0.20，表示实测结果与实测结果非常一致，若 NRMSE 大于 0.30，表示两个结果之间有相当大的差异。相关系数的范围从负无穷到 1。R^2=1 对应表示模拟值与实测值无差异。在最优情况下，MAE、RMSE 和 NRMSE 较小，R^2 接近 1(Shwetha et al.，2015)。

3) 模型验证结果

图 6-3 为微孔陶瓷灌水器灌溉过程中流量、湿润锋运移距离的实测值和模拟值。由图 6-3(a)可以看出，在灌溉开始阶段，灌水器的流量迅速下降，而后逐渐减缓，随着灌溉时间的增加，流量逐渐趋近于一个稳定值。流量模拟值与实测值具有高度的一致性，趋势与数值均较为接近。由表 6-2 的统计数据可以看到，对于 H-soil，流量的 RMSE 接近于 0，CRM 的绝对值小于 10%，NRMSE 小于 0.2，因此 HYDRUS-2D 软件可以较好地模拟微孔陶瓷灌水器在 H-soil 中

流量变化情况。对于 L-soil 而言，流量的 RMSE 接近于 0，CRM 的绝对值小于 10%，但 NRMSE 大于 0.2 且小于 0.3，主要是因为在试验前期，流量变化较大，同时由于数据非连续采集的原因，使得流量波动较大，从而使得 NRMSE 较大，但仍小于 0.3。因此，HYDRUS-2D 软件可以较好地模拟微孔陶瓷灌水器在 L-soil 中流量变化情况。

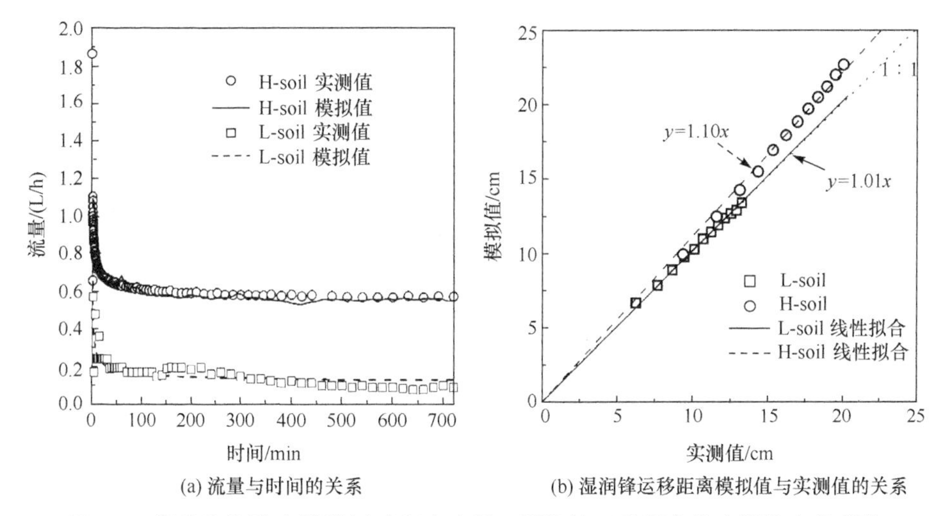

(a) 流量与时间的关系　(b) 湿润锋运移距离模拟值与实测值的关系

图 6-3　微孔陶瓷灌水器灌溉过程中流量、湿润锋运移距离的实测值和模拟值

表 6-2　两种土质下灌水器入渗指标实测值与模拟值统计参数

土质	流量			湿润锋运移距离		
	CRM	RMSE	NRMSE	CRM	RMSE	NRMSE
L-soil	−2.00%	0.05	0.26	1.5%	0.17	0.02
H-soil	−0.02%	0.04	0.07	9.9%	1.77	0.11

由图 6-3(b)可以看出，L-soil 中湿润锋运移距离的模拟值与实测值表现出良好的 1∶1 线性关系。而模拟的 H-soil 中湿润锋运移距离偏大，实测值和模拟值之间符合 1∶1.1 的线性关系。这可能是因为采用离心机法测试得到的 H-soil 土壤水分曲线特征参数 n 值略大，使得模拟水分扩散速率加快，因此模拟值较实测值偏大。但由表 6-2 可以看出，两种土壤湿润锋运移距离的 RMSE 均较小，CRM 的绝对值也都小于 10%，NRMSE 小于 0.2。各项统计值都说明模拟结果的可靠性。因此，HYDRUS-2D 软件可以较好地模拟微孔陶瓷灌水器在两种土壤中湿润锋运移距离的变化情况。

对两种土壤中微孔陶瓷灌水器流量、湿润锋运移距离的模拟值和实测值对比分析，可说明模拟结果的可靠性，故可以利用 HYDRUS-2D 软件模拟不同土质下灌水器入渗特性。

3. 模型田间试验有效性验证

1) 模型验证试验

为了进一步验证模拟结果的实用性和可靠性，设置了一个埋深为 45cm 的模拟处理，其他设置同 6.1.1 小节。而后在位于西北农林科技大学中国旱区节水农业研究院(34°18′N，108°24′E，海拔 521m)的国家柿种资源圃(2016 年 4～10 月)进行田间验证试验(图 6-4)。

(a) 柿子园航拍　(b) 生菜温室

图 6-4　模型验证试验地照片

由于柿子园灌溉水中含有大量泥沙，难以通过过滤器去除，在柿子园布设管上式微孔陶瓷灌水器可以防止可能产生的物理堵塞(图 6-5)。灌水器埋设深度为 45cm。在灌水器轴线方向上安装五个土壤水分传感器，深度分别为 0cm、25cm、50cm、75cm 和 100cm。

图 6-5　管上式微孔陶瓷灌水器

2) 模型验证结果

图 6-6 为柿子园中管上式微孔陶瓷灌水器灌溉条件下土壤水分垂向分布。柿子园土壤初始含水率呈线性分布，最大土壤含水率在深度 0cm 为 0.15cm^3/cm^3。灌溉 120h 后，50cm 附近土层土壤含水率从 0.10cm^3/cm^3 增加到 0.45cm^3/cm^3，100cm 附近土层土壤含水率从 0.04cm^3/cm^3 增加到 0.06cm^3/cm^3。此外，在土层深度 50cm 处土壤含水率达到峰值。可以看出试验过程中，深层渗透和表层蒸发均未发生，与模拟结果类似。因此，田间试验的结果可以证明，在大田条件下利用 HYDRUS-2D 软件得到的模拟结果与其具有一定的一致性，模型的准确性较高。

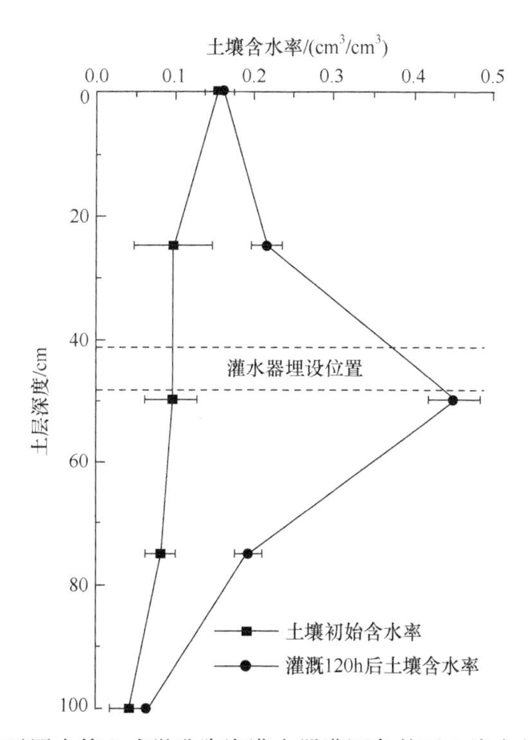

图 6-6　柿子园中管上式微孔陶瓷灌水器灌溉条件下土壤水分垂向分布

6.1.2　线源灌溉条件下土壤水分运动模型

针对小行株距蔬菜作物如番茄、黄瓜等，毛管间距可以较大，但灌水器间距必须小，以便形成连续的线状湿润带，使得作物充分利用灌溉水，避免无效损失(Machado et al.，2005)。

1. 建立入渗模型

单个陶瓷灌水器入渗属于轴对称三维面源入渗，如果两个灌水器间距较近时，则湿润体可以很快交汇。假定土壤为各向同性的均质土壤，忽略温度和土壤水滞后效应等对水分入渗的影响，其入渗模型可简化为二维土壤水运动并采用 Richards 方程进行描述。

$$\frac{\partial\theta}{\partial t}=\frac{\partial}{\partial x}\left[K(h)\frac{\partial h}{\partial x}\right]+\frac{\partial}{\partial z}\left[K(h)\frac{\partial h}{\partial z}\right]+\frac{\partial K(h)}{\partial z} \tag{6-10}$$

式中，θ为土壤含水率(体积含水率)；t 为时间；x 为水平距离；z 为垂直距离，向上为正；h 为水势；$K(h)$为土壤导水率。

HYDRUS-2D 软件对土壤水分求解过程中需要设置的参数包括几何模型、土壤和灌水器水力特征参数、初始条件和边界条件。几何模型及网格划分如图 6-7 所示。若在真实的情况中，毛管的间距大于 50cm，模拟区域(*KLMN*)可设置为一个矩形。矩形的模拟区域长和高均为 100cm，因此相邻两条毛管中的灌水器产生的湿润体假设不会交汇，但是一条毛管上的相邻灌水器出流形成的湿润体会很快交汇。一个有盖子(*ABEF*)的灌水器(多边形 *BCDEJIHG*)埋置在模拟区域中央(埋深为 *d*)，其中 *GH* 长 5cm，*BC* 长 7cm，*GJ* 长 2cm，*BE* 长 4cm。将模拟区域离散成不规则的三棱柱单元，对微孔陶瓷灌水器部分进行局部加密，模拟区域共划分为 12641 个二维网格。

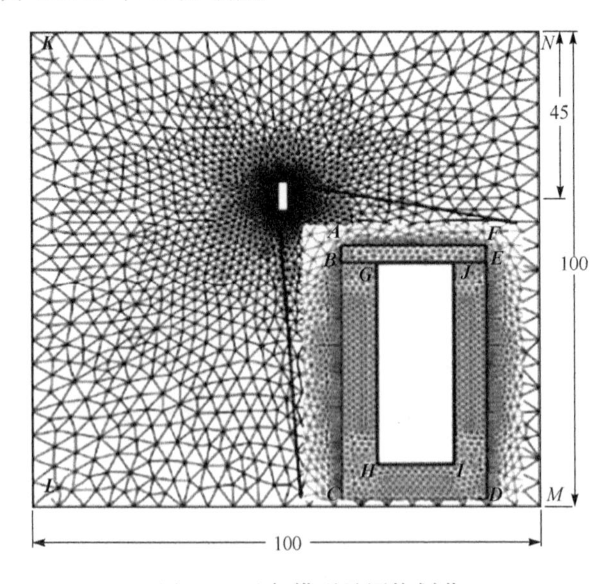

图 6-7　几何模型及网格划分

左右边界 *KL*、*NM* 表示土箱壁无水分交换现象产生，设置为无出流边界；下边界 *LM* 设置为自由排水边界；陶瓷灌水器内部 *GHIJ* 设为固定水头出流边界，工作压力水头为 0cm。模拟与试验对照处理中不考虑蒸发，因此计算区域上边界 *KN* 设置为无出流边界；在仅有模拟的处理中，计算区域上边界 *KN* 设置为大气边界；蒸发速率为 0.4cm/d，同时忽略蒸发速率的日变异性。

假设土壤质地均匀且初始含水率一致，故对初始条件做如下设置：

$$h(x,y,t)=h_0\ (-X\leqslant x\leqslant X;-Y\leqslant y\leqslant Y),\quad t=0 \tag{6-11}$$

式中，h_0 为初始土壤负压水头。

设置土壤初始含水率为 0.138cm^3/cm^3(田间持水量的 40%，田间持水量为 0.345cm^3/cm^3)，通过土壤水分特征曲线，反求得到土壤初始负压水头为 −7889cm。由于模拟过程中陶瓷灌水器始终保持饱和，因此设置其初始负压水头为 0cm。

模拟土壤的水力参数根据试验验证土壤参数得出。

根据 V-G 模型，陶瓷灌水器与土壤均需要设置 6 个参数(θ_s，θ_r，α，n，K_s，l)。根据 Siyal 等(2009)的研究结果，在模拟过程中，只需将 α 设置为某一个极小的数值，陶瓷灌水器将一直维持饱和。因此，将陶瓷灌水器的 α 设置为 1.00×10^{-8}cm^{-1}。此时，θ_s、θ_r、n 和 l 对于试验结果的影响不敏感，因此设置 θ_s、θ_r、n 和 l 分别为 0.24cm^3/cm^3、0.078cm^3/cm^3、1.9 和 0.5。

模拟过程中，灌水器的渗透系数 K_e 会显著影响其出流特性，为了准确得到 θ_s 和 K_e，灌水器被分为两部分，如图 6-8 所示。灌水器的饱和含水率(θ_{sb}，θ_{sc})采用烘干法测量，灌水器的渗透系数(K_{eb}，K_{ec})采用定水头法测试。渗透系数 K_e 由达西定律计算得到(贝尔等，1983)：

$$K_{eb}=\frac{Q_{eb}\cdot L_{eb}}{A\cdot H} \tag{6-12}$$

$$K_{ec}=\frac{Q_{ec}\cdot \ln(r_2/r_1)}{2\pi\cdot H\cdot L_{ec}} \tag{6-13}$$

式中，K_{eb} 为灌水器底部渗透系数；Q_{eb} 为固定工作压力水头下灌水器底部流量；L_{eb} 为灌水器底部厚度；A 为灌水器底部渗流面积；H 为灌水器内外水势差，若在空气中，为灌水器工作压力水头；K_{ec} 灌水器上部圆管部分渗透系数；Q_{ec} 为固定工作压力水头下灌水器上部圆管部分流量；L_{ec} 为灌水器上部圆管部分长度；r_2 为灌水器上部圆管部分外径；r_1 为灌水器上部圆管部分内径。求得 K_{eb} 和 K_{ec} 分别为 8.67×10^{-4}cm/min 和 1.17×10^{-3}cm/min。

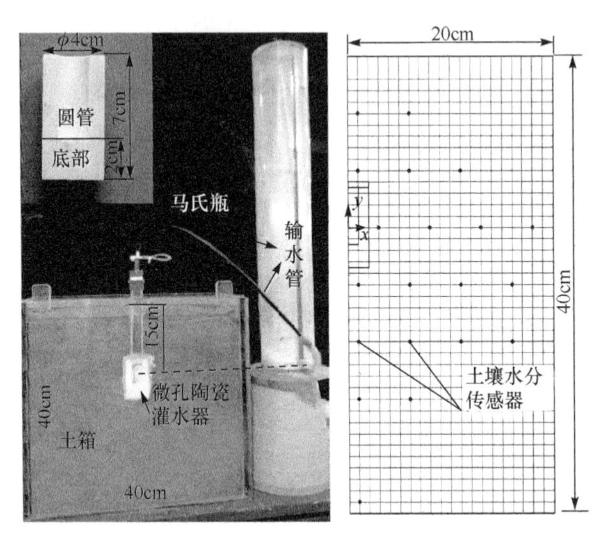

图 6-8　土壤入渗试验装置中微孔陶瓷灌水器以及土壤水分探头埋设位置

2. 模型室内试验有效性验证

1) 模型验证试验

为验证 HYDRUS 模型数值模拟的有效性，采用土箱试验对其进行了可靠性验证。试验土壤取自陕西省渭河三级阶地，将取得的试验土壤风干、碾压、混合后过 2mm 筛网备用。采用马尔文激光粒度仪对土壤的颗粒分布进行测试，土壤黏粒、粉粒和砂粒的含量分别为 33.1%、26.8%和 40.1%，利用 HYDRUS-2D 软件中 Rosetta 传递函数，在填土容重为 1.3g/cm^3 条件下估算θ_r、θ_s、α、n 和 l 分别为 0.08cm^3/cm^3、0.47cm^3/cm^3、0.01、1.42 和 0.5(Schaap et al.，2001)。土壤的饱和导水率 K_s 采用变水头法进行测试，结果为 0.3cm/h。

试验装置如图 6-8 所示，由马氏瓶、输水管、土箱、微孔陶瓷灌水器和土壤水分传感器组成。土箱由有机玻璃加工而成，其长、宽、高分别为 40cm、20cm 和 40cm。试验时陶瓷灌水器埋深为 15cm，工作压力水头为 0cm。将试验土样按照设计容重 1.3g/cm^3 分层装入土箱，表面用塑料薄膜覆盖，防止水分蒸发影响试验结果。试验时通过实时读取马氏瓶水位线计算陶瓷灌水器的累计入渗量和流量。湿润锋运移距离通过在玻璃板上绘制得到，试验结束后将湿润锋拍照导入 Auto-CAD 软件中提取湿润锋的数据坐标。

2) 模型有效性评估

模型有效性评估方法同 6.1.1 小节。

3) 模型验证结果

图 6-9(a)为模拟和实测湿润锋运移距离(水平距离和垂直距离)。该图显示

模拟和测量的水平和垂直湿润锋运移距离之间具有良好一致性，MAE 分别为−0.125cm 和−0.288cm。MAE 的负值意味着该模型低估了试验结果，而正值意味着高估了试验结果。但可以看出模拟值与实测值相差较小，都小于 0.3cm。RMSE 分别为 0.138 和 0.110，它反映出模拟值与实测值的偏差非常小。R^2 分别为 0.959 和 0.973，接近于 1。可以得出结论，HYDRUS-2D 软件非常适合模拟小间距微孔陶瓷灌水器灌溉条件下土壤水分运移情况。

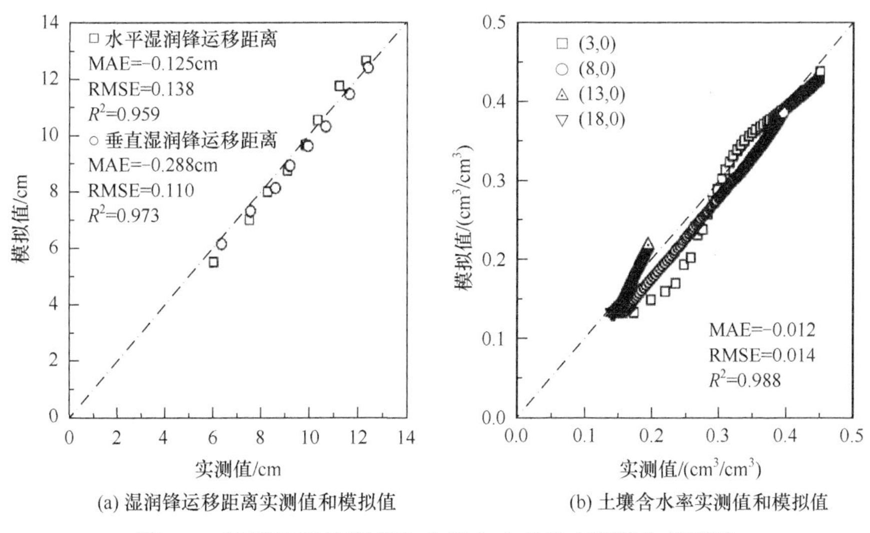

(a) 湿润锋运移距离实测值和模拟值　　(b) 土壤含水率实测值和模拟值

图 6-9　湿润锋运移距离和土壤含水率的实测值与模拟值

图 6-9(b)给出了 4 个位置处模拟和实测土壤含水率。由图可知，MAE、RMSE 和 R^2 分别为−0.012cm³/cm³、0.014 和 0.988，模拟值与实测值具有良好一致性。因此可以得出结论，HYDRUS-2D 软件非常适合模拟微孔陶瓷灌水器灌溉条件下土壤含水率的分布。

湿润锋运移距离和土壤含水率两个方面表明 HYDRUS-2D 软件可用于精确模拟陶瓷灌水器灌溉条件下土壤水分运动。在此基础上，可以进一步研究灌水器参数(工作压力水头、设计流量和埋深)对湿润锋运移距离、灌水器累计入渗量等入渗特性的影响。

3. 模型田间试验有效性验证

1) 模型验证试验

为了进一步验证模拟结果的实用性和可靠性，设置了一个灌水器埋深为 25cm 的模拟处理，其他设置同室内验证试验。此后在生菜温室(2015 年 11 月～2017 年 1 月)中进行了田间验证试验(图 6-4)。生菜温室位于西北农林科技大学南校区内(34°18′N，108°24′E，海拔 462m)。该地区属于典型的半干旱气候，年平均蒸发量约为 1510mm，降水量为 635.1mm，平均温度为 12.9℃。温室土壤为黏壤土，田间持水量为 0.381cm³/cm³。

由于温室灌溉水质较好，因此在温室布设管下式微孔陶瓷灌水器，埋深为25cm。温室试验中在距离灌水器轴线 20cm 处安装了六个土壤水分传感器探头，埋设深度分别为 10cm、20cm、40cm、60cm、80cm 和 100cm。

2) 模型验证结果

图 6-10 为生菜温室中管下式微孔陶瓷灌水器灌溉条件下土壤水分垂向分布。温室中最大土壤初始含水率为 0.19cm³/cm³，深层含水率较高，但根区含水率较低。灌溉 120h 后，0～80cm 土层土壤含水率增幅较大。土壤含水率在 20cm 处达到峰值，为 0.38cm³/cm³，靠近陶瓷灌水器埋设的位置(25cm)，与模拟结果较为接近，而且没有发生深层渗漏。此外，在试验期间(2015～2017 年)，灌水器并未发生堵塞现象。因此，田间试验结果可以证明，在大田条件下利用 HYDRUS-2D 软件得到的模拟结果与其具有一定的一致性，模拟的准确性较高。

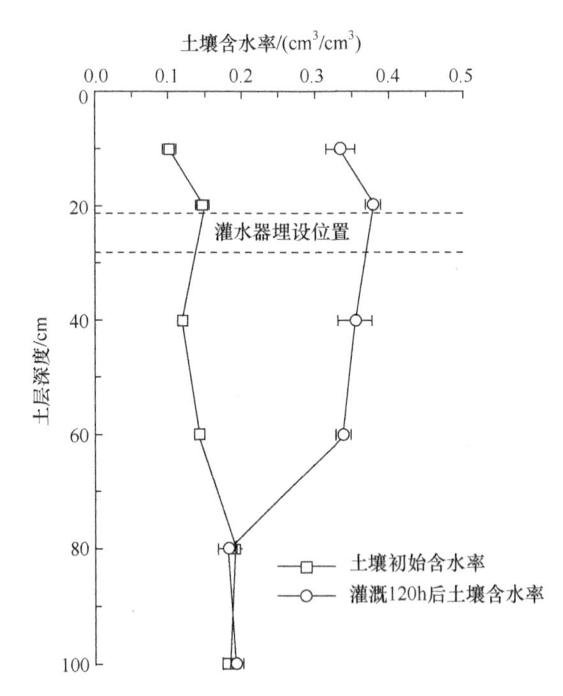

图 6-10　生菜温室中管下式微孔陶瓷灌水器灌溉条件下土壤水分垂向分布

6.2　微孔陶瓷根灌土壤水分运动特性

将微孔陶瓷灌水器埋置于土壤中，由于土质的不同，其水分运动特性必然存在较大的差别，因而其布设方式和参数等也会有所不同。6.1 节针对蔬菜和林果分别构建了陶瓷灌水器灌溉条件下的土壤水分运动模型。在陶瓷灌水器工作压力水头和设计流量一定的条件下，灌水器的出流量主要受土壤质地的影响。因此，选取 HYDRUS-2D 中具有代表性的 12 种土壤，研究土壤质地对土壤水分运动特性的影响。各类土壤水力参数如表 6-3 所示(Carsel et al.，1988)。其中田间持水量采用 Twarakavi 等(2009)提出的方法计算。

表 6-3　12 种代表性土壤水力参数

土壤类型	残余含水率 θ_r /(cm³/cm³)	饱和含水率 θ_s /(cm³/cm³)	进气值倒数 α /(1/m)	参数 n	饱和导水率 K_s /(cm/h)	田间持水量 /(cm³/cm³)
砂土	0.045	0.43	0.145	2.68	29.7	0.067
壤砂土	0.057	0.41	0.124	2.28	14.6	0.094
砂壤土	0.065	0.41	0.075	1.89	4.42	0.139
壤土	0.078	0.43	0.036	1.56	1.04	0.220
粉土	0.034	0.46	0.016	1.37	0.25	0.286
粉壤土	0.067	0.45	0.020	1.41	0.45	0.272
砂质黏壤土	0.100	0.39	0.059	1.48	1.31	0.227
黏壤土	0.095	0.41	0.019	1.31	0.26	0.295
粉质黏壤土	0.089	0.43	0.010	1.23	0.07	0.348
砂黏土	0.100	0.38	0.027	1.23	0.12	0.306
粉黏土	0.07	0.36	0.005	1.09	0.02	0.336
黏土	0.068	0.38	0.008	1.09	0.20	0.340

同一种土壤中，灌水器的埋深、工作压力水头和设计流量不同，其土壤水分运动特性也会有较大差异。因此，针对不同作物类型，设置灌水器工作参数如表 6-4 所示。根据表 6-4 给出的因素水平进行完全组合模拟，每种作物条件下共有 216 组处理。

表 6-4　模拟因素水平表

作物种类	因素	水平
大田作物(番茄、黄瓜)	埋深/cm	15，25
	工作压力水头/cm	0，10，20
	渗透系数/(cm/h)	0.01，0.05，0.10
林果作物(苹果)	埋深/cm	25，45
	工作压力水头/cm	0，20，50
	渗透系数/(cm/h)	0.10，0.50，1.00

注：通过式(6-4)利用工作压力水头和渗透系数可以计算灌水器的设计流量。

6.2.1　点源灌溉条件下土壤水分运动特性

1. 土壤类型对灌水器入渗特性的影响

当灌水器埋深为 45cm，灌水器工作压力水头和渗透系数分别为 20cm 和 0.10cm/h 时，表 6-5 给出了 12 种不同土壤中灌溉 120h 时的累计入渗量。可以看出，粉黏土、砂黏土、黏土中灌水器的累计入渗量均较小，介于 5.30L 和 16.16L。这主要是因为这些土壤中黏粒含量较高，土壤颗粒之间的接触面积较大，使得孔隙较小，造成其饱和导水率较低；加之设置的初始含水率较高，使得土壤水分扩散较为困难，累计入渗量就较小。而粉壤土中累计入渗量最大，为 22.80L，虽然其饱和导水率较砂土等较小，但其累计入渗量却最大。这主要是陶瓷灌水器在土壤中出流是受灌水器性质和土壤特性双重影响导致的。

表 6-5　12 种不同土壤中灌溉 120h 的累计入渗量

土壤类型	黏土	黏壤土	壤土	壤砂土	砂壤土	砂土	砂质黏壤土	砂黏土	粉土	粉质黏壤土	粉壤土	粉黏土
累计入渗量/L	16.16	14.00	18.01	18.17	18.18	17.10	15.86	11.20	19.40	11.15	22.80	5.30

图 6-11 为灌水器工作压力水头和渗透系数分别为 20cm 和 0.50cm/h 时，12 种土壤在点源灌溉下所形成的湿润体剖面。由图可以看出，在渗透性较大、饱和含水率较低的砂性土壤中，湿润体明显下移，垂直向下湿润锋运移距离远大于水平湿润锋运移距离，进而大于垂直向上湿润锋运移距离。但是在渗透性较小，饱和含水率较高的黏性土壤中，湿润体剖面则表现为更接近于圆形。根据图 6-11 中的湿润体剖面得到垂直向下湿润锋运移距离和水平湿润锋运移距离的比值(纵横比)基本上为 1.01～2.13。对于黏性土壤，其纵横比更接近于 1。对于砂性土壤，纵横比则明显大于 1，水分更倾向于向土层下部运移。

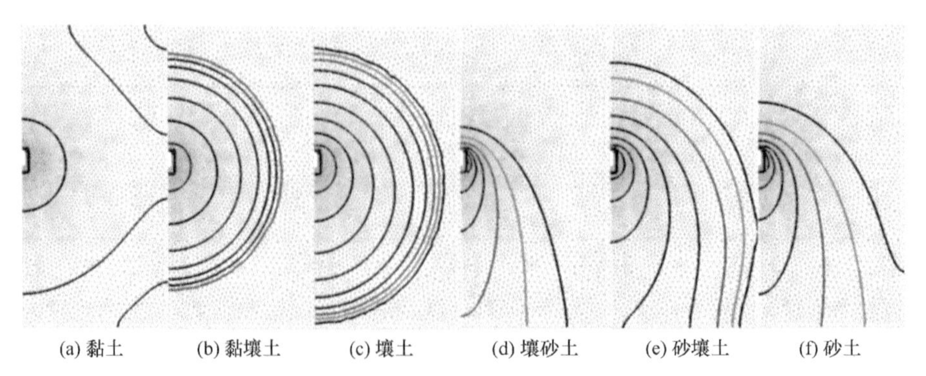

(a) 黏土　(b) 黏壤土　(c) 壤土　(d) 壤砂土　(e) 砂壤土　(f) 砂土

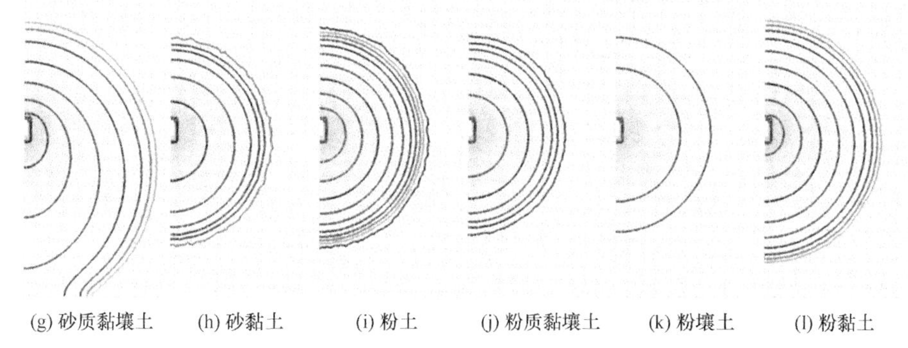

(g) 砂质黏壤土　(h) 砂黏土　(i) 粉土　(j) 粉质黏壤土　(k) 粉壤土　(l) 粉黏土

图 6-11　点源灌溉下不同土壤中灌水器出流形成的湿润体剖面

纵横比的变化主要是由土壤中黏性颗粒的质量分数决定的。砂性土壤中黏粒含量较少，砂粒含量高，颗粒和颗粒之间存在较大的孔隙，比表面积较小，因此透水性强。但对于黏性土壤而言，黏粒含量较高而且比表面积大，使得土壤的基质吸力较大，透水性较弱。随着黏粒含量的增加，土壤基质吸力变大而导水率减小，由此其保水性也就越强。入渗过程中，水分运移受基质势(基质吸力)和重力势的双重作用。在相同的试验条件下，砂性土壤中基质势的作用相对于重力势较小，而黏性土壤中基质势作用更大。土壤由砂性土壤到黏性土壤，质地由轻变重，基质势的作用越来越大，重力势的作用比重越来越低，使得纵横比逐渐减小，湿润体剖面逐渐由椭圆形变为圆形。当陶瓷灌水器在砂性土壤中运行时，由于其保水性差的特性，极易引起深层渗漏等问题，必须采取一定的措施以减少深层渗漏量，提高作物水分利用效率。

在灌溉系统实际运行中，如果流量过大，土壤含水率可能会超过田间持水量，由于重力的作用，部分灌溉水会运移到作物根部以下，产生深层渗漏。如图 6-11(d)～(f)所示，在砂土和砂壤土中，灌水器垂直向下湿润锋运移距离均大于 55cm，部分灌溉水流出了土壤剖面，作物就难以利用该部分灌溉水。而且在这种情况下，湿润体内部土壤含水率均已接近田间持水量，土壤空气含量低，可能会抑制种子萌发和作物生长。图 6-12 为埋深为 45cm、工作压力水头和渗透系数分别为 50cm 和 1.0cm/h 时不同土壤中深层渗漏率的变化。可以看出，砂质土壤中普遍出现了严重的深层渗漏现象，以砂土最为明显，其深层渗漏率高达 83%，意味着 83%的灌溉水都没有被保存在计划湿润层中被作物吸收利用。

2. 工作参数对灌水器入渗特性的影响

附表 1 给出了不同工作参数下灌溉 120h 的入渗特征值(林果)。可以看出，不同土壤类型下，埋深对灌水器累计入渗量的影响较小，对比 25cm 和 45cm

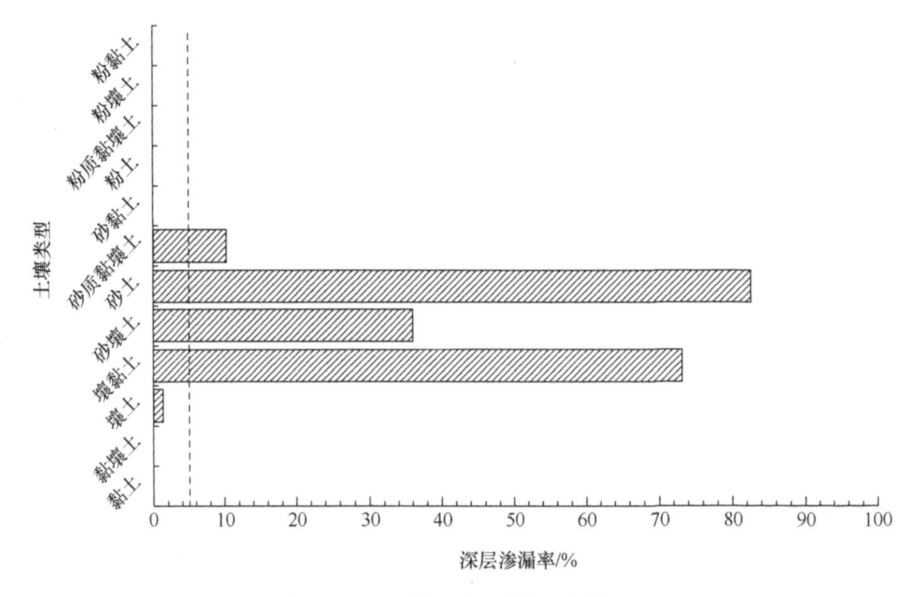

图 6-12 不同土壤下深层渗漏率

的埋深处理，累计入渗量差值最大出现在砂壤土中，两者差别为 6.0L。埋深会对深层渗漏量产生较大的影响，埋深越大，水分越容易向土壤深层运移，使得深层渗漏的风险加大。由附表 1 中可以看出，砂壤土中，渗透系数为 0.5cm/h，工作压力为 20cm 时，埋深为 25cm 和 45cm 的深层渗漏率分别为 1.52%和 12.74%。砂土中，埋深为 45cm 的深层渗漏率高达 66.19%，远超过系统设计要求限定值(5%)，而 25cm 埋深情况下，深层渗漏率则有所减小，为 42.08%，但是也超过了限定值。因此，对于砂性土壤中应用陶瓷灌水器进行灌溉，必须采取其他措施，如采用小流量的灌水器，设置防渗措施等，而且对于砂性土壤，陶瓷灌水器的埋深应当尽量减小。

工作压力水头对灌水器的稳定流量、累计入渗量和纵横比等均有显著影响。工作压力水头越大，灌水器的稳定流量越大。以壤土为例，如图 6-13(a)所示，当 H'为 0cm 时，灌水器流量在试验开始时迅速减小，最终达到稳定流量。例如，当 K_e 为 0.5cm/h 时，大约在 18h 后，灌水器流量降低到 0.19L/h 的稳定值。当 H'为 0cm 时，水会从饱和的灌水器表面蒸发，但蒸发速率(灌水器流量)非常小，因此假设空气中灌水器流量为 0L/h。但是在零压下，土壤中灌水器流量大于 0L/h[图 6-13(a)]。这是因为当 H'为 0cm 时，土壤基质势(土壤吸力)会从灌水器中吸水，灌水器的出流驱动力为土壤基质势。因此，随着土壤基质势的变化，灌水器流量也随之变化。土壤初始含水率较低，基质势绝对值较大，导致灌水器内部(H'=0cm)和外部(土壤基质势)水势差较大，因而灌水器流量非常大，当灌溉水进入土壤并湿润土壤，灌水器内外水势差减小，灌水器流量降低。

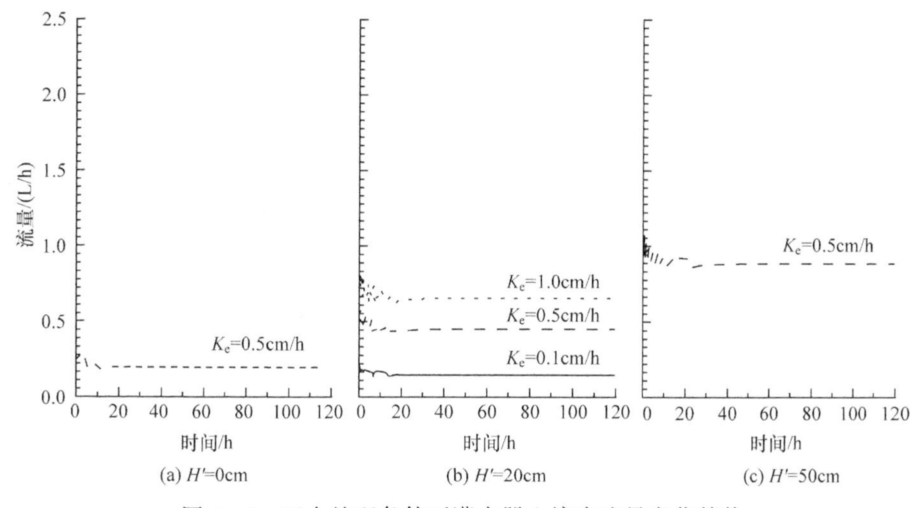

图 6-13　五个处理条件下灌水器土壤中流量变化趋势

如图 6-13(b)所示，当 H'和 K_e 分别为 20cm、0.1cm/h 时，大约经过 23h，灌水器流量减少到稳定值 0.15L/h。灌水器在土壤中的初始流量大于空气中流量(0.12L/h)，随着时间增加，灌水器在土壤中的稳定流量仍大于空气中的设计流量。当灌水器在空气中的出流量小于土壤的最大渗透率时，土壤水势依旧为负，土壤水势会促进灌水器出流。但当 H'和 K_e 分别为 20cm 和 0.5cm/h 时，随着时间的增加土壤中灌水器的流量小于空气中的流量[图 6-13(b)]，空气中的流量为 0.58L/h，但土壤中的稳定流量为 0.45L/h。

如图 6-13(c)所示，当 H'和 K_e 分别为 50cm 和 0.5cm/h 时，灌水器经过 30h 流量减少为一个稳定的值。当 H'为正值时，空气中灌水器流量大于土壤的最大入渗能力时，灌水器的出水驱动力为土壤水势和 H'。因此，土壤水势可以由负向正变化。当土壤水势为正值时就会抑制灌水器出流(Provenzano，2007)，此时土壤中灌水器的出流量小于空气中的出流量，就如图 6-13(c)所示。因此，在设计微孔陶瓷根灌系统时，有必要考虑土壤中灌水器出流量减小的可能性(Gil et al.，2010)，慎重选择陶瓷灌水器的 H'和 K_e，避免灌水器周围土壤中正压升高导致灌水器流量减少。以上分析也可以看出，在不同工作压力水头和设计流量条件下，灌水器出流量均会趋于一个常数值(对应于土壤中第 120h 出流量)，恒定的出流量被称为稳定流量 q。在不同 H'和 K_e 下，稳定流量数值如附表 1 所示。H'和 K_e 越高，q 越大。基于附表 1 所示数据，当埋深为 45cm 时，分别建立了不同土壤中 H'、K_e 和 q 的回归模型如表 6-6 所示。当陶瓷灌水器工作压力水头和渗透系数为：$H'<50$cm 和 $0.1\text{cm/h}<K_e<1.0\text{cm/h}$ 时(即灌水器的设计流量为 0～2.895L/h)，表(6-6)公式可以用于地下陶瓷根灌系统中灌水器的稳定出流量计算。

表 6-6　不同土壤类型下灌水器稳定流量拟合

土壤类型	回归模型	R^2	公式编号
黏土	$q=-53.64-4.30H'^{0.871}+53.81K_e^{0.0006}+4.31H'^{0.871}K_e^{0.0006}$	0.99	式(6-14)
黏壤土	$q=-20.34-1.94H'^{0.910}+20.45K_e^{0.0017}+1.95H'^{0.910}K_e^{0.0017}$	0.99	式(6-15)
壤土	$q=-0.06-0.01H'^{0.944}+0.32K_e^{0.3511}+0.04H'^{0.944}K_e^{0.3511}$	0.99	式(6-16)
壤砂土	$q=-0.11-0.001H'^{0.846}+0.46K_e^{0.5585}+0.06H'^{0.846}K_e^{0.5585}$	0.99	式(6-17)
砂壤土	$q=0.01-0.004H'^{0.958}+0.32K_e^{0.7272}+0.05H'^{0.958}K_e^{0.7272}$	0.99	式(6-18)
砂土	$q=-0.02-0.004H'^{0.928}+0.37K_e^{0.7316}+0.06H'^{0.928}K_e^{0.7316}$	0.99	式(6-19)
砂质黏壤土	$q=-0.04-0.012H'^{0.922}+0.25K_e^{0.4078}+0.04H'^{0.922}K_e^{0.4078}$	0.99	式(6-20)
砂黏土	$q=-25.98-2.60H'^{0.892}+26.04K_e^{0.0006}+2.61H'^{0.892}K_e^{0.0006}$	0.99	式(6-21)
粉土	$q=-11.13-1.47H'^{0.859}+11.29K_e^{0.0028}+1.49H'^{0.859}K_e^{0.0028}$	0.99	式(6-22)
粉质黏壤土	$q=-0.26-0.04H'^{0.881}+0.48K_e^{0.1198}+0.06H'^{0.881}K_e^{0.1198}$	0.99	式(6-23)
粉壤土	$q=-10.56-1.90H'^{0.851}+10.63K_e^{0.0006}+1.90H'^{0.851}K_e^{0.0006}$	0.99	式(6-24)
粉黏土	$q=-24.16-0.002H'^{0.756}+24.19K_e^{0.0001}+0.00006H'^{0.756}K_e^{0.0001}$	0.98	式(6-25)

6.2.2　线源灌溉条件下土壤水分运动特性

点源与线源灌溉条件下土壤水分运动特性有诸多不同，但是土壤类型、埋深、工作压力水头和设计流量对灌水器入渗特性的影响与 6.2.1 小节中分析较为类似。因此，本小节不再罗列相关的影响指标(附表 2)，仅表述埋深对湿润体的影响、工作压力水头和设计流量对稳定流量和深层渗漏率的影响。

1. 土壤质地对灌水器入渗特性的影响

图 6-14 为灌水器工作压力水头和渗透系数分别为 10cm 和 0.10cm/h 时，线源灌溉下不同土壤中灌水器出流所形成的湿润锋。可以看出，在渗透性较大、饱和含水率较低的砂性土壤中，垂直向下湿润锋运移距离远大于水平湿润锋运移距离，进而大于垂直向上湿润锋运移距离，大部分水分运移到土壤底层，湿润锋上沿呈现明显的马鞍形。而对于黏性土壤，由于其保水性较好，大部分的水分积聚在模拟区域中，土壤含水率较高。原因解释同 6.2.1 小节。

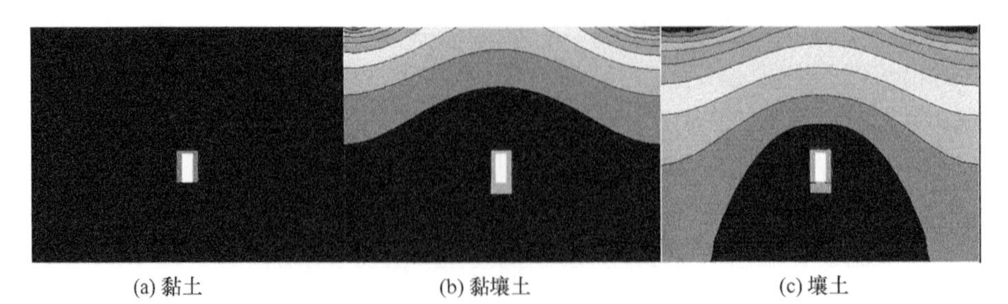

(a) 黏土　　(b) 黏壤土　　(c) 壤土

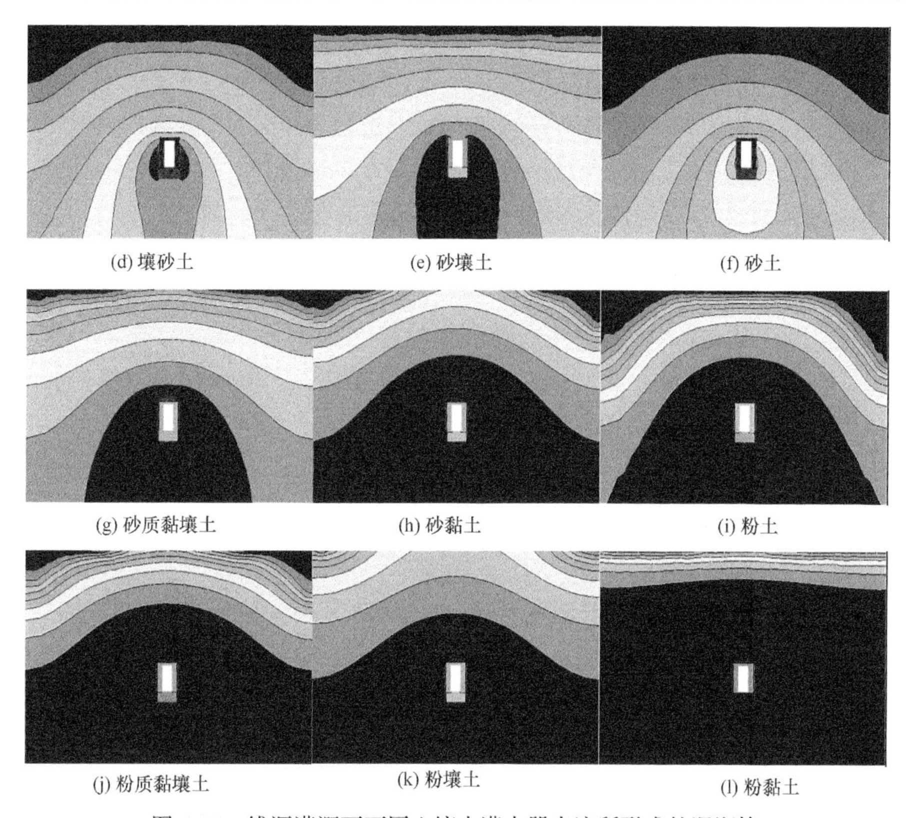

图 6-14　线源灌溉下不同土壤中灌水器出流所形成的湿润锋

2. 工作参数对灌水器入渗特性的影响

影响陶瓷灌水器出流所形成湿润体位置的主要参数是埋深(Lamm et al., 2006)。埋深对湿润锋的影响如图 6-15 所示(壤土条件)，可以看出湿润锋随埋深的减小而上移。湿润锋运移速率在开始时较快，并随着灌溉时间的增加而逐渐减慢。由于重力作用，在一定的埋深下，水平湿润锋运移距离小于垂直湿润锋运

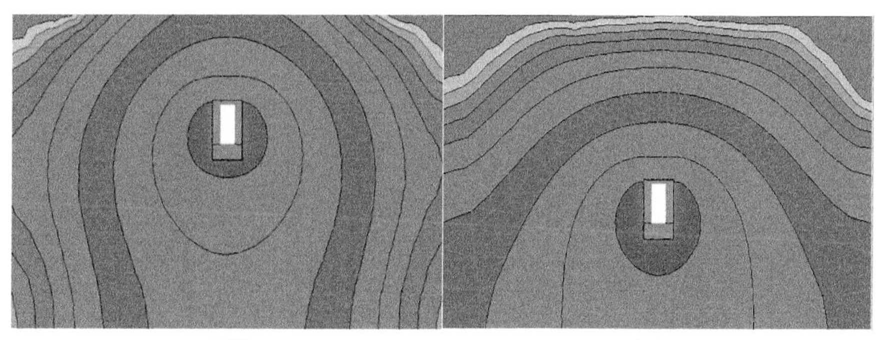

图 6-15　两种不同埋深条件下灌溉 120h 的湿润锋

移距离。在两个不同的埋深下，垂直湿润锋运移距离较为相似。当陶瓷灌水器埋深为 15cm 处时，水平湿润锋运移距离比埋深为 25 的处理更大。这是因为当灌溉水到达土壤表面时，水不再能够垂直向上扩散，导致 15cm 埋深的水平湿润锋运移距离显著增加。当陶瓷灌水器埋深小于 15cm 时，土壤表面接近饱和，但在有的土质条件下埋深为 25cm 的处理土壤表面保持相对干燥。

图 6-16 为灌水器埋深和渗透系数分别为 25cm 和 0.05cm/h 时，三种不同工作压力水头条件下(0cm、10cm 和 20cm)灌溉 120h 的湿润锋(黏壤土条件)。可以看出，工作压力水头对灌水器湿润锋运移距离有显著影响。随着工作压力水头增大，灌水量增加，使得进入土壤的水量增加，因此土壤高含水率区面积增加。随着工作压力水头增大，灌水器的稳定流量、累计入渗量均增大，由此可能带来深层渗漏量增加。

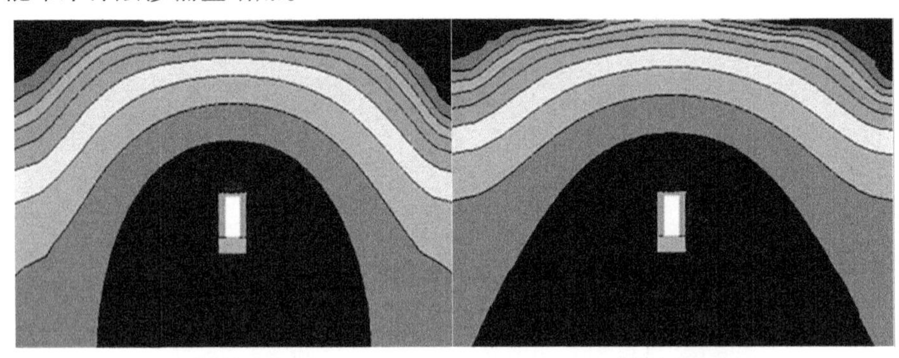

(a) 工作压力水头0cm　　(b) 工作压力水头10cm

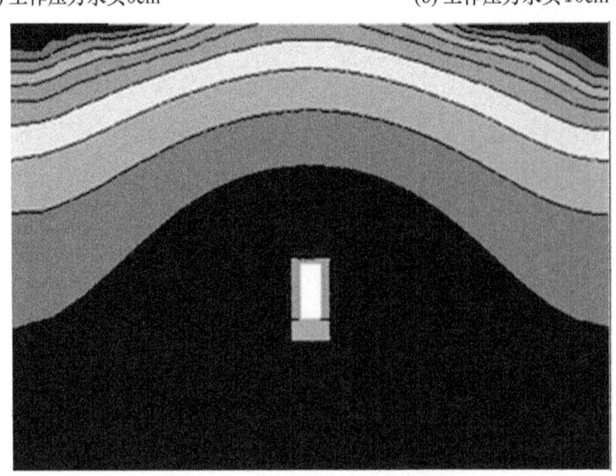

(c) 工作压力水头20cm

图 6-16　三种不同工作压力水头条件下灌溉 120h 的湿润锋

以粉质黏壤土为例，当灌水器埋深和工作压力水头分别为 25cm 和 20cm 时，图 6-17 为三种不同设计流量下(0.01L/h、0.05L/h 和 0.12L/h)灌溉 120h 的湿润锋(即灌水器的渗透系数分别为 0.01cm/h、0.05cm/h、0.10cm/h)。可以看出，随着设计流量的增大，湿润体范围逐渐扩大，当设计流量为 0.05L/h 时，120h 的湿润锋已经到达模拟区域边界，使得表层土壤湿润，继而产生一定量的蒸发损失。而且设计流量越大，高含水率区域的面积也越大，因此设计流量不宜选择过大，以免土壤中空气含量过低，抑制作物生长。

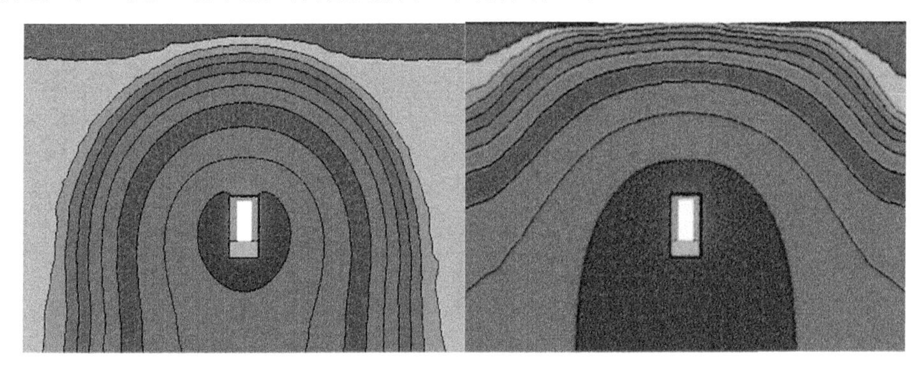

(a) 设计流量0.01L/h　　(b) 设计流量0.05L/h

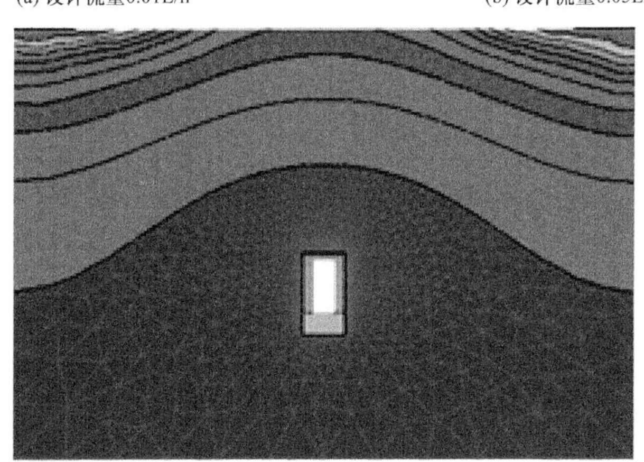

(c) 设计流量0.12L/h

图 6-17　三种不同设计流量下灌溉 120h 的湿润锋

在不同 H'和 K_e下，稳定流量数值如附表 2 所示。H'和 K_e越高，出流量 q 越大。基于附表 2 所示数据，当埋深为 25cm 时，分别建立了不同土壤中 H'、K_e和 q 的回归模型如表 6-7 所示。

表 6-7　不同土壤类型下灌水器稳定流量拟合

土壤类型	回归模型	R^2	公式编号
黏土	$q=0.042-0.00026H'^{1.200}+0.2801K_e^{0.7238}+0.0082H'^{1.200}K_e^{0.7238}$	0.99	式(6-26)
黏壤土	$q=0.057-0.00068H'^{1.110}+0.2991K_e^{0.4744}+0.0073H'^{1.110}K_e^{0.4744}$	0.99	式(6-27)

续表

土壤类型	回归模型	R^2	公式编号
壤土	$q=0.011-0.00049H'^{1.050}+0.6175K_e^{0.7081}+0.0183H'^{1.05}K_e^{0.7081}$	0.99	式(6-28)
壤砂土	$q=0.004-0.00020H'^{1.047}+0.6375K_e^{0.8838}+0.0347H'^{1.047}K_e^{0.8838}$	0.99	式(6-29)
砂壤土	$q=0.009-0.00029H'^{1.031}+0.7657K_e^{0.8725}+0.0328H'^{1.031}K_e^{0.8725}$	0.99	式(6-30)
砂土	$q=0.003-0.00016H'^{1.041}+0.6101K_e^{0.9105}+0.0385H'^{1.041}K_e^{0.9105}$	0.99	式(6-31)
砂质黏壤土	$q=0.012-0.00037H'^{1.071}+0.5507K_e^{0.7884}+0.0217H'^{1.071}K_e^{0.7884}$	0.99	式(6-32)
砂黏土	$q=0.015-0.00026H'^{1.232}+0.1992K_e^{0.6691}+0.0077H'^{1.232}K_e^{0.6691}$	0.99	式(6-33)
粉土	$q=-0.041-0.00085H'^{1.072}+0.3439K_e^{0.4230}+0.0073H'^{1.072}K_e^{0.4230}$	0.99	式(6-34)
粉质黏壤土	$q=-0.005-0.00072H'^{1.221}+0.1520K_e^{0.2821}+0.0030H'^{1.221}K_e^{0.2821}$	0.99	式(6-35)
粉壤土	$q=0.001-0.00079H'^{1.054}+0.4344K_e^{0.4959}+0.0096H'^{1.054}K_e^{0.4959}$	0.99	式(6-36)
粉黏土	$q=0.007-0.00066H'^{1.199}+0.0425K_e^{0.2007}+0.0019H'^{1.199}K_e^{0.2007}$	0.99	式(6-37)

图 6-18 为不同工作压力水头和设计流量下的水分损失量。可以看出，在砂性土壤中，水分的损失量均较高，一般均超过了 5%。设计流量和工作压力水头越大，

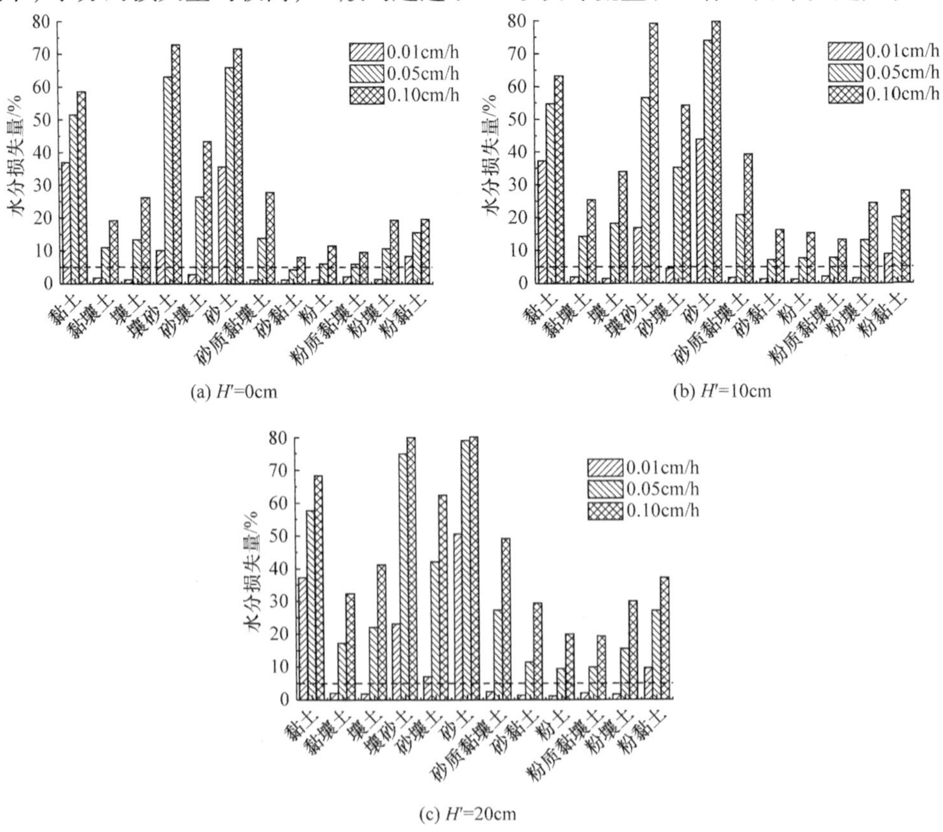

(a) H'=0cm　　(b) H'=10cm

(c) H'=20cm

图 6-18　不同工作压力水头和设计流量下水分损失量

损失量越大。对于黏性土壤其损失量则较小，这可能是由于黏性土壤中黏粒含量较大，水分扩散较为困难，使得表层蒸发和深层渗漏均较小。

图 6-19 给出了不同工作压力水头和设计流量条件下的蒸发损失量。可以看出，砂质土壤中大部分水分损失是由于深层渗漏造成的，深层渗漏量占总损失量的 90%～100%，尤其是砂土中 99%的水分损失来源于深层渗漏。对于粉质土壤，其占比则要低很多，以粉黏土为例，深层渗漏量占总损失量不超过 30%，更多的水分损失来源于蒸发损失。因此，对于蔬菜作物种植过程中，如果可以采取一定措施降低蒸发损失量，则可有效提高灌溉水利用效率。

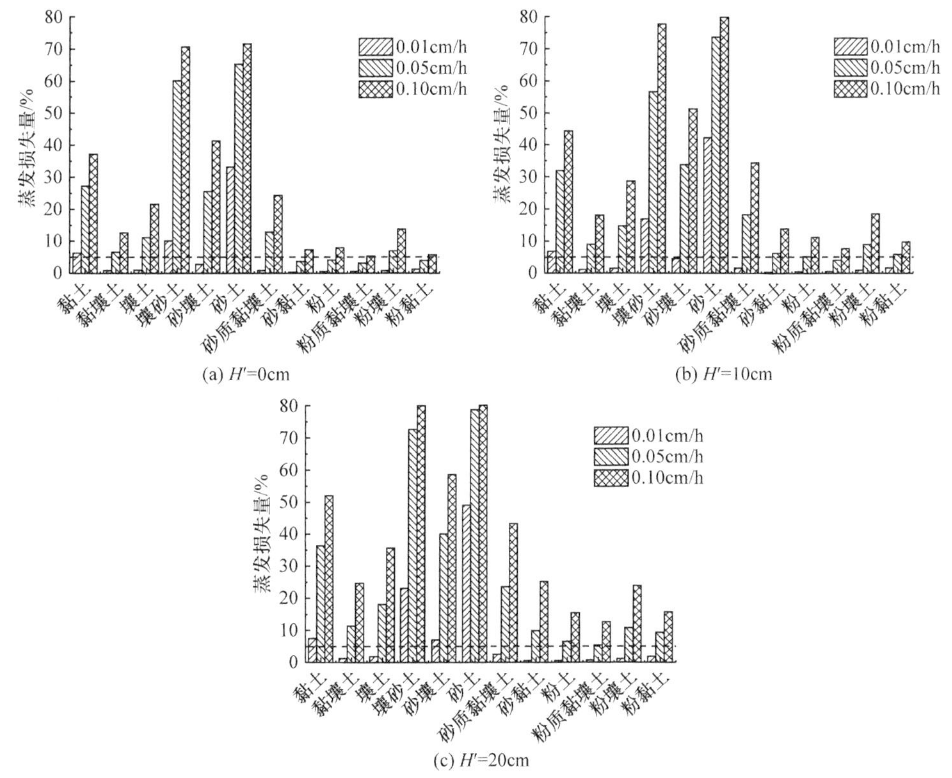

图 6-19　不同工作压力水头和设计流量条件下的蒸发损失量

6.3　微孔陶瓷灌水器技术参数确定

6.3.1　针对林果作物的微孔陶瓷灌水器技术参数确定

1. 参数确定依据

1) 匹配林果根系分布

郑利剑等(2015)研究认为，5 年生苹果树(富士)吸水根在垂直方向上主要分布于土层深度 0～120cm 处，而且深度 40～60cm 处的根长密度最大，占总根系的 40%左右。宋小林等(2016)研究表明，21 年生苹果树(富士)的根系主要分布在土层深度 0～100cm 处，且根系分布呈现抛物线型，其极值点出现在 40～60cm 处。因此，对于苹果树而言，使用微孔陶瓷灌水器进行灌溉，灌水器在土壤中形成的湿润体最好位于土层深度 0～100cm 处，且水平湿润锋位置最好在 40～60cm 处。满足这两项条件的前提下，可以尽量减少灌水器埋设深度，以降低埋设工作量和避免深层渗漏的发生。因此，对于粉质和黏质土壤，适宜的埋深应当在 45cm 左右；但是对于砂性土壤，其埋深则需要适当上移，25cm 的埋深较为适宜。

2) 满足作物需水量要求

灌水器稳定流量 q 必须满足作物需水量。朱德兰等(2004)在黄土高原中部(36°55′N，109°00′E)研究发现苹果在生长期的需水量约为 580mm，果实生长阶段(7 月和 8 月)的最大日用水量约为 4.13mm/d。在这一阶段，黄土高原降水量较为充沛，降水强度大约为 2.43mm/d。如果苹果树间距为 2.5m，行距为 4m，为了降低灌溉成本，q 必须大于 0.71L/h。

如果一棵苹果树埋设一个陶瓷灌水器，根据式(6-16)，当 K_e=0.5cm/h 和 H'>30cm，或者当 K_e=2.0cm/h，H'只需要大于 10cm，q 就能满足苹果树水分需求。当一棵苹果树埋设两个陶瓷灌水器，K_e=0.5cm/h 时，H'应仅大于 9cm。

当苹果树栽植于砂质黏壤土中，根据式(6-15)，一棵苹果树埋设一个陶瓷灌水器，当 K_e=0.5cm/h 和 H'>42cm，q 就能满足苹果树水分需求。

当苹果树栽植于砂土中，根据式(6-19)，一棵苹果树埋设一个陶瓷灌水器，当 K_e=0.5cm/h 和 H'>19.8cm，或当 K_e=1.0cm/h，H'只需要大于 7cm 时，q 就能满足苹果树水分需求。

当苹果树栽植于黏土中，根据式(6-14)，一棵苹果树埋设一个陶瓷灌水器，即使 K_e=1.0cm/h 和 H'>50cm，q 仅为 0.47L/h，难以满足苹果树水分需求，因此只有埋置两个陶瓷灌水器才能满足其需水要求。

3) 降低深层渗漏率

在正确设计的地下灌溉系统中，水分利用效率应高于 95%，因此深层渗漏率需要低于 5%，才能提高作物水分利用效率。埋深为 45cm 时，对于壤土而言，如果 H'小于 50cm，那么无论 K_e 如何变化，渗漏率都小于 5%，深层渗漏风险较低。对于砂土而言，即使灌水器工作压力水头为 0cm，渗透系数为 0.5cm/h 时，其深层渗漏率就高达 33.2%。因此，在砂土中应当谨慎使用陶瓷灌水器灌溉苹果，或者结合其他措施，如添加保水剂等(Trifunovic et al.，2018；韩冬，2016；张健等，2015)。

4) 运行要求

在地下滴灌系统中，根系入侵是一种特殊存在的问题，它会降低灌水器的流量和系统均匀性。通过使用陶瓷灌水器可以显著改善根系入侵的问题，但却有可能使根系完全包裹在陶瓷灌水器上，阻止灌水器出流(图 6-20)。当该问题发生时，最好是提高灌水器工作压力水头来确保 q 以满足树木的水分需求。因此，在采用陶瓷灌水器的地下灌溉系统设计中，最好选用较大的设计流量和较低的工作压力水头。如果出现根系包裹的情况，农民可以增加工作压力水头，以确保 q 满足树木的要求。

图 6-20 根系包裹陶瓷灌水器照片(拍摄于陕西省子洲县清水沟试验基地)

在田间应用时，除非使用特殊的供水设备如负压发生器或恒压水箱，陶瓷灌水器的工作压力水头难以设置成小于 10cm。因此，陶瓷灌水器的工作压力水头应大于 10cm。同时当 H'和 K_e 过高时，稳定流量较大，灌水器周围会形成正压区域，可能破坏土壤结构，影响灌水器的正常功能。

5) 灌水器制造要求

K_e 受陶瓷灌水器开口孔隙率的影响，当开口孔隙率较高时，陶瓷灌水器的抗弯强度较小。通常情况下，陶瓷灌水器应具有更高的抗弯强度。因此，应该选择具有较低 K_e 的陶瓷灌水器。但是如果渗透系数过低，灌水器流量可能难以满足作物的需水量要求。

2. 关键技术参数合理取值

确定灌溉林果时灌水器技术参数如表 6-8 所示。

表 6-8 灌溉林果时灌水器技术参数

作物	土壤类型	工作压力水头/cm	设计流量/(L/h)	埋深/cm
林果(苹果)	砂土	慎用，深层渗漏风险较大		
	砂质黏壤土	40～50	1.16～1.20	25
	壤土	20～50	0.72～0.98	45
	粉质黏壤土	40～50	1.79～2.08	25

6.3.2 针对蔬菜作物的微孔陶瓷灌水器技术参数确定

1. 参数确定依据

1) 匹配蔬菜根系分布

冯绍元等(2001)研究表明，番茄的根系在土壤垂直方向上呈现指数递减规律，且符合如下公式：

$$L(z)=1.967\mathrm{e}^{-0.0808z} \tag{6-14}$$

式中，$L(z)$为根长密度；z为土层深度。

可以看出，番茄的根系在垂直方向上主要分布于土层深度 0～40cm 处，而且 0～20cm 处的根长密度最大，占总根系的 50%左右。

孔祥悦等(2012)研究表明，黄瓜的根系主要分布在 0～45cm 的土层，0～30cm 土层的根系分布最多，占总根系的 85%以上。

因此，根据与根系的匹配度，湿润体分布在土层深度 0～40cm 时对蔬菜作物的生长较为适宜，而且高含水率区位于 0～25cm 时最佳。对于砂性土，其最佳的埋深应当在 15cm；对于黏性土和粉性土其最佳埋深应当为 25cm，对于壤土最佳埋深也为 25cm。

2) 满足作物需水量要求

灌水器稳定流量 q 必须满足作物需水量。邢英英等(2014)在杨凌温室中研究发现番茄整个生育期为 161d，适宜的灌水量为 198～208mm。在番茄的行距为 60cm 的情况下，陶瓷灌水器按照一管一行布置，其间距也为 60cm。如果灌水器间隔为 40cm，则每亩[①]地共需要 2767 个灌水器。可以计算出稳定流量 q 必须大于 0.017L/h。为降低造价，按照一管两行来布置，则需要稳定流量 q 必须大于 0.034L/h。当种植番茄的土壤为壤土，K_e=0.01cm/h 和 H'=10cm 时，q 就能满足其水分需求。当种植番茄的土壤为砂土，K_e=0.01cm/h 和 H'=0cm 时，q 就能满足其水分需求。

方栋平等(2015)研究认为，黄瓜整个生育期为 90d，适宜的灌水量为 160.5mm。采用垄沟种植的方式下，灌水器行间距为 1m，若灌水器间距为 40cm，则每亩地共需 1667 个灌水器，可计算出稳定流量 q 必须大于 0.045L/h。当种植黄瓜的土壤为壤土，K_e=0.03cm/h 和 H'=10cm 时，q 就能满足其水分需求。当种植黄瓜的土壤为砂土，K_e=0.10cm/h 和 H'=0cm 时，q 就能满足其水分需求。

3) 降低蒸发和深层渗漏损失量

埋深为 25cm 时，对于壤土而言，如果 H'为 0cm，当 K_e<0.03cm/h 时，水

---

① 1 亩=666.67m²。

分损失量小于 5%，水分损失的风险较低。对于粉质黏壤土而言，如果 H'为 10cm，当 K_e<0.03cm/h 时，水分损失量小于 5%。对于砂壤土，如果 H'为 20cm，当 K_e=0.01cm/h 时，水分损失量为 6.86%。而对于砂土而言，即使工作压力水头为 0cm，当 K_e=0.01cm/h 时，其深层渗漏率就高达 36.7%。因此，在砂土中应当谨慎使用陶瓷灌水器灌溉蔬菜。

4) 运行与制造要求

温室一般面积较小，通过设置简易的恒压水箱使管道中充满水就可以实现零压灌溉，因此其工作压力水头可以为 0m。

制造要求同 6.3.1 小节。

2. 关键技术参数合理取值

确定 4 种不同土壤类型下灌溉蔬菜时灌水器的工作参数如表 6-9 所示。

表 6-9　4 种不同土壤类型下灌溉蔬菜时灌水器的工作参数

作物	土壤类型	工作压力水头 /cm	设计流量 /(L/h)	埋深 /cm	备注
温室蔬菜 (番茄、黄瓜)	砂土	0～20	0～0.03	15	采取防漏措施
	砂质黏壤土	0	0	25	—
	壤土	0	0	15	—
	黏土	10	0.006	25	采取覆膜措施

参 考 文 献

贝尔，李竞生，陈崇希，1983. 多孔介质流体动力学[M]. 北京：中国建筑工业出版社.

蔡耀辉，吴普特，张林，等，2017. 无压条件下微孔陶瓷灌水器入渗特性模拟[J]. 水利学报，48(6): 730-737.

方栋平，张富仓，李静，等，2015. 灌水量和滴灌施肥方式对温室黄瓜产量和品质的影响[J]. 应用生态学报，26(6): 138-145.

冯绍元，丁跃元，曾向辉，2001. 温室滴灌线源土壤水分运动数值模拟[J]. 水利学报，(2): 59-62.

韩冬，2016. 湿润速度与化学材料对土壤水力特性的影响及机理研究[D]. 呼和浩特:内蒙古农业大学.

孔祥悦，王永泉，眭晓蕾，等，2012. 灌水量对温室自根与嫁接黄瓜根系分布及水分利用效率的影响[J]. 园艺学报，39(10): 1928-1936.

宋小林，吴普特，赵西宁，等，2016. 黄土高原肥水坑施技术下苹果树根系及土壤水分布[J]. 农业工程学报，32(7): 121-128.

邢英英，张富仓，张燕，等，2014. 膜下滴灌水肥耦合促进番茄养分吸收及生长[J]. 农业工程学报，30(21): 70-80.

张健, 魏占民, 韩冬, 等, 2015. 聚丙烯酰胺对盐渍化土壤水分垂直入渗特性的影响[J]. 水土保持学报, 29(3): 256-261.

郑利剑, 马娟娟, 郭飞, 等, 2015. 蓄水坑灌下矮砧苹果园水分监测点位置研究[J]. 农业机械学报, 46(10): 160-166.

朱德兰, 吴发启, 2004. 黄土高原旱地果园土壤水分管理研究[J]. 水土保持研究, 11(1): 42-44, 117.

CAI Y, ZHAO X, WU P, et al., 2018. Prediction of flow characteristics and risk assessment of deep percolation by ceramic emitters in loam[J]. Journal of Hydrology, 251: 901-909.

CARSEL R F, PARRISH R S, 1988. Developing joint probability distributions of soil water retention characteristics[J]. Water Resources Research, 24(5): 755-769.

CELIA M A, BOULOUTAS E T, ZARBA R L, 1990. A general mass-conservative numerical solution for the unsaturated flow equation[J]. Water Resources Research, 26(7): 1483-1496.

GIL M, RODRIGUEZ-SINOBAS L, SANCHEZ R, et al., 2010. Evolution of the spherical cavity radius generated around a subsurface drip emitter[J]. Biogeosciences, 7(6): 1983-1989.

KANDELOUS M M, ŠIMUNEK J, VAN GENUCHTEN M T, et al., 2011. Soil water content distributions between two emitters of a subsurface drip irrigation system[J]. Soil Science Society of America Journal, 75(2): 488-497.

LAMM F R, AVARS J E, NAKAYAMA F S, 2006. Micro-irrigation for Crop Production: Design, Operation, and Management[M]. Amsterdam: Elsevier.

MA L, LIU X, WANG Y, 2013. Effects of drip irrigation on deep root distribution, rooting depth, and soil water profile of jujube in a semiarid region[J]. Plant and Soil, 373(1/2): 995-1006.

MACHADO R, MARIA DO ROSARIO G, 2005. Tomato root distribution, yield and fruit quality under different subsurface drip irrigation regimes and depths[J]. Irrigation Science, 24(1): 15-24.

MOHAMMAD N, ALAZBA A A, ŠIMUNEK J, 2014. HYDRUS simulations of the effects of dual-drip subsurface irrigation and a physical barrier on water movement and solute transport in soils[J]. Irrigation Science, 32(2): 111-125.

PROVENZANO G, 2007. Using HYDRUS-2D simulation model to evaluate wetted soil volume in subsurface drip irrigation systems[J]. Journal of Irrigation and Drainage Engineering, 133(4): 342-349.

SCHAAP M G, LEIJ F J, VAN GENUCHTEN M T, 2001. Rosetta: A computer program for estimating soil hydraulic parameters with hierarchical pedotransfer functions[J]. Journal of Hydrology, 251(3/4): 163-176.

SHWETHA P, VARIJA K, 2015. Soil water retention curve from saturated hydraulic conductivity for sandy loam and loamy sand textured soils[J]. Aquatic Procedia, 4: 1142-1149.

SIYAL A A, VAN GENUCHTEN M T, SKAGGS T H, 2009. Performance of pitcher irrigation system[J]. Soil Science, 174(6): 312-320.

SKAGGS T H, TROUT T J, ŠIMUNEK J, et al., 2004. Comparison of HYDRUS-2D simulations of drip irrigation with experimental observations[J]. Journal of Irrigation and Drainage Engineering, 130(4): 304-310.

TANASESCU N, PALTINEANU C, 2004. Root distribution of apple tree under various irrigation systems within the hilly region of Romania[J]. International Agrophysics, 18(2): 175-180.

TRIFUNOVIC B, GONZALES H B, RAVI S, et al., 2018. Dynamic effects of biochar concentration and particle size on hydraulic properties of sand[J]. Land Degradation & Development, 29(4): 884-893.

TWARAKAVI N K C, SAKAI M, ŠIMUNEK J, 2009. An objective analysis of the dynamic nature of field capacity[J]. Water Resource Research, 45: 1-9.

VAN GENUCHTEN M T, 1980. A closed-form equation for predicting the hydraulic conductivity of unsaturated soils[J]. Soil Science Society of America Journal, 44(5): 892-898.

第 7 章　微孔陶瓷根灌田间应用

第 2～6 章对微孔陶瓷灌水器的制备、堵塞、入渗及田间应用参数取值等方面进行了研究，可以确定灌水器已具备了田间应用的软硬件条件。但是微孔陶瓷灌水器只是地下灌溉系统中的一个部件，以微孔陶瓷灌水器为核心构建地下灌溉系统时，还需配合相应的管件，同时以某种适宜的方式布置在田间，才能在系统造价最低的条件下发挥其效用，进而实现节水、增产、增收的目标。

本章以优选的微孔陶瓷灌水器为核心，以确定的灌水器田间应用参数为基准，构建地下陶瓷根灌系统，并在陕西室内盆栽菠菜、青海柴达木盆地枸杞和宁夏黄土高原枸杞中应用。本章主要内容为研究微孔陶瓷根灌对作物耗水量、生理生态特征及产量的影响，对比地下滴灌相同条件下作物耗水量、生理生态特征和产量等指标，综合评价微孔陶瓷根灌技术的应用效果。

7.1　盆 栽 菠 菜

7.1.1　材料与方法

试验于 2018 年 10 月 21 日～2019 年 1 月 23 日在西北农林科技大学中国旱区节水农业研究院进行(34°16′6.24″N 、108°4′27.95″E)。试验区气候类型为暖温带半湿润季风性气候(李云等，2011)，多年平均气温 12.9℃，极端最高气温 42℃，最低气温−19.4℃，全年无霜期 221d，多年平均蒸发量 884.0mm，多年平均降水量 637.6mm。

供试作物是本地常见的蔬菜品种——菠菜。菠菜营养丰富，对水分要求较高，属耐寒、不耐热型蔬菜，适宜生长温度为 20～25℃，当温度高于 25℃时菠菜生长比较缓慢(边云等，2018；张沈等，2005)。为保证菠菜成活、生长及产量，试验开始前，在试验用土中拌入基质，经测定，拌过基质的土壤容重为 0.9g/cm^3，田间持水量为 0.35cm^3/cm^3。

试验装置由不锈钢水箱、潜水泵、压力表、控制阀门、马氏瓶、种植菠菜用花盆、支架、土壤水分测试仪(EM50)、拉力传感器、管间式微孔陶瓷灌水器、滴灌带、天平等组成。试验用不锈钢水箱为周长 2m，高 0.5m 的圆柱形箱体。马氏瓶有内径 10cm 和内径 20cm 两种型号。花盆为直径 30cm，高 31cm 的圆桶。拉力传感器型号为 MIK-LCS1，量程 100kg，精度 0.03%，用于测量花盆质量变化。EM50 用于实时监测土壤含水率，作为地下滴灌的灌水依据。供试微孔陶瓷灌水器为尺寸为 4cm×2cm×8cm(外径×内径×高)。试验开始之前在空气中测得 20cm 工作压力水头下灌水器流量为 0.012L/h；地下滴灌带流量为 1.052L/h(实测值)。压力表用于观测供水压力水头，阀门用以调节供水压力水头，天平用于称量每日渗漏水量。

试验设置两种灌溉方式：陶瓷根灌和地下滴灌。每种灌溉方式设置 3 个重复，单个花盆为一次重复，种植密度为 53 株/m^2。每盆均匀播种 150 株，播种深度为 2.5cm，待出苗成活后每个花盆均匀随机保留 15 株幼苗。两种灌溉方式组分别采用微孔陶瓷灌水器和地下滴灌带作为灌水器，灌水器埋深均为 15cm，每个花盆中单独埋设一个灌水器。微孔陶瓷灌水器采用马氏瓶供水，工作压力水头为 0.2m，始终连接马氏瓶，依靠微孔陶瓷灌水器的自身调节作用实现自动控制给水；地下滴灌采用水泵供水，工作压力水头为 10m，当土壤含水率下降至田间持水量的 60%时灌水，灌水至土壤含水率达到田间持水量的 90%时停止，其他条件相同且适宜。试验过程中，拉力传感器始终悬挂花盆置于支架上，便于实时测量花盆质量变化。遇降雨天气时，遮盖试验装置，以免影响试验结果。

地下滴灌每次灌水量按式(7-1)计算：

$$m_i = (\theta_{\max} - \theta_{\min}) \times h \times p \times \gamma \tag{7-1}$$

式中，m_i 为第 i 次灌水量，mm；$\theta_{\max}$ 为计划湿润土壤含水率上限，%；$\theta_{\min}$ 为计划湿润土壤含水率下限，%；h 为计划湿润层深度，m；p 为地下滴灌设计土壤湿润比，%，取 p=90%；γ 为土壤容重，g/cm^3。

总灌水量为各次灌水量之和：

$$M = \sum m_i \tag{7-2}$$

式中，M 为生育期内总灌水量，mm。

试验过程中需要测定的指标有：

(1) 土壤含水率：试验过程中采用 EM50 自动监测土壤含水率，设置每 30min 记录一次。

(2) 日入渗水量及渗漏水量监测：每日 17:30 读取马氏瓶水位刻度，根据其内径计算当日入渗水量；并测量花盆质量及花盆底部渗漏出的水量，记为深层渗漏量，根据当日入渗水量、渗漏水量和花盆质量计算当日灌水量。

(3) 菠菜株高、单株叶数的测定：从 11 月 28 日起，在每个花盆中随机选取 3 株长势良好且相似的菠菜植株，每隔一段时间测量株高和单株叶数。

(4) 叶片净光合速率测定：在每个花盆中随机选取长势良好且相似的菠菜叶片，在 12 月 21 日和次年 1 月 21 日用 LI-6400 便携式光合仪测量菠菜叶片净光合速率。

(5) 菠菜产量测定：在 1 月 23 日菠菜成熟期时，从每个花盆随机均匀选取 5 株作为样本，沿地表处剪断，立刻称量地上部鲜重，再将其置于烘干箱中 105℃杀青 30min，然后在 80℃烘干至恒重，测定干重。

(6) 水分利用效率(water use efficiency，WUE)：即消耗单位体积水量所产生的经济产品数量，计算公式如下：

$$\mathrm{WUE} = Y / I \tag{7-3}$$

式中，WUE 为菠菜的水分利用效率，kg/m³；Y 为单株菠菜地上部鲜重，kg/亩；I 为平均每株耗水量，m³/亩。

7.1.2　土壤含水率的变化

图 7-1 给出不同灌溉方式下土壤含水率随时间的变化，从图中可以看出，两种灌溉方式下的土壤含水率有很大差异，陶瓷根灌的平均土壤含水率始终呈现基本平稳的状态，为 0.26～0.27cm³/cm³，只出现了微小波动。地下滴灌的平均土壤含水率变化范围较大，为 0.22～0.37cm³/cm³。这是由于在灌溉过程中，微孔陶瓷灌水器根据自身性能和土壤含水率高低自动调节出流量。当土壤含水率下降时，土壤吸力增大，微孔陶瓷灌水器流量增大，随着土壤含水率上升，土壤吸力减小，微孔陶瓷灌水器流量缓缓下降，甚至短时间内停止出流，以此达到土壤水分的动态平衡，使土壤含水率始终维持在一个较为稳定的范围内。对地下滴灌而言，当土壤含水率降低至下限时进行灌溉，土壤含水率在短时间内迅速上升，当其上升至上限时停止灌溉，此时土壤含水率达到最大。随着时间的推移，在植株蒸腾和株间蒸发的共同作用下，土壤含水率逐渐减小，最终降低至下限；再次进行灌溉，土壤含水率再次上升，使得地下滴灌的土壤含水率出现较大的波动，因此地下滴灌的土壤水分环境一直处于干湿交替变化之中。

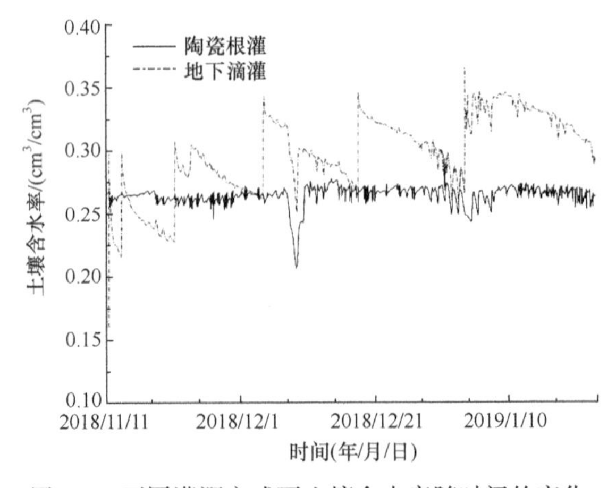

图 7-1　不同灌溉方式下土壤含水率随时间的变化

图 7-2 为不同深度土壤含水率随时间的变化。从图 7-2 可以看出，在监测期内，陶瓷根灌和地下滴灌的土壤含水率分布情况有较大差异。陶瓷根灌下土壤含水率在空间上分布基本均匀，土壤含水率为 0.23～0.27cm³/cm³。而地下滴灌下土壤含水率在空间上分布差异较大，且在土层深度为 3cm、13cm、23cm 处的含水率波动范围不同，土壤含水率沿埋深方向逐渐增大。土层深度 3cm 处土壤含水率为 0.08～0.21cm³/cm³，土层深度 13cm 处的土壤含水率为 0.19～0.38cm³/cm³，土层深度 23cm 处土壤含水率为 0.20～0.51cm³/cm³。地下滴灌下不同深度的土壤含水率在监测期内有较大波动，在试验开始 0～20d 时，土壤

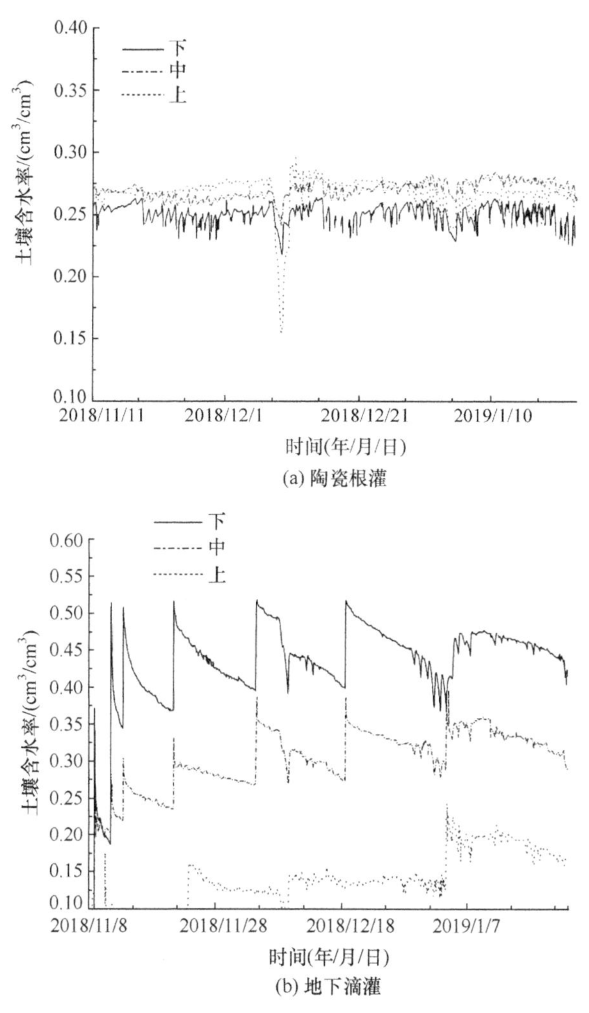

图 7-2　灌溉方式下各深度土壤含水率随时间的变化

图中“上”“中”“下”分别表示土壤深度为 3cm、13cm、23cm

含水率总体较小，且深度 3cm 处土壤含水率最大。这是为保证出苗及幼苗成活，该处理在菠菜生育初期采取地面灌水方式进行灌溉，灌水量较少，只能湿润上部土壤，而下部土壤依然保持干燥。当菠菜长出两片真叶(2018 年 11 月 11 日)之后，开始采用地下滴灌方式进行供水，花盆下部土壤含水率迅速上升，此时深度 23cm 处的土壤含水率最大，这是因为地下滴灌流量较大，且每次灌水持续时间较短，灌溉水受到向下的重力作用比向上的毛管力大，所以大部分灌溉水向灌水器下部运动，仅有少部分灌溉水向上部土壤移动。陶瓷根灌从菠菜生育初期即连接马氏瓶供水，灌水器流量较小，受重力和毛管力的共同作用，灌溉水向灌水器上部和下部同时移动，使得整个湿润土体中的水分均匀分布。从图 7-2 可以看出，在 2018 年 12 月 8 日～9 日陶瓷根灌和地下滴灌的整体土壤含水率出现较大幅度下降，这是气温突然下降，花盆结冰使得土壤水分传感器测量不准确导致的。

在监测期内，观察到陶瓷根灌的表层土壤始终保持湿润，而地下滴灌处理的表层土壤比较干燥，这进一步说明陶瓷根灌与地下滴灌相比，可以使土壤水分在时间和空间上分布更加均匀，且可以根据土壤含水率自动调节出水，为作物生长提供一个相对稳定的土壤水分环境。

7.1.3　流量和灌水量的变化

不同灌溉方式下流量及累计灌水量随时间的变化如图 7-3 所示。在监测期内，陶瓷根灌累计灌水量为 87mm，其流量在监测期内有一定波动，2018 年 11 月 20 日前后，陶瓷根灌流量相差较大，且 11 月 20 日前流量大于 11 月 20 日之后，这主要是由于 11 月 20 日前土壤含水率较小，陶瓷灌水器内外水势差较大，

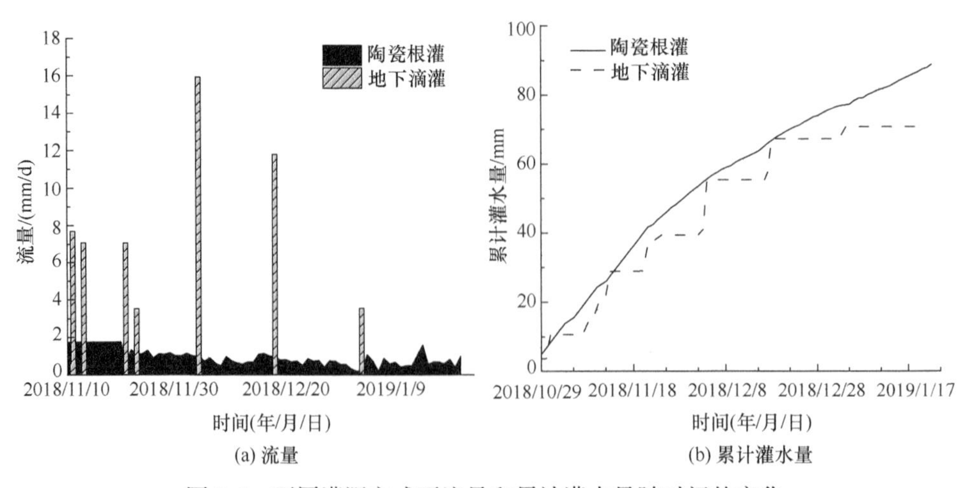

图 7-3　不同灌溉方式下流量和累计灌水量随时间的变化

使得其流量也较大；随着土壤含水率增加，陶瓷灌水器流量减小，使土壤水分最终维持在一个基本稳定的水平，稳定后的陶瓷根灌流量约为 1mm/d。地下滴灌共灌水 10 次，累计灌水量为 71mm，其中地下滴灌处理的第一次和第二次灌水采用地面灌水方式，灌水量之和为 10.6mm，其余次灌水均采用地下滴灌方式。就累计灌水量而言，陶瓷根灌较地下滴灌多出 23%，这主要是由于陶瓷根灌的均匀分布的土壤含水率使得土壤蒸发与植株蒸腾量较大，造成陶瓷根灌的累计灌水量大于地下滴灌。

7.1.4　菠菜生长指标的变化

图 7-4 给出了不同灌溉方式下菠菜生长指标的动态变化。在监测期内，株高及单株叶数呈现出灌溉方式下单调增长趋势，且陶瓷根灌的菠菜株高及单株叶数始终高于地下滴灌处理。2018 年 12 月 25 日前，不同灌溉方式下的菠菜株高与单株叶数相差较大，陶瓷根灌分别高于地下滴灌 71%和 14%。随着时间推移，陶瓷根灌的菠菜生长速率比较平稳，株高与单株叶数缓慢增长，地下滴灌的菠菜生长迅速，株高与单株叶数快速增加，2018 年 12 月 25 日后生长速率减缓，直至菠菜成熟。这是由于 2018 年 12 月 25 日前，菠菜植株较小，根系较浅，地下滴灌的土壤水分分布不均，导致上层土壤含水率较低，菠菜根系吸水受限，可能导致其受到一定的水分胁迫，使得地下滴灌的菠菜植株有机物积累较慢，生物量增长较少。陶瓷根灌的土壤水分分布较均匀，菠菜根系可充分吸水，植株有机物积累较快，因此陶瓷根灌提供的稳定土壤水分环境促进了菠菜生长。

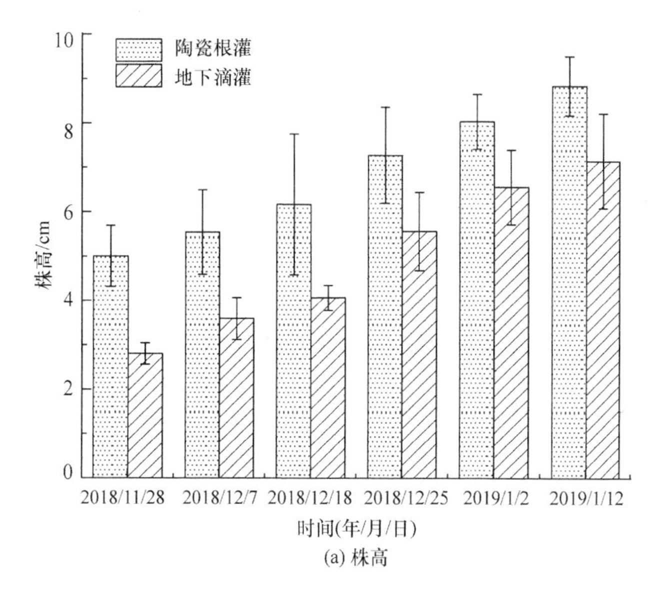

(a) 株高

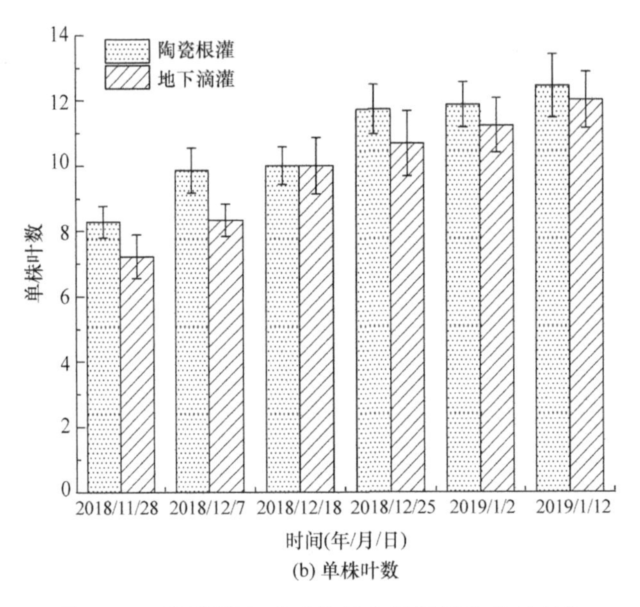

(b) 单株叶数

图 7-4　不同灌溉方式下菠菜生长指标的动态变化

7.1.5　净光合速率的变化

植物净光合速率是影响植物生长的重要指标，反映出植物积累有机物的快慢。试验在 2019 年 1 月 21 日测定了菠菜净光合速率的日变化情况，监测时间为 9:00～18:00。不同灌溉方式下菠菜叶片净光合速率日变化曲线如图 7-5 所示。从图中可以看出，不同灌溉方式下菠菜叶片的净光合速率具有相同的变化趋势，表现为双峰曲线，有明显的“午休”现象，但峰值出现时间略有差异。9:00～12:00，净光合速率逐渐增大，到 12:00 时达到第一个峰值，同时是一日之内净光合速率最大值，此时陶瓷根灌与地下滴灌的净光合速率分别为 17.06μmol/(m^2·s)、19.21μmol/(m^2·s)。随着时间的增加，光照强度强逐渐增大，气温升高，植株气孔关闭，净光合速率减小。到达 13:00 时，地下滴灌下叶片的净光合速率达到第一次极小值 17.16μmol/(m^2·s)，此时陶瓷根灌下叶片的净光合速率仍在减小。到 14:00 时，陶瓷根灌下叶片的净光合速率达到第一次极小值 14.25μmol/(m^2·s)，此时地下滴灌的净光合速率已经上升至第二次峰值，即 17.66μmol/(m^2·s)，为该处理最大值的 91.9%。陶瓷根灌的净光合速率第二次峰值出现在 15:00 左右，为 16.81μmol/(m^2·s)，可达到该灌溉方式下最大值的 98.5%。随后，陶瓷根灌和地下滴灌下菠菜叶片的净光合速率都减小，到 18:00 时出现最小值，分别为 4.21μmol/(m^2·s)、4.51μmol/(m^2·s)。由图明显可以看出，陶瓷根灌下菠菜叶片净光合速率的两次峰值虽略小于地下滴灌处理，但是两次净光合速率峰值相差很小。陶瓷根灌处理的菠菜植株净光合速率在一日之内的变化较地下滴灌更为平缓，这是由于陶瓷根灌提供的土壤水分环境稳定，更有利于满足植物需水时期的供水，使其在更长时间内维持生理活动的稳定。

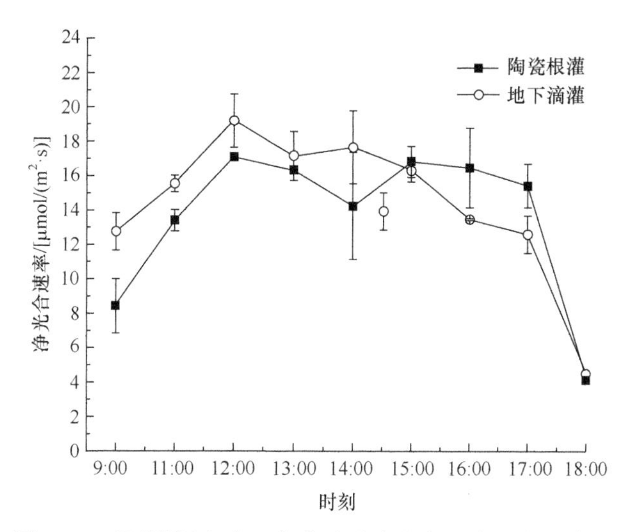

图 7-5　不同灌溉方式下菠菜叶片净光合速率日变化曲线

7.1.6　菠菜产量及水分利用效率变化

产量和水分利用效率是表征两种灌水方式影响菠菜生长的重要指标，可以进一步评价灌溉方式的优劣。表 7-1 列出了不同灌溉方式下菠菜产量及水分利用效率比较。从表 7-1 可以看出，不同灌溉方式下菠菜产量及水分利用效率有较大差异。陶瓷根灌的菠菜产量和水分利用效率分别高于地下滴灌 36.1%和 1.2%，这主要是因为菠菜是一种对水分需求比较敏感的作物，陶瓷根灌提供的稳定的土壤水分环境，有利于菠菜干物质量的积累。

表 7-1　不同灌溉方式下菠菜产量和水分利用效率比较

灌溉方式	产量/(kg/亩)	水分利用效率/(kg/m³)
陶瓷根灌	285.14	5.78
地下滴灌	209.46	5.71

通过盆栽试验研究不同灌溉方式对菠菜生长、生理、产量和土壤含水率等指标的影响，发现陶瓷根灌不同于传统的灌水方式，这种主动、连续的灌溉方式能够为菠菜生长提供相对稳定的土壤水分环境，这种稳定的土壤水分环境有利于菠菜植株生长和保持植株体内较长时间生理活动的稳定。与地下滴灌相比，陶瓷根灌用水量较大，但可显著提高菠菜产量，同时获得较高的水分利用效率。

7.2　大田枸杞试验一

7.2.1　材料与方法

1. 试验区概况

试验于2018年在青海省德令哈市怀头他拉镇治沙公司的枸杞种植地进行。怀头他拉镇位于青海省柴达木盆地的东北部，德令哈市的西部，东经96°44′19.01″，北纬 37°21′34.91″。该地区属高原干旱气候类型，年平均气温2.4℃，年平均降水量90.1mm，无霜期97d左右。

2. 试验地土壤参数

试验地深度 0～60cm 土壤质地按照美国农业部土壤分类三角坐标图划分为壤质砂土(李久生等，2009)。试验开始前，分别取深度0～20cm、20～40cm、40～60cm、60～80cm、80～100cm的土壤样品，风干后过2mm筛网，而后进行土壤物理和化学参数分析。枸杞试验地土壤参数如表7-2所示。

表 7-2　枸杞试验地土壤参数

深度/cm	黏粒占比/%	粉粒占比/%	砂粒占比/%	田间持水量/(cm^3/cm^3)	速效氮含量/(mg/kg)	速效磷含量/(mg/kg)	速效钾含量/(mg/kg)	有机质含量/%
0～20	0.24	15.62	84.14					
20～40	0.44	13.97	85.59					
40～60	0.57	18.41	81.02	0.24	120.40	3.60	2.70	0.35
60～80	0.94	28.69	70.37					
80～100	0.71	21.47	77.82					

3. 试验材料与设计

供试枸杞为宁杞七号，树龄 3～4 年。采用微孔陶瓷根灌技术，灌溉水源为地下水，通过在地头设置的水桶分别给毛管供水。毛管采用1管1行布置，即每行枸杞布置1条毛管，毛管长20m，共布置6条毛管。

试验设置两个参数因素：微孔陶瓷灌水器设计流量(小流量为 0.15L/h、大流量为 0.3L/h)和灌水器埋深(5cm、15cm、30cm)(蒲文辉等，2016)。试验采用完全组合设计，共6个处理。对照试验采用传统的地表滴灌。各个处理间设置0.2m 缓冲区，并深埋塑料薄膜隔离，防止小区间土壤水分横向交换(任改萍，2016；于红梅，2007)。为防止灌水器堵塞，本次试验没有在灌溉水中添加肥料。同时在枸杞田覆盖地膜和地布，以减少水分蒸发和防止杂草生长(杜立鹏等，2015)。

4. 测定项目与方法

气象数据测定：试验区布设了一个自动气象站，用以记录每日的农林气象数据，包括气温、气压、湿度、风速、太阳辐照度等。气象站包含雨量筒，用以测量试验区降水量。

土壤含水率测定：采用 TRIME-IPH 土壤水分测量仪测定土壤含水率，每一处理设置 2 根土壤剖面水分探管(TRIME 管)，共 12 根。试验地 TRIME 管布置方式示意图如图 7-6 所示。土壤含水率测定深度为 0～100cm，每隔 20cm 测定一次，在作物生育期内每隔 15d 测定一次，试验前采用常规土钻取土烘干法校核 TRIME-IPH 土壤水分测量仪的测量结果。

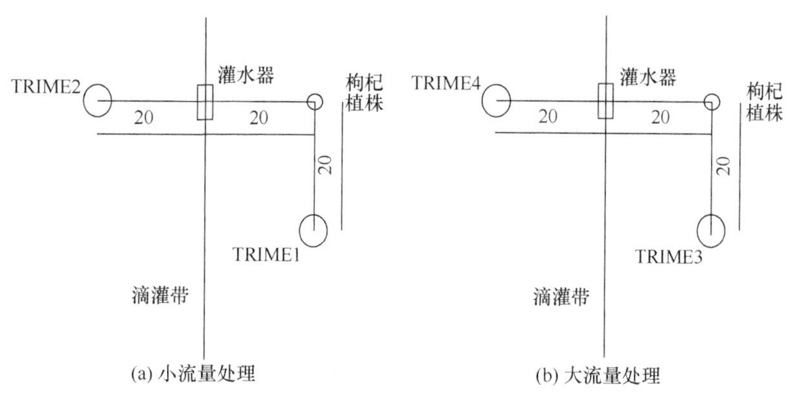

图 7-6　试验地 TRIME 管布置方式示意图(单位：cm)

作物生长参数测定：每个试验小区间隔 1 株，共选取 10 株进行挂牌标记。自植株萌芽展叶期起对株高、冠幅、地径三项指标每隔 20d 测定一次。株高为自茎基至植株生长最高点的垂直距离；冠幅为植株东西和南北两个方向的最大的直径的平均值；地径为地表以上 15cm 处，植株茎部东西和南北两个方向直径的平均值。

作物产量及耗水量测定：枸杞果实成熟后，取各小区已挂牌的植株考种，考种指标包括果长、果径、百粒质量；分别摘取不同处理挂牌植株测定果实产量。

因作物产量由定株作物确定，耗水量按定株作物占灌溉总株数百分比确定。本试验中，定株作物占灌溉总株数的 48%。

试验地枸杞生育期内日降水量分布如图 7-7 所示。整个试验期内总降水量为 143.4mm，降水量较少，如图所示，最大的一次降水出现在 2018 年 6 月 7 日，日降水量为 14.8mm。尽管枸杞为耐旱植物，但是降水量过少也会影响其正常的生长发育，进而对产量产生不利影响，因此有必要采取适当的灌溉措施来提高枸杞产量和品质。

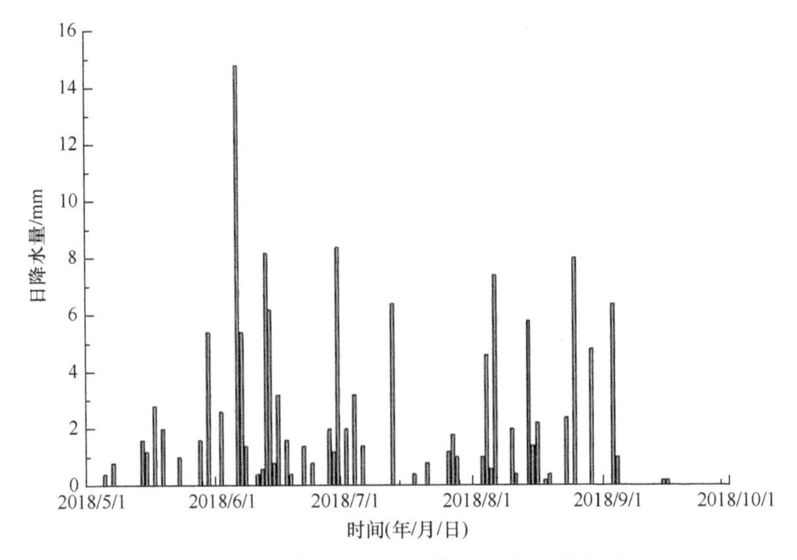

图 7-7　试验地枸杞生育期内日降水量分布

7.2.2　土壤含水率的变化

土壤水分对作物生长和产量有着决定性的影响。图 7-8 为枸杞全生育期内土壤含水率的动态变化。由图 7-8 可知，枸杞全生育期内土壤含水率呈现出先

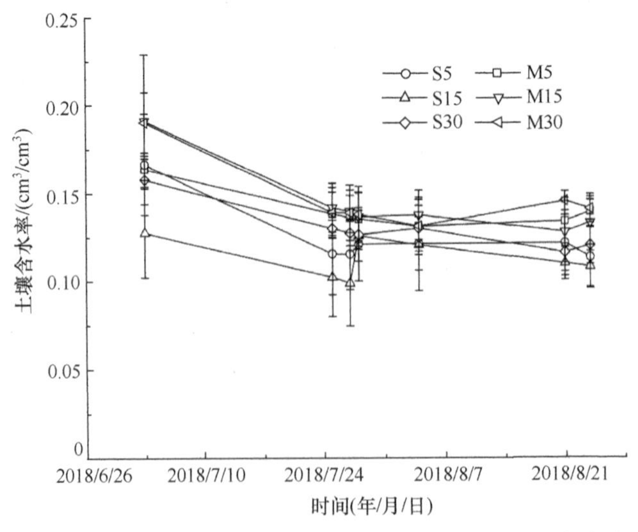

图 7-8　不同处理下枸杞全生育期内土壤含水率的动态变化

图中，S 表示灌水器小流量(0.15L/h)，M 表示大流量(0.3L/h)；5、15、30 分别表示灌水器埋深(cm)。本章余同

减小后趋于平缓的规律，各处理均在 7 月下旬出现低值，这是因为在该时期枸杞进入生长旺盛期，需要从土壤中汲取大量的水分来满足自身代谢需要。在此生育期之后，由于当地进入降水的主要时期，土壤含水率有所增大。

图 7-9 为 S5 处理下土壤含水率纵向分布规律。由图 7-9 看出，在萌芽展叶期内，离灌水器越近的地方，土壤含水率越大。土壤含水率由土层深度 0～20cm 向 60～80cm 逐渐减小。枸杞根系主要分布在 0～30cm，因此该土层深度水量供应充足有利于其生长。

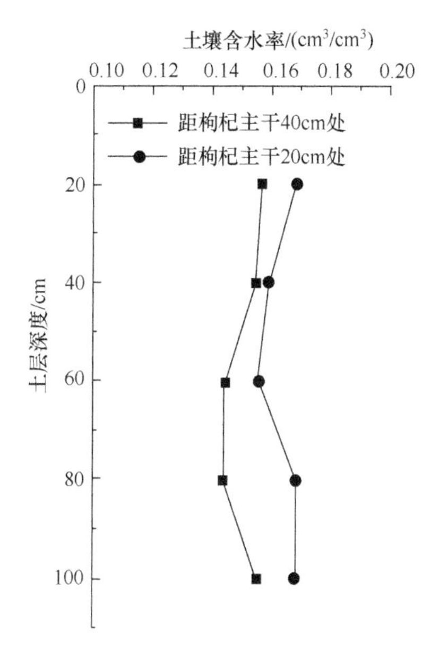

图 7-9　S5 处理下距枸杞主干不同距离处土壤水分分布特征

7.2.3　枸杞株高的变化

图 7-10 为不同处理下枸杞在各生育期株高的变化。根据图 7-10 可以看出，在枸杞各生育期内，大流量出流条件下的株高均大于小流量出流条件。在灌水器设计流量相同条件下，随着灌水器埋深的增大，枸杞株高先减小后增大，埋深 30cm 处理的作物株高最大。某些处理条件下，盛果期的株高要小于开花坐果期，这是由于为促进作物产果，在开花坐果期采取了剪枝措施，作物的株高存在一定的波动。因此，采用较大设计流量的微孔陶瓷灌水器会促进作物生长，灌水器埋深也对作物生长影响较大。

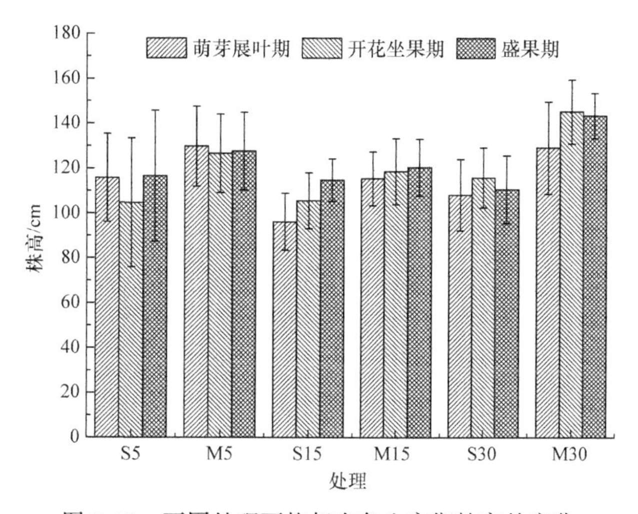

图 7-10　不同处理下枸杞在各生育期株高的变化

7.2.4 枸杞产量与耗水特征的变化

灌水器埋深相同时，比较两种不同流量下作物的单株产量。由图 7-11 可以看出，在灌水器埋深条件相同情况下，小流量条件下作物的单株产量比大流量条件下大，依据总产量对比，在埋深 5cm 和 30cm 中，小流量条件下的单株产量比大流量条件下高 10.1%～18.3%。埋深 15cm 下，作物第二茬单株产量中小流量条件下的产量较大流量条件下产量高 33.2%，作物主要单株产量来自于第二茬单株产量，故认为小流量条件对作物的生长更为有利。在灌水器流量相同的条件下，比较三种不同埋深下作物的产量可以看出，在埋深 5cm 和 15cm 条件下，作物单株产量相对增长较小，增产达到 6.5%～30.3%。在埋深 5cm 和 30cm 条件下，后者作物单株产量明显增大，增产达到 57.4%～69.1%。因此，可以认定在陶瓷灌水器埋深的三种处理方式中，埋深 30cm 最为有利。

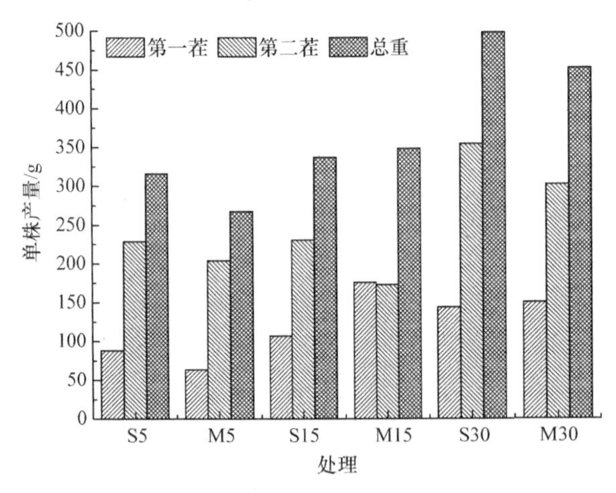

图 7-11　不同处理对枸杞产量的影响

生育期灌溉过程中，灌水器埋深 5cm 下的作物耗水量最大，两种流量下耗水量总计达 4.46m^3，约为埋深 15cm 下的 1.4 倍，埋深 30cm 下的 1.69 倍。不同处理下作物耗水量和水分利用效率对比如表 7-3 所示。

表 7-3　不同处理下作物耗水量和水分利用效率对比

指标	S5	M5	S15	M15	S30	M30	CK
耗水量/m^3	1.93	2.53	1.34	1.83	1.21	1.42	0.89
水分利用效率/(kg/m^3)	0.82	0.53	1.24	0.95	2.05	1.57	1.74

根据表 7-3 可以看出，在灌水器埋深相同条件下，小流量出流条件下的 WUE 较大，为大流量出流条件的 1.31～1.55 倍；在灌水器设计流量相同的条件下，WUE 随着灌水器埋深的增加而增大，灌水器埋深较大的 WUE 为埋深较小的 1.51～2.96 倍。这是由于小流量的供水在一定程度上形成了水分胁迫，抑制了作物的生长，将更多的营养物质转移到果实上引起的增产；相对的，大流量给作物的生长提供了充足的水分，作物生长更为旺盛，但产量却较小流量低，导致小流量的 WUE 大于大流量的。当地单株产量约为 313g，试验采用的全生育期持续灌水虽然有部分 WUE 上低于当地传统模式，但在未施肥的情况下，S5 的产量接近当地产量，M5 的 WUE 最低，且产量最小，为最不利处理，M15 略大于当地产量，M30 的产量为当地产量的 1.44 倍，S15 和 S30 的产量略大于当地，分别达到当地产量的 1.07 倍和 1.11 倍，这是由于枸杞的根系在深度 30cm 处更为密集，故在此处埋设灌水器，有利于作物吸收水分及其他以水为载体的营养物质，促进作物的生长和增产；同时，埋深 30cm 处理的耗水量最少，故微孔陶瓷灌溉采用灌水器埋深 30cm，小流量出流条件的处理，WUE 最佳。

通过田间试验研究不同灌溉技术参数对枸杞根系区内土壤含水率、作物耗水量和水分利用效率及生长和产量的影响，发现当灌水器的埋深较浅，流量较大时，持续不间断的供水易产生深层渗漏，灌溉用水量较大且灌溉水利用系数较低，地下微孔陶瓷根灌的应用效果受到很大影响；当灌水器埋深较大，流量较小时，灌水器受周边土壤密实性和出流量较小的影响，灌溉的用水量最少，经测量此条件下产量最大，灌溉水利用系数最大，为最优处理。因此，为适应当地壤质砂土，降低深层渗漏风险，结合枸杞根系的分布情况，推荐当地在枸杞种植中使用地下微孔陶瓷根灌时采用灌水器流量较低(0.15L/h)、埋深较大(30cm)的处理方式。

7.3　大田枸杞试验二

7.3.1　材料与方法

1. 试验区概况

试验于 2019 年在宁夏回族自治区吴忠市同心县王团镇宁夏旱作节水高效农业科技园区枸杞种植地(36°58′48″N，105°54′24″E)进行。该地区海拔为 1240m，属典型的温带大陆性气候，四季分明，日照充足，昼夜温差大，多年平均气温为 9.1℃，年均降水量为 259mm 左右，而蒸发量却高达 2325mm，干旱缺水是该地区最大的自然特征。该地区 2019 年枸杞生育期内降水量为 276.8mm，日降水量分布如图 7-12 所示。

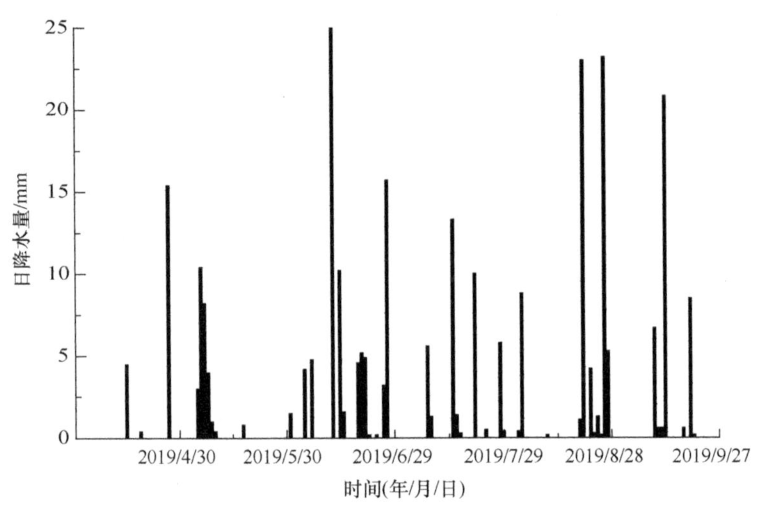

图 7-12　试验地枸杞生育期内日降水量分布

2. 试验地土壤参数

试验地深度 0～120cm 土壤类型为沙壤土。采用环刀法测定土壤容重和田间持水量。经测定，试验地土壤容重为 1.48g/cm^3。试验开始前，取深度分别为 0～20cm、20～40cm、40～60cm、60～80cm、80～100cm、100～120cm 的土壤样品，风干后过 2mm 筛网，而后分析土壤颗粒组成。各项参数如表 7-4 所示。

表 7-4　试验地土壤参数

深度/cm	土壤颗粒组成占比/%			田间持水量/(cm^3/cm^3)
	黏粒	粉粒	砂粒	
0～20	17.12	54.12	28.76	0.30
20～40	17.86	57.74	24.40	
40～60	14.48	55.73	29.79	
60～80	14.62	50.59	34.79	
80～100	14.37	49.79	35.84	
100～120	14.59	47.78	37.63	

3. 试验材料与设计

2019 年 5 月，选取 1.5 亩枸杞地，树龄 5～6 年的枸杞供试验用。枸杞植株行距 3m，株距 0.5m。所有植株均在标准园艺和栽培措施下生长，为避免减产和品质下降等问题，试验地除草、喷施农药等措施由专业管理人员操作。

灌溉系统由供水水箱、储水水箱、灌水毛管、管下式微孔陶瓷灌水器、太阳能板、光伏水泵、球阀等组成。供水水箱为容积 1.5m^2 的塑料水箱，用以提供 0.5～0.6m 的工作压力水头，储水水箱为容积 5m^2 的塑料水箱，灌水毛管为聚乙烯管道，管径为 25mm，微孔陶瓷灌水器由西北农林科技大学中国旱区农业节水研究院自主研发制备，其结构尺寸为 90mm×40mm×20mm×70mm(长×外径×内径×内径深)。光伏水泵用以给灌溉系统施肥增加压力水头，太阳能板用以给光伏水泵提供能量，阀门用以调节施肥压力水头。由于灌溉过程毛管中水流流速特别小，基本上处于静压状态，因此忽略水头损失的影响，灌水器的工作压力水头即为水箱提供的压力水头与灌水器埋深之和。灌溉水取自当地水库水，使用已建水泵抽水，灌溉水矿化度为 0.516g/L，可以用于灌溉。试验所用化肥为尿素，含氮量≥46.6%。试验因素选取毛管布置方式、灌水器设计流量和施肥方式，共 6 个处理，如表 7-5 所示。

表 7-5　试验因素设置表

处理	灌水器设计流量	毛管布置方式	施肥方式	编号
1	Q1	一行一管	人工坑施	B1Q1A
2	Q2	一行一管	水肥一体化	B1Q2F
3	Q3	一行一管	水肥一体化	B1Q3F
4	Q4	一行一管	水肥一体化	B1Q4F
5	Q1	一行一管	水肥一体化	B1Q1F
6	Q1	一行两管	水肥一体化	B2Q1F

注：人工坑施参考当地施肥方式，在距离植株基部 15cm 处设坑，坑深 15～20cm。

试验过程中，毛管连接水箱，除施肥时间外，保持毛管内始终有水。灌水器埋深为 30cm，毛管距离枸杞植株 10cm，每株植株附近布置一个灌水器，毛管布设长度为 60m，各处理单独连接水箱供水。供水系统与施肥系统并联布置，由阀门控制开闭，试验地田间布置如图 7-13 所示。施肥时间分别为枸杞生长的萌芽展叶期、夏果开花期、夏果盛果期、秋果开花期、秋果盛果期，每次施肥为 20kg/亩，水肥一体化的施肥浓度为 3%。为防止产生深层渗漏，降低肥料利用率，施肥后 24h 内关闭供水管道。

图 7-13　试验地田间布置

4. 测定项目与方法

1) 气象数据测定

试验区布设了一个自动气象站，用以记录每日的农林气象数据，包括气温、气压、湿度、风速等。试验地每日降水量用雨量计测量。

2) 土壤含水率测定

采用 TRIME-IPH 土壤水分测量仪测定土壤含水率，每处理在距离系统首部 15m 位置处埋设 TRIME 管，共计 16 根，布置方式如图 7-14 所示。测定间隔为每 3d 测定一次，测定时间固定。其中，选取典型天气测定各处理条件下不同位置土壤含水率日变化。测定土壤深度为 0～120cm，每隔 20cm 测一次。为精确测量结果，采用常规土钻取土烘干法校核 TRIME-IPH 土壤水分测量仪的测量结果(杜少卿，2017；徐利岗等，2016)。

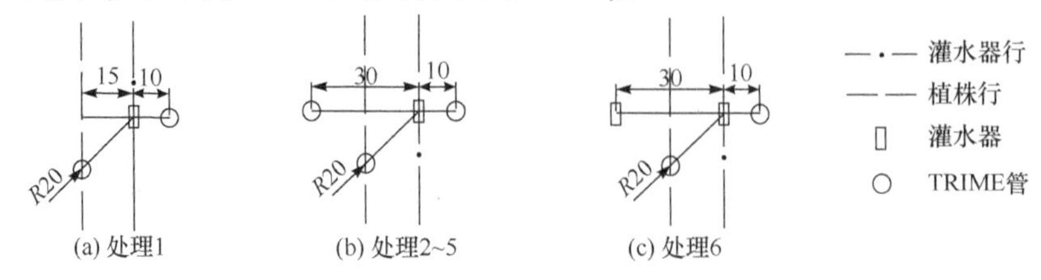

图 7-14　试验地 TRIME 管布置方式示意图(单位：cm)

3) 作物生长参数测定

每个处理选定典型植株 3 株，挂牌标记，每 10～15d 测定一次。在枸杞生长的各个阶段测量其植株地径、株高、东西冠幅、南北冠幅及新枝生长量。株高测定自茎基至植株生长最高点的垂直距离；冠幅测定分别测量植株东西、南北两个方向的最大的直径，取平均值；地径测定自地表以上 10cm 处植株茎部位东西、南北两个方向的直径，取平均值；新枝生长量在选定的枸杞植株东、南、西、北四个方向各选择 1 条新枝，测定其枝条长度及枝粗。株高、冠幅及新枝长使用米尺测量，精度为 1mm，地径及新枝粗使用数显游标卡尺测量，精度为 0.01mm。

4) 作物生理指标测定

在植株生长的各生育期，选择阳光明媚的天气，采用 CI-340 便携式光合测定仪测定枸杞植株的细胞间 CO_2 浓度、蒸腾速率、光合速率、气孔导度。每次测定时间为 8:00～18:00，每 2h 测定一次。

5) 产量测定

选定典型枸杞植株，在夏果成熟后全部采摘(成熟一批，采摘一批)称量鲜果重、百粒重、粒度(每50g)，经处理后烘干，称量干果重，最终整理测算各处理产量水平。

7.3.2　土壤含水率的变化

不同处理下距灌水器 20cm 处土壤含水率随时间的变化如图 7-15 所示。从图中可以看出，不同处理下土壤含水率变化规律基本相同，呈现出基本稳定的变化态势，随时间的变化幅度不大；且随着微孔陶瓷灌水器设计流量增大，土壤含水率增大；在微孔陶瓷灌水器设计流量相同时，一行两管布置土壤含水率大于一行一管布置。在监测期间内，首先，B1Q3F 处理的平均土壤含水率基本保持最大，为 0.26～0.30cm³/cm³，但是该处理使用微孔陶瓷灌水器为设计流量较小的灌水器，出现该现象的原因可能是该测点附近灌水器发生渗漏，导致该

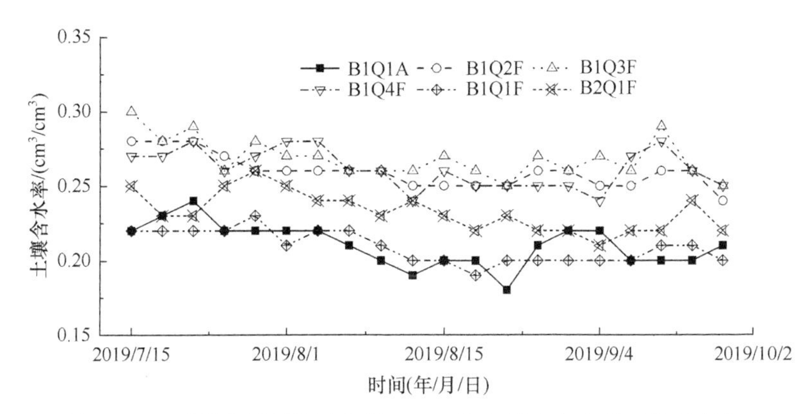

图 7-15　不同处理下距灌水器 20cm 处土壤含水率随时间的变化

处理下土壤含水率较大。其次，B1Q2F 和 B1Q4F 两处理的土壤含水率均处于较大水平，为 0.25～0.28cm³/cm³，这是由于 Q2 和 Q4 为设计流量较大的微孔陶瓷灌水器，相同时间内的出流量较大，故其土壤含水率较大。最后，B1Q1A、B1Q1F、B2Q1F 三个处理使用的微孔陶瓷灌水器设计流量相同，一行两管布置的 B2Q1F 处理土壤含水率为 0.22～0.27cm³/cm³，土壤水分显著高于另外两处理；其中，B1Q1A 和 B1Q1F 两处理土壤含水率相近，均为 0.18～0.24cm³/cm³，可见施肥方式对土壤含水率无显著影响。

以 B1Q2F 处理为例，整理绘制距灌水器不同距离处土壤水分等值线图(图 7-16)。从 7-16 可以看出，距离树干及灌水器水平距离越远，其土壤含水率越低。由于试验地土壤类型为沙壤土，表层土壤蒸发强烈，水分散失较快，故表层 10cm 以内土层的土壤含水率相对较小。从图中还可以看出，土层深度 40cm 附近土壤含水率最大，且距灌水器 30cm 以内土层深度 20～80cm 处土壤含水率较大，说明大部分灌溉水保持在 80cm 以内，根据植物根系的向水性分析可知，枸杞植株的主要根系基本分布在土层深度 20～80cm。

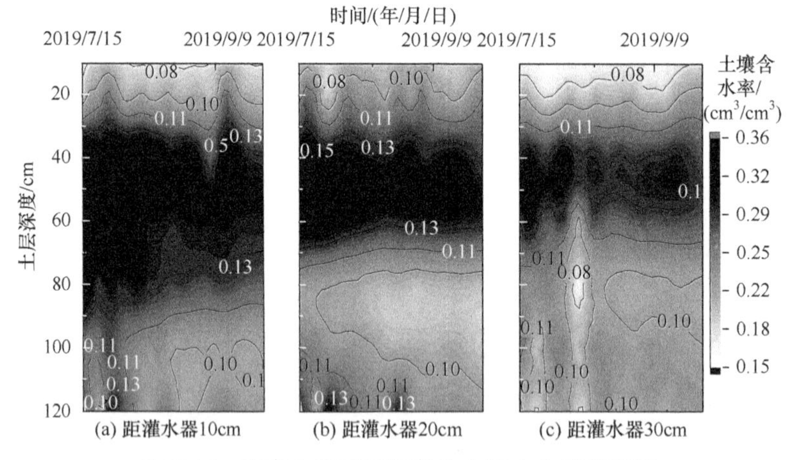

图 7-16　距灌水器不同距离处土壤水分等值线图

7.3.3　枸杞生长指标的变化

枸杞生长指标的变化是衡量枸杞生长发育的重要依据。图 7-17 为 2019 年 6 月 6 日～8 月 29 日，不同处理下枸杞植株生长指标的变化。从图中可以看出，各处理下枸杞植株生长量各不相同。对比 B1Q2F、B1Q3F、B1Q4F、B1Q1F 处理可知，在施肥方式和毛管布置方式相同的条件下，较大设计流量(Q2、Q4)的微孔陶瓷灌水器有利于促进枸杞植株的生长。通过 B1Q1A 和 B1Q1F 可以看出，在毛管布置方式和流量相同的条件下，水肥一体化方式有利于植株生长。对比 B1Q1F 和 B2Q1F 两处理可知，在设计流量和施肥方式相同的条件下，单行毛管布置的枸杞植株生长较好。因此，较大设计流量微孔陶瓷灌水器、单行毛管布置、水肥一体化条件更有利于枸杞植株生长。

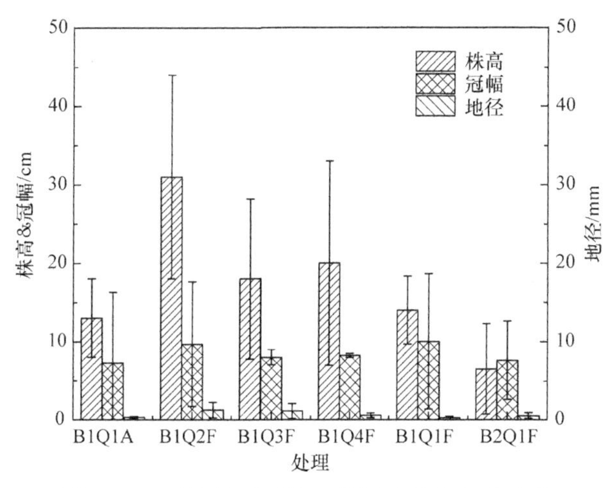

图 7-17　不同处理下枸杞植株生长指标的变化

7.3.4　枸杞净光合速率的变化

光合作用是植物将太阳能转化为化学能、无机物转化为有机物的过程(郑海凤，2014；冯玉香等，1982)，水分是光合作用的主要原料之一，土壤水分亏缺对作物光合特性有着显著的影响(Oswaldo et al.，2016；Guan et al.，1995)。研究水分对枸杞植株光合特性的影响，目的在于揭示光合特性对土壤水分的响应机理，以求减少光合损失，提高光合效率，并最终提高作物产量。

图 7-18 为不同处理下枸杞植株净光合速率的变化。由图 7-18(a)可以看出，不同处理下枸杞净光合速率日变化基本呈现出先增加后减小，再微小增加，最后减

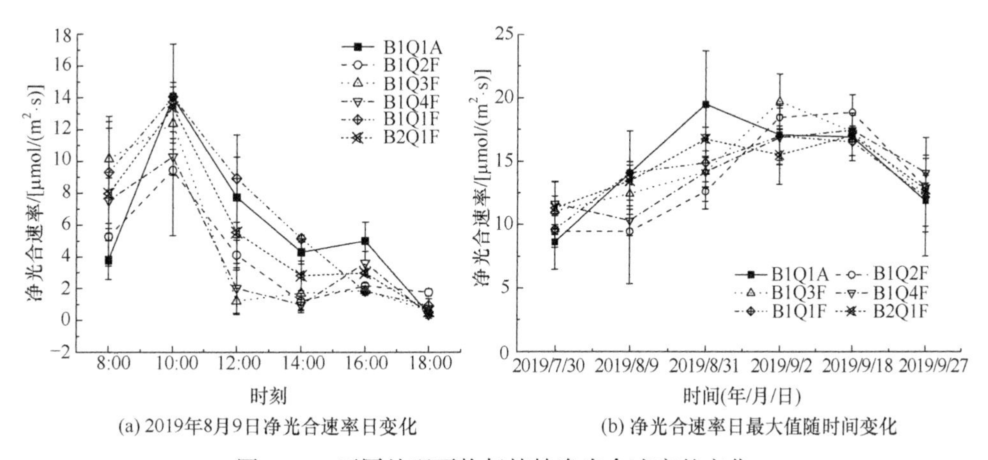

图 7-18　不同处理下枸杞植株净光合速率的变化

小的趋势，呈现出一条双峰曲线。出现峰值的时间分别为 10:00 和 16:00，且第一次峰值高于第二次峰值。从图 7-18(b)可以看出，不同处理下枸杞植株净光合速率随时间呈现先增大后减小的变化趋势，在 8 月下旬和 9 月上旬达到最高。各处理下枸杞植株净光合速率并无显著差异，这可能是由于陶瓷根灌是一种主动、连续的灌溉方式，可以随时补充植株体所需的水分，保证其生长和生理活动所需水分，使得不同处理下植株的净光合速率差异不大。

7.3.5 枸杞产量的变化

提高枸杞产量是枸杞种植、栽培的直接目的，使用微孔陶瓷灌水器直接对枸杞根部进行灌溉，是为了保证枸杞产量的同时，减少灌溉用水，以求得经济效益最大化。

表 7-6 为不同处理下枸杞的产量水平。从表中可以看出，B1Q2F 处理下枸杞鲜果产量最大，为 228.71 kg/亩，B1Q1F 处理鲜果产量与其较为相近，稍低于 B1Q2F 处理。但是两种处理下干果产量相反，主要是由于 B1Q1F 处理陶瓷灌水器设计流量较小，枸杞植株根系附近的土壤含水率较小，枸杞植株吸水有限，导致果实含水率较 B1Q2F 处理低，故其形成的干果产量较大。各处理中，B1Q3F 处理下枸杞产量最小，其干果产量分别低于 B1Q2F 和 B1Q1F 44.2%和 48.3%。对比 B1Q1A 和 B1Q1F 两处理的枸杞产量可知，B1Q1F 处理获得的产量较大，其干果产量高出 B1Q1A 处理 26.8%，由此可知，在陶瓷灌水器设计流量和毛管布置方式相同时，水肥一体化施肥方式较人工施肥可以获得更高产量。在灌水器设计流量和施肥方式相同的条件下，探究毛管布置方式对枸杞产量的影响，比较 B1Q1F 和 B2Q1F 两处理可以看出，B1Q1F 处理每亩枸杞干果产量高出 B2Q1F 处理 6.4kg，提高了 19.1%。从 B1Q2F、B1Q3F、B1Q4F 和 B1Q1F 处理分别对比看来，在毛管布置方式及水肥一体化条件相同时，就产量来说，较大流量微孔陶瓷灌水器可以获得更大产量。但是较小流量的 B1Q4F 处理可达到与其相近的较大产量，故在综合考虑节约用水和和较小投资的角度来看，较小流量微孔陶瓷灌水器，单行毛管布置及水肥一体化的组合更为有利。

表 7-6　不同处理下枸杞的产量水平

处理	鲜果产量/(kg/亩)	干果产量/(kg/亩)	各茬鲜果产量占总产量的百分比/%		
			一茬	二茬	三茬
B1Q1A	216.54	31.49	60.4	29.0	10.6
B1Q2F	228.71	37.01	65.5	22.4	12.1
B1Q3F	152.72	20.66	70.0	21.1	8.9

续表

处理	鲜果产量/(kg/亩)	干果产量/(kg/亩)	各茬鲜果产量占总产量的百分比/%		
			一茬	二茬	三茬
B1Q4F	194.91	36.16	65.5	23.7	10.8
B1Q1F	220.63	39.93	61.2	27.6	11.2
B2Q1F	191.85	33.53	74.5	18.0	7.5

从各茬鲜果产量占总产量的百分比可以看出，随着收获茬数的增加，枸杞产量减小，其中一茬枸杞产量最高，在枸杞总产量中占有极大比重，可达到总产量的 60%～75%。B2Q1F 处理一茬鲜果产量占其总产量的比重最大，达到总产量的 74.5%，B1Q1A 处理一茬鲜果产量占总产量的比重最小，为 60.4%。

百粒重及粒度(每 50g)是表征枸杞果实大小的两个重要指标。图 7-19 为不同处理下各茬枸杞鲜果百粒重及粒度(每 50g)。从图中可以看出，不同处理各茬枸杞百粒重和粒度(每 50g)具有相同的变化趋势，随着收获茬数的增加，枸杞百粒重依次减小，粒度(每 50g)依次增大，即随着枸杞收获的茬数增多，枸杞果实逐渐减小。就一茬果而言，B2Q1F 处理百粒重最大，可达到 70.21g，B1Q2F 的百粒重最小，仅为 50.85g，低于最大处理 19.36g。由此可见，枸杞一茬果产量在总产量中占有重要位置，保证一茬果实的正常生长发育及收获是十分重要的。

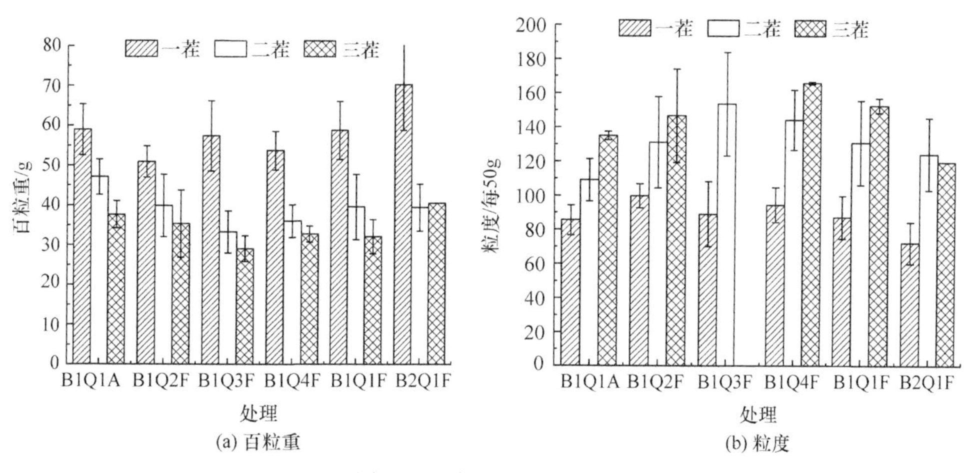

图 7-19　不同处理下各茬枸杞鲜果百粒重及粒度

参 考 文 献

边云，杨萍果，龙怀玉，等，2018. 两种材质灌水器负压供水压力对菠菜水分利用效率及养分吸收的影响[J]. 植物营养与肥料学报, 24(2): 507-518.

杜立鹏, 张新燕, 2015. 低压下加肥对迷宫滴头流量及灌水均匀度的影响[J]. 干旱地区农业研究, 33(1): 142-145.

杜少卿, 2017. 西北旱区分根交替灌溉苹果树水分利用及蒸发蒸腾量估算研究[D]. 北京: 中国农业大学.

冯玉香, 程延年, 1982. 夏玉米干物质积累与气象因子的关系[J]. 中国农业气象, 3: 9-13.

李久生, 杨风艳, 刘玉春, 等, 2009. 土壤层状质地对小流量地下滴灌灌水器特性的影响[J]. 农业工程学报, 25(4): 1-6.

李云, 孙波, 李忠佩, 2011. 不同气候条件对旱地红壤微生物群落代谢特征的长期影响[J]. 土壤学报, 43(1): 60-66.

蒲文辉, 张新燕, 朱德兰, 等, 2016. 制备工艺对微孔陶瓷灌水器结构与水力性能的影响[J]. 水力发电学报, 36(6): 48-57.

任改萍, 2016. 微孔陶瓷渗灌土壤水分运移规律研究[D]. 杨凌: 西北农林科技大学.

徐利岗, 杜历, 鲍子云, 等, 2016. 干旱区枸杞滴灌灌溉制度试验研究[J]. 节水灌溉, 4: 1-6.

于红梅, 2007. 控制土壤含水量对蔬菜产量及露地菜田水分渗漏量的影响[J]. 土壤肥料科学, 23(4): 232-236.

张沈, 胡国平, 2005. 巧用休闲棚种植夏菠菜[J]. 中国果菜, 4: 22.

郑海凤, 2014. 一个新的水稻白化基因 *AL*13(*t*)的精细定位及其候选基因的确定[D]. 重庆: 西南大学.

GUAN Y X, DAI J Y, LIN Y, 1995. The photosynthetic stomatal and nonstomatal limitation of plant leaves under water stress[J]. Plant Physiology Communication, 31(4): 293-297.

OSWALDO F, AURELIE M, JACQUES W, 2016. Differential effect of regulated deficit irrigation on growth and photosynthesis in young peach trees intercropped with grass[J]. European Journal of Agronomy, 81: 106-116.

附　录

附表 1　不同工作参数下灌溉 120h 的入渗特征参数(林果)

埋深/cm	工作压力水头/cm	渗透系数/(cm/h)	土壤类型	稳定流量/(L/h)	水平湿润锋运移距离/cm	垂直湿润锋运移距离/cm	纵横比/%	累计入渗量/L	累计渗漏量/L	深层渗漏率/%
45	0	0.1	黏土	0.10	45.47	45.73	100.57	12.60	0.00	0.00
			黏壤土	0.07	29.02	30.35	104.58	8.88	0.00	0.00
			壤土	0.09	29.32	31.15	106.24	10.80	0.00	0.00
			壤砂土	0.06	28.71	46.33	161.37	7.14	0.00	0.00
			砂壤土	0.07	29.72	36.24	121.94	9.06	0.00	0.00
			砂土	0.05	25.82	55.00	213.01	6.47	0.00	0.00
			砂质黏壤土	0.07	27.90	30.50	109.32	8.07	0.00	0.00
			砂黏土	0.03	23.60	24.50	103.81	4.27	0.00	0.00
			粉土	0.08	26.90	27.50	102.23	10.30	0.00	0.00
			粉质黏壤土	0.05	24.50	25.40	103.67	6.03	0.00	0.00
			粉壤土	0.09	28.30	29.30	103.53	11.80	0.00	0.00
			粉黏土	0.02	30.58	31.43	102.78	3.10	0.00	0.00
		0.5	黏土	0.15	50.00	51.85	103.70	18.50	0.00	0.00
			黏壤土	0.12	33.09	35.14	106.20	14.90	0.00	0.00
			壤土	0.20	36.01	40.49	112.44	23.90	0.00	0.00
			壤砂土	0.20	35.37	55.00	155.50	24.10	2.80	11.62
			砂壤土	0.20	37.80	54.30	143.65	26.10	0.00	0.00
			砂土	0.20	30.73	55.00	178.98	23.50	7.80	33.19
			砂质黏壤土	0.15	34.56	41.31	119.53	18.60	0.00	0.00
			砂黏土	0.05	26.30	28.80	109.51	6.60	0.00	0.00
			粉土	0.14	31.02	32.61	105.13	17.20	0.00	0.00

续表

埋深/cm	工作压力水头/cm	渗透系数/(cm/h)	土壤类型	稳定流量/(L/h)	水平湿润锋运移距离/cm	垂直湿润锋运移距离/cm	纵横比/%	累计入渗量/L	累计渗漏量/L	深层渗漏率/%
45	0	0.5	粉质黏壤土	0.06	26.89	28.04	104.28	8.20	0.00	0.00
			粉壤土	0.18	33.43	35.96	107.57	21.90	0.00	0.00
			粉黏土	0.03	31.76	32.76	103.15	3.60	0.00	0.00
		1	黏土	0.17	50.00	55.00	110.00	20.70	0.00	0.00
			黏壤土	0.14	34.66	36.96	106.64	17.50	0.00	0.00
			壤土	0.26	38.40	44.44	115.73	31.60	0.00	0.00
			壤砂土	0.33	37.30	55.00	147.45	39.70	11.00	27.71
			砂壤土	0.33	41.03	55.00	134.05	39.50	0.38	0.96
			砂土	0.34	32.51	55.00	169.18	40.40	19.90	49.26
			砂质黏壤土	0.21	37.41	46.51	124.33	25.30	0.00	0.00
			砂黏土	0.06	27.16	29.84	109.87	7.60	0.00	0.00
			粉土	0.16	31.91	34.05	106.71	20.10	0.00	0.00
			粉质黏壤土	0.07	27.48	28.98	105.46	8.90	0.00	0.00
			粉壤土	0.22	35.04	37.95	108.30	26.70	0.00	0.00
			粉黏土	0.03	31.06	31.99	102.99	4.00	0.00	0.00
	20	0.1	黏土	0.13	50.00	47.93	95.86	16.16	0.00	0.00
			黏壤土	0.11	32.74	33.70	102.93	14.00	0.00	0.00
			壤土	0.15	33.25	36.58	110.02	18.01	0.00	0.00
			壤砂土	0.15	50.00	55.00	110.00	18.17	0.53	2.92
			砂壤土	0.15	34.95	46.40	132.76	18.18	0.00	0.00
			砂土	0.14	30.27	55.00	181.70	17.10	4.11	24.04
			砂质黏壤土	0.13	33.25	38.27	115.10	15.86	0.00	0.00
			砂黏土	0.07	29.19	30.65	105.00	11.20	0.00	0.00
			粉土	0.16	30.71	31.16	101.47	19.40	0.00	0.00
			粉质黏壤土	0.09	29.41	29.57	100.54	11.15	0.00	0.00
			粉壤土	0.19	33.86	34.02	100.47	22.80	0.00	0.00
			粉黏土	0.04	33.23	33.64	101.23	5.30	0.00	0.00

续表

埋深/cm	工作压力水头/cm	渗透系数/(cm/h)	土壤类型	稳定流量/(L/h)	水平湿润锋运移距离/cm	垂直湿润锋运移距离/cm	纵横比/%	累计入渗量/L	累计渗漏量/L	深层渗漏率/%
45	20	0.5	黏土	0.27	50.00	55.00	110.00	33.00	0.00	0.00
			黏壤土	0.27	39.66	42.81	107.94	32.90	0.00	0.00
			壤土	0.49	45.35	55.00	121.28	59.40	0.00	0.00
			壤砂土	0.62	32.63	55.00	168.56	74.20	36.70	49.46
			砂壤土	0.64	47.10	55.00	116.77	76.90	9.80	12.74
			砂土	0.70	32.08	55.00	171.45	84.30	55.80	66.19
			砂质黏壤土	0.49	46.08	55.00	119.36	58.50	0.20	0.34
			砂黏土	0.14	33.23	37.20	111.95	17.60	0.00	0.00
			粉土	0.28	35.77	38.35	107.21	34.80	0.00	0.00
			粉质黏壤土	0.12	31.96	33.26	104.07	15.50	0.00	0.00
			粉壤土	0.38	41.12	44.20	107.49	46.30	0.00	0.00
			粉黏土	0.05	34.88	35.57	101.98	6.18	0.00	0.00
		1	黏土	0.31	50.00	55.00	110.00	38.30	0.00	0.00
			黏壤土	0.32	42.01	45.86	109.16	39.50	0.00	0.00
			壤土	0.69	50.00	55.00	110.00	83.70	0.14	0.17
			壤砂土	1.15	48.54	55.00	113.31	137.39	96.51	70.25
			砂壤土	1.07	50.00	55.00	110.00	128.40	38.80	30.22
			砂土	1.20	34.40	55.00	159.88	144.00	113.70	78.96
			砂质黏壤土	0.71	50.00	55.00	110.00	85.20	3.85	4.52
			砂黏土	0.16	34.37	39.24	114.17	19.80	0.00	0.00
			粉土	0.34	37.68	40.89	108.52	41.57	0.00	0.00
			粉质黏壤土	0.13	32.08	13.44	41.90	15.90	0.00	0.00
			粉壤土	0.48	43.66	48.53	111.15	58.45	0.00	0.00
			粉黏土	0.05	34.88	36.10	103.50	6.35	0.00	0.00

续表

埋深/cm	工作压力水头/cm	渗透系数/(cm/h)	土壤类型	稳定流量/(L/h)	水平湿润锋运移距离/cm	垂直湿润锋运移距离/cm	纵横比/%	累计入渗量/L	累计渗漏量/L	深层渗漏率/%
45	50	0.1	黏土	0.21	50.00	55.00	110.00	25.24	0.00	0.00
			黏壤土	0.21	38.16	40.20	105.35	25.00	0.00	0.00
			壤土	0.27	38.67	43.86	113.42	31.84	0.00	0.00
			壤砂土	0.29	37.50	55.00	146.67	34.26	9.16	26.74
			砂壤土	0.28	39.69	55.00	138.57	34.13	0.00	0.00
			砂土	0.29	32.34	55.00	170.07	34.38	18.93	55.06
			砂质黏壤土	0.26	39.01	47.76	122.43	30.92	0.00	0.00
			砂黏土	0.14	34.27	38.27	111.67	17.26	0.00	0.00
			粉土	0.21	34.44	36.92	107.20	25.80	0.00	0.00
			粉质黏壤土	0.26	40.03	55.00	137.40	30.92	0.00	0.00
			粉壤土	0.24	35.62	39.63	111.26	29.51	0.00	0.00
			粉黏土	0.06	37.32	38.95	104.37	7.23	0.00	0.00
		0.5	黏土	0.41	44.85	46.47	103.61	51.10	0.04	0.08
			黏壤土	0.45	32.65	35.31	108.15	55.60	0.00	0.00
			壤土	0.88	36.28	44.44	122.49	106.70	1.37	1.28
			壤砂土	1.32	37.35	55.00	147.26	158.20	115.60	73.07
			砂壤土	1.22	50.00	55.00	110.00	146.30	52.60	35.95
			砂土	1.35	22.61	55.00	243.26	162.10	133.80	82.54
			砂质黏壤土	0.92	50.00	55.00	110.00	110.80	11.40	10.29
			砂黏土	0.25	40.37	47.59	117.88	30.80	0.00	0.00
			粉土	0.46	42.91	46.91	109.32	56.80	0.00	0.00
			粉质黏壤土	0.19	36.47	38.77	106.31	24.00	0.00	0.00
			粉壤土	0.63	48.00	53.88	112.25	77.40	0.00	0.00
			粉黏土	0.07	39.35	41.32	105.01	8.84	0.00	0.00

续表

埋深/cm	工作压力水头/cm	渗透系数/(cm/h)	土壤类型	稳定流量/(L/h)	水平湿润锋运移距离/cm	垂直湿润锋运移距离/cm	纵横比/%	累计入渗量/L	累计渗漏量/L	深层渗漏率/%
45	50	1	黏土	0.47	50.00	55.00	110.00	60.20	0.26	0.43
			黏壤土	0.55	50.00	55.00	110.00	67.80	0.00	0.00
			壤土	1.28	50.00	55.00	110.00	155.10	10.30	6.64
			壤砂土	2.52	50.00	55.00	110.00	302.37	280.42	92.74
			砂壤土	2.13	50.00	55.00	110.00	256.30	146.50	57.16
			砂土	2.62	35.73	55.00	153.93	314.70	293.10	93.14
			砂质黏壤土	1.38	50.00	55.00	110.00	167.00	46.70	27.96
			砂黏土	0.28	40.87	49.04	119.99	35.10	0.00	0.00
			粉土	0.56	45.13	50.00	110.79	691.10	0.00	0.00
			粉质黏壤土	0.21	36.92	39.78	107.75	25.30	0.00	0.00
			粉壤土	0.82	50.00	55.00	110.00	100.80	0.00	0.00
			粉黏土	0.07	39.68	41.31	104.11	9.13	0.00	0.00
25	20	0.5	黏土	0.27	50.00	44.47	88.94	33.40	0.00	0.00
			黏壤土	0.27	40.13	22.92	57.11	33.90	0.00	0.00
			壤土	0.52	45.71	35.19	76.99	62.60	0.00	0.00
			壤砂土	0.62	32.63	55.00	168.56	74.20	36.70	49.46
			砂壤土	0.69	50.00	55.00	110.00	82.86	1.26	1.52
			砂土	0.72	36.05	55.00	152.57	84.60	35.60	42.08
			砂质黏壤土	0.51	47.02	44.33	94.28	61.78	0.00	0.00
			砂黏土	0.14	33.37	17.46	52.32	17.97	0.00	0.00
			粉土	0.29	36.53	10.33	28.28	35.89	0.00	0.00
			粉质黏壤土	0.12	46.87	44.33	94.58	61.78	0.00	0.00
			粉壤土	0.39	41.70	25.08	60.14	47.95	0.00	0.00
			粉黏土	0.05	36.10	16.88	46.76	6.25	0.00	0.00

附表 2　不同工作参数下灌溉 120h 的入渗特征参数(蔬菜)

工作压力水头/cm	渗透系数/(cm/ h)	设计流量/(L/h)	土壤类型	输出流量/(cm²/h)	稳定流量/(L/h)	表面蒸发量/cm²	输出累计入渗量/cm²	输出累计渗漏量/cm²	深层渗漏率/%	蒸发损失量/%	损失量/%
0.00	0.01	0.00	黏土	1.68	0.05	79.16	257.88	16.11	6.25	30.70	36.94
0.00	0.01	0.00	黏壤土	1.25	0.04	1.36	173.84	1.55	0.89	0.78	1.68
0.00	0.01	0.00	壤土	1.09	0.03	0.31	145.76	1.40	0.96	0.21	1.17
0.00	0.01	0.00	壤砂土	0.46	0.01	0.01	57.53	5.84	10.14	0.01	10.15
0.00	0.01	0.00	砂壤土	0.69	0.02	0.03	89.69	2.55	2.84	0.04	2.88
0.00	0.01	0.00	砂土	0.37	0.01	1.09	45.58	15.16	33.26	2.39	35.65
0.00	0.01	0.00	砂质黏壤土	0.83	0.03	0.28	111.44	1.04	0.94	0.25	1.19
0.00	0.01	0.00	砂黏土	0.74	0.02	1.06	104.28	0.19	0.19	1.02	1.21
0.00	0.01	0.00	粉土	1.45	0.04	1.47	199.46	0.75	0.38	0.73	1.11
0.00	0.01	0.00	粉质黏壤土	1.16	0.04	2.43	166.65	0.85	0.51	1.46	1.97
0.00	0.01	0.00	粉壤土	1.45	0.04	1.04	198.36	1.56	0.79	0.53	1.31
0.00	0.01	0.00	粉黏土	0.77	0.02	7.98	115.43	1.56	1.36	6.91	8.27
0.00	0.05	0.00	黏土	2.49	0.08	98.50	405.27	110.42	27.25	24.30	51.55
0.00	0.05	0.00	黏壤土	2.66	0.08	16.13	372.64	24.93	6.69	4.33	11.02
0.00	0.05	0.00	壤土	2.89	0.09	8.76	383.33	42.86	11.18	2.29	13.47
0.00	0.05	0.00	壤砂土	1.64	0.05	5.73	199.68	120.21	60.20	2.87	63.07
0.00	0.05	0.00	砂壤土	2.21	0.07	1.88	279.14	71.77	25.71	0.67	26.39
0.00	0.05	0.00	砂土	1.43	0.04	1.09	172.69	112.98	65.42	0.63	66.06
0.00	0.05	0.00	砂质黏壤土	2.20	0.07	3.54	290.04	36.93	12.73	1.22	13.96
0.00	0.05	0.00	砂黏土	1.45	0.04	1.07	207.42	7.65	3.69	0.52	4.21
0.00	0.05	0.00	粉土	3.12	0.09	8.06	437.94	18.43	4.21	1.84	6.05
0.00	0.05	0.00	粉质黏壤土	2.03	0.06	8.21	300.07	9.29	3.09	2.74	5.83
0.00	0.05	0.00	粉壤土	3.37	0.10	16.75	462.94	32.38	6.99	3.62	10.61
0.00	0.05	0.00	粉黏土	1.01	0.03	18.99	163.69	6.62	4.04	11.60	15.65
0.00	0.10	0.00	黏土	3.10	0.09	102.62	480.76	179.28	37.29	21.35	58.64
0.00	0.10	0.00	黏壤土	3.45	0.10	31.26	493.45	63.25	12.82	6.33	19.15

续表

工作压力水头/cm	渗透系数/(cm/ h)	设计流量/(L/h)	土壤类型	输出流量/(cm^2/h)	稳定流量/(L/h)	表面蒸发量/cm^2	输出累计入渗量/cm^2	输出累计渗漏量/cm^2	深层渗漏率/%	蒸发损失量/%	损失量/%
0.00	0.10	0.00	壤土	4.31	0.13	25.64	568.73	122.95	21.62	4.51	26.13
0.00	0.10	0.00	壤砂土	2.85	0.09	7.24	345.25	244.11	70.71	2.10	72.80
0.00	0.10	0.00	砂壤土	3.64	0.11	9.55	454.30	188.18	41.42	2.10	43.52
0.00	0.10	0.00	砂土	2.54	0.08	0.00	307.68	220.79	71.76	0.00	71.76
0.00	0.10	0.00	砂质黏壤土	3.32	0.10	15.12	432.40	105.59	24.42	3.50	27.92
0.00	0.10	0.00	砂黏土	1.86	0.06	1.99	266.20	19.47	7.31	0.75	8.06
0.00	0.10	0.00	粉土	4.11	0.12	20.38	584.62	47.49	8.12	3.49	11.61
0.00	0.10	0.00	粉质黏壤土	2.41	0.07	15.98	363.29	18.73	5.16	4.40	9.55
0.00	0.10	0.00	粉壤土	4.57	0.14	34.06	639.57	88.90	13.90	5.32	19.22
0.00	0.10	0.00	粉黏土	1.09	0.03	24.92	180.14	10.28	5.70	13.83	19.54
10.00	0.01	0.01	黏土	1.72	0.05	80.61	266.44	18.30	6.87	30.26	37.12
10.00	0.01	0.01	黏壤土	1.36	0.04	1.37	186.03	2.03	1.09	0.74	1.83
10.00	0.01	0.01	壤土	1.21	0.04	0.31	160.50	2.13	1.33	0.19	1.52
10.00	0.01	0.01	壤砂土	0.61	0.02	0.00	75.98	12.90	16.98	0.00	16.98
10.00	0.01	0.01	砂壤土	0.84	0.03	0.03	106.67	4.97	4.66	0.03	4.69
10.00	0.01	0.01	砂土	0.54	0.02	1.09	65.33	27.62	42.27	1.67	43.94
10.00	0.01	0.01	砂质黏壤土	0.95	0.03	0.28	126.06	1.87	1.48	0.22	1.70
10.00	0.01	0.01	砂黏土	0.83	0.03	1.06	115.64	0.37	0.32	0.92	1.24
10.00	0.01	0.01	粉土	1.55	0.05	1.46	211.99	1.00	0.47	0.69	1.16
10.00	0.01	0.01	粉质黏壤土	1.25	0.04	2.43	176.64	1.09	0.62	1.38	2.00
10.00	0.01	0.01	粉壤土	1.56	0.05	1.04	211.57	2.03	0.96	0.49	1.46
10.00	0.01	0.01	粉黏土	0.82	0.02	9.04	122.02	1.91	1.56	7.41	8.97
10.00	0.05	0.03	黏土	2.84	0.09	99.77	440.25	141.51	32.14	22.66	54.81
10.00	0.05	0.03	黏壤土	3.08	0.09	22.46	425.42	38.27	9.00	5.28	14.28
10.00	0.05	0.03	壤土	3.49	0.11	15.21	454.08	67.63	14.89	3.35	18.24
10.00	0.05	0.03	壤砂土	2.44	0.07	0.30	296.79	167.56	56.46	0.10	56.56
10.00	0.05	0.03	砂壤土	2.94	0.09	5.40	364.77	123.37	33.82	1.48	35.30
10.00	0.05	0.03	砂土	2.26	0.07	1.14	272.38	200.56	73.63	0.42	74.05
10.00	0.05	0.03	砂质黏壤土	2.82	0.09	9.05	362.28	66.59	18.38	2.50	20.88

续表

工作压力水头/cm	渗透系数/(cm/ h)	设计流量/(L/h)	土壤类型	输出流量/(cm²/h)	稳定流量/(L/h)	表面蒸发量/cm²	输出累计入渗量/cm²	输出累计渗漏量/cm²	深层渗漏率/%	蒸发损失量/%	损失量/%
10.00	0.05	0.03	砂黏土	1.86	0.06	1.70	256.49	16.34	6.37	0.66	7.03
10.00	0.05	0.03	粉土	3.57	0.11	12.41	491.60	25.49	5.18	2.52	7.71
10.00	0.05	0.03	粉质黏壤土	2.33	0.07	12.55	337.26	13.85	4.11	3.72	7.83
10.00	0.05	0.03	粉壤土	3.85	0.12	22.36	522.27	46.91	8.98	4.28	13.26
10.00	0.05	0.03	粉黏土	1.17	0.04	26.14	184.09	10.98	5.97	14.20	20.17
10.00	0.10	0.06	黏土	3.77	0.11	103.97	549.87	244.47	44.46	18.91	63.37
10.00	0.10	0.06	黏壤土	4.23	0.13	43.11	588.45	106.86	18.16	7.33	25.49
10.00	0.10	0.06	壤土	5.47	0.17	37.39	705.67	202.67	28.72	5.30	34.02
10.00	0.10	0.06	壤砂土	4.45	0.13	9.39	536.35	416.80	77.71	1.75	79.46
10.00	0.10	0.06	砂壤土	5.10	0.15	19.01	625.88	321.57	51.38	3.04	54.42
10.00	0.10	0.06	砂土	4.21	0.13	1.42	506.01	421.83	83.36	0.28	83.64
10.00	0.10	0.06	砂质黏壤土	4.56	0.14	27.82	575.73	198.88	34.54	4.83	39.38
10.00	0.10	0.06	砂黏土	2.65	0.08	8.36	357.90	50.10	14.00	2.34	16.33
10.00	0.10	0.06	粉土	4.86	0.15	28.20	680.38	76.61	11.26	4.15	15.41
10.00	0.10	0.06	粉质黏壤土	2.88	0.09	23.81	425.14	33.10	7.79	5.60	13.39
10.00	0.10	0.06	粉壤土	5.44	0.16	44.46	748.35	138.56	18.52	5.94	24.46
10.00	0.10	0.06	粉黏土	1.38	0.04	39.18	212.81	20.77	9.76	18.41	28.17
20.00	0.01	0.01	黏土	1.77	0.05	81.96	275.15	20.93	7.61	29.79	37.39
20.00	0.01	0.01	黏壤土	1.46	0.04	1.42	198.85	2.63	1.32	0.71	2.04
20.00	0.01	0.01	壤土	1.34	0.04	0.31	176.01	3.13	1.78	0.18	1.95
20.00	0.01	0.01	壤砂土	0.78	0.02	0.01	95.95	22.09	23.02	0.01	23.02
20.00	0.01	0.01	砂壤土	0.99	0.03	0.03	124.61	8.52	6.84	0.03	6.86
20.00	0.01	0.01	砂土	0.71	0.02	1.10	86.01	42.38	49.27	1.28	50.55
20.00	0.01	0.01	砂质黏壤土	1.08	0.03	0.28	141.63	3.10	2.19	0.20	2.39
20.00	0.01	0.01	砂黏土	0.94	0.03	1.06	128.09	0.66	0.52	0.83	1.35
20.00	0.01	0.01	粉土	1.66	0.05	1.46	225.07	1.32	0.59	0.65	1.24
20.00	0.01	0.01	粉质黏壤土	1.33	0.04	2.45	187.32	1.40	0.75	1.31	2.05
20.00	0.01	0.01	粉壤土	1.68	0.05	1.05	225.41	2.62	1.16	0.46	1.63
20.00	0.01	0.01	粉黏土	0.88	0.03	10.35	129.37	2.36	1.83	8.00	9.83

续表

工作压力水头/cm	渗透系数/(cm/ h)	设计流量/(L/h)	土壤类型	输出流量/(cm^2/h)	稳定流量/(L/h)	表面蒸发量/cm^2	输出累计入渗量/cm^2	输出累计渗漏量/cm^2	深层渗漏率/%	蒸发损失量/%	损失量/%
20.00	0.05	0.06	黏土	3.19	0.10	100.67	474.94	173.19	36.47	21.20	57.66
20.00	0.05	0.06	黏壤土	3.48	0.11	27.97	472.85	53.69	11.35	5.92	17.27
20.00	0.05	0.06	壤土	4.01	0.12	20.63	514.69	93.71	18.21	4.01	22.22
20.00	0.05	0.06	壤砂土	3.30	0.10	8.00	397.01	289.40	72.89	2.01	74.91
20.00	0.05	0.06	砂壤土	3.58	0.11	9.14	440.38	176.11	39.99	2.08	42.07
20.00	0.05	0.06	砂土	3.14	0.10	1.25	377.60	296.90	78.63	0.33	78.96
20.00	0.05	0.06	砂质黏壤土	3.39	0.10	14.93	428.39	101.27	23.64	3.49	27.13
20.00	0.05	0.06	砂黏土	2.34	0.07	4.63	309.74	30.57	9.87	1.49	11.36
20.00	0.05	0.06	粉土	3.96	0.12	16.08	537.43	34.98	6.51	2.99	9.50
20.00	0.05	0.06	粉质黏壤土	2.64	0.08	17.09	374.04	19.92	5.33	4.57	9.89
20.00	0.05	0.06	粉壤土	4.26	0.13	26.91	571.42	61.69	10.80	4.71	15.51
20.00	0.05	0.06	粉黏土	1.42	0.04	37.62	210.83	19.71	9.35	17.84	27.19
20.00	0.10	0.12	黏土	4.70	0.14	105.30	645.29	336.65	52.17	16.32	68.49
20.00	0.10	0.12	黏壤土	5.18	0.16	54.11	702.44	174.02	24.77	7.70	32.48
20.00	0.10	0.12	壤土	6.77	0.21	49.42	859.52	306.81	35.70	5.75	41.45
20.00	0.10	0.12	壤砂土	6.16	0.19	11.58	741.07	607.09	81.92	1.56	83.48
20.00	0.10	0.12	砂壤土	6.68	0.20	29.49	813.48	478.63	58.84	3.63	62.46
20.00	0.10	0.12	砂土	5.98	0.18	1.20	718.38	607.32	84.54	0.17	84.71
20.00	0.10	0.12	砂质黏壤土	5.97	0.18	41.68	742.20	323.30	43.56	5.62	49.18
20.00	0.10	0.12	砂黏土	3.77	0.11	19.61	485.52	123.39	25.41	4.04	29.45
20.00	0.10	0.12	粉土	5.75	0.17	36.78	790.26	121.70	15.40	4.65	20.05
20.00	0.10	0.12	粉质黏壤土	3.56	0.11	33.94	508.21	64.30	12.65	6.68	19.33
20.00	0.10	0.12	粉壤土	6.44	0.20	53.71	870.91	207.99	23.88	6.17	30.05
20.00	0.10	0.12	粉黏土	1.73	0.05	54.51	253.58	39.79	15.69	21.50	37.19